全国高等职业学校机械类专业教材

液压传动与气动技术

（第三版）

人力资源社会保障部教材办公室组织编写

中国劳动社会保障出版社

简介

本书为全国高等职业学校机械类专业教材，内容包括液压传动和气动技术两大部分。其中液压传动部分包括液压传动系统的认知、动力元件与执行元件的维修、方向控制回路的设计、压力控制回路的设计、速度控制回路的设计、液压系统的分析与维护；气动技术部分包括气压传动系统的认知、单缸控制回路的设计、双缸控制回路的设计、真空吸附回路的设计、气动系统的分析与维护。

本书由宋军民主编，姜利、巢佳、李东博、张建州、周宇参与编写，王希波、周晓峰审稿。本书二维码数字资源由申如意制作。

图书在版编目（CIP）数据

液压传动与气动技术 / 人力资源社会保障部教材办公室组织编写 . -- 3 版 . -- 北京：中国劳动社会保障出版社，2022

全国高等职业学校机械类专业教材

ISBN 978-7-5167-5178-7

Ⅰ. ①液… Ⅱ. ①人… Ⅲ. ①液压传动 – 高等职业教育 – 教材②气压传动 – 高等职业教育 – 教材 Ⅳ. ①TH137②TH138

中国版本图书馆 CIP 数据核字（2022）第 037158 号

中国劳动社会保障出版社出版发行

（北京市惠新东街 1 号　邮政编码：100029）

*

北京市科星印刷有限责任公司印刷装订　　新华书店经销

787 毫米 ×1092 毫米　16 开本　14.25 印张　330 千字

2022 年 4 月第 3 版　　2022 年 4 月第 1 次印刷

定价：30.00 元

读者服务部电话：（010）64929211/84209101/64921644

营销中心电话：（010）64962347

出版社网址：http://www.class.com.cn

http://jg.class.com.cn

前言

PREFACE

为了更好地适应全国高等职业学校机械类专业的教学要求，全面提升教学质量，人力资源社会保障部教材办公室组织有关学校的一线教师和行业、企业专家，在充分调研企业生产和学校教学情况、广泛听取教师对教材使用反馈意见的基础上，对全国高等职业学校机械类专业教材进行了修订。

本次教材修订工作的重点主要体现在以下几个方面：

第一，合理更新教材内容。

根据机械类专业毕业生所从事岗位的实际需要和教学实际情况的变化，合理确定学生应具备的能力与知识结构，对部分教材内容及其深度、难度做了适当调整，对部分学习任务进行了优化；根据相关专业领域的最新发展，在教材中充实新知识、新技术、新设备、新材料等方面的内容，体现教材的先进性；采用最新国家技术标准，使教材更加科学和规范。

第二，精心设计教材形式。

在教材内容的呈现形式上，尽可能使用图片、实物照片和表格等形式将知识点生动地展示出来，力求让学生更直观地理解和掌握所学内容。针对不同的知识点，设计了许多贴近实际的互动栏目，在激发学生学习兴趣和自主学习积极性的同时，使教材“易教易学，易懂易用”。在教材插图的制作中采用了立体造型技术，同时部分教材在印刷工艺上采用了四色印刷，增强了教材的表现力。

第三，引入“互联网+”技术，进一步做好教学服务工作。

在《机床夹具（第二版）》《金属切削原理与刀具（第二版）》教材中使用了增强现实（AR）技术。学生在移动终端上安装App，扫描教材中带有AR图标的页面，可以对呈现的立体模型进行缩放、旋转、剖切等操作，以及观察模型的运动和拆分动画，便于更直观、细致地探究机构的内部结构和工作原理，还可以浏览相关视频、图片、文本等拓展资料。在部分教材中使用了二维码技术，针对教材中的教学重点和难点制作了动画、视频、微课等多媒体资源，学生使用移动终端扫描二维码即可在线观看相应内容。

本套教材配有习题册，另外，还配有方便教师上课使用的电子课件，电子课件和习题册答案可通过技工教育网（http://jg.class.com.cn）下载。

本次教材的修订工作得到了河北、江苏、浙江、山东、河南等省人力资源社会保障厅及有关学校的大力支持，在此我们表示诚挚的谢意。

人力资源社会保障部教材办公室

2021 年 8 月

目录 CONTENTS

第一篇　液压传动

第二篇 气 动 技 术

第一篇　液 压 传 动

模块一

液压传动系统的认知

自 18 世纪末英国制成世界上第一台水压机算起，液压传动技术已有二百多年的历史，但直到 20 世纪 30 年代才较普遍地应用于起重机、机床及工程机械。

20 世纪 60 年代以后，液压传动技术随着空间技术、计算机技术的发展而迅速发展。

我国的液压传动技术最初应用于机床和锻压设备上，后来又应用于拖拉机和工程机械。现在，我国的液压元件已形成了系列，并在各种机械设备上得到了广泛的使用，图 1–1 所示是液压传动技术在工业生产中的应用示例。

a)

b)

图 1–1　液压技术的应用示例

a）四柱液压压力机　b）数控机床中的液压夹紧装置

任务1　液压传动工作原理的认知

教学目标

- ✲ 掌握液压传动的工作原理
- ✲ 熟悉液压传动系统的工作特点
- ✲ 了解液压传动的应用

任务引入

日常生活中，当汽车行驶中轮胎被尖类异物扎破时，人们可用液压千斤顶将沉重的汽车抬起来进行换胎，如图 1–1–1 所示。为什么在使用液压千斤顶时人只需对液压千斤顶施以很小的力就能将沉重的汽车抬起呢？这种传动形式的特点是什么？它都可以应用在哪些领域？

图 1–1–1　液压千斤顶的应用

任务分析

花很小的力将重物举起，需要采用一定的方式将力放大，人们最常用的方法是借助杠杆（见图 1–1–2）。但是，如果需要将力放大很多倍，就需要杠杆的动力臂与阻力臂的比值很大，造成杠杆的长度会变得很长，显然不能作为汽车的随车工具放入汽车内。任务中，对汽车进行换胎操作时选用了液压千斤顶将汽车顶起，液压千斤顶在此起的作用就是要将人力放大到足够抬起沉重的汽车，那么液压千斤顶是怎么样将力传递放大的呢？

图 1–1–2　杠杆

相关知识

一、液压千斤顶的工作原理

液压传动是以液体作为工作介质进行能量传递和控制的传动方式。液压千斤顶是利用液压传动的一种工具。图 1–1–3 所示为常见液压千斤顶的工作原理图。千斤顶有大、小两个工作油腔，其内部分别装有大活塞和小活塞，活塞与缸体之间保持良好的配合关系，活塞能在缸体内滑动，且配合面之间能实现可靠的密封。液压千斤顶的工作过程见表 1–1–1。

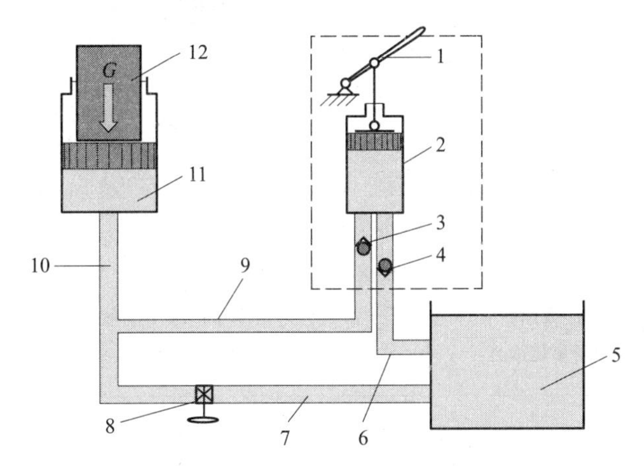

图 1–1–3 液压千斤顶的工作原理

1- 杠杆手柄 2- 泵（油腔） 3- 排油单向阀 4- 吸油单向阀 5- 油箱
6、7、9、10- 油管 8- 放油阀 11- 液压缸（油腔） 12- 重物

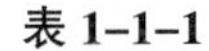

表 1–1–1 液压千斤顶的工作过程

<table>
<tr><th>内容</th><th>过程</th></tr>
<tr><td>泵吸油
过程</td><td>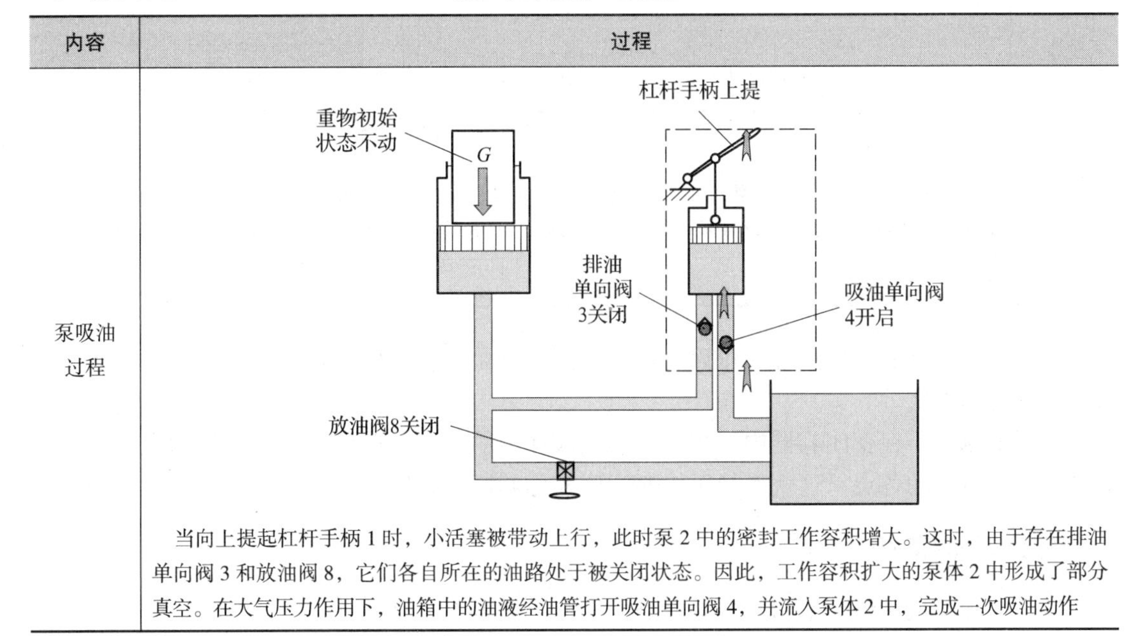

当向上提起杠杆手柄 1 时，小活塞被带动上行，此时泵 2 中的密封工作容积增大。这时，由于存在排油单向阀 3 和放油阀 8，它们各自所在的油路处于被关闭状态。因此，工作容积扩大的泵体 2 中形成了部分真空。在大气压力作用下，油箱中的油液经油管打开吸油单向阀 4，并流入泵体 2 中，完成一次吸油动作</td></tr>
</table>

续表

内容	过程
泵压油和重物举升过程	当下压杠杆手柄 1 时，带动小活塞下移，泵 2 中的小油腔工作容积减小，油液被挤出，推开排油单向阀 3（此时吸油单向阀 4 因压力关闭了通往油箱的油路），油液便经油管进入液压缸（油腔）11，由于液压缸（油腔）11 也是一个密封的工作容积，根据帕斯卡原理：$p=\frac{F_1}{A_1}=\frac{F_2}{A_2}$，可得出 $F_2=F_1\frac{A_2}{A_1}$，由于液压千斤顶大活塞面积 A_2 比小活塞面积 A_1 大很多倍，故只需对液压千斤顶小活塞端施很小的力，就能在大活塞端输出很大的力，从而将重物抬起
千斤顶复原	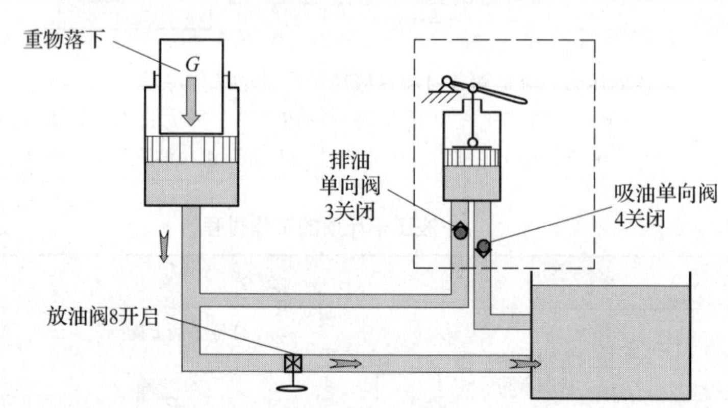 需要大活塞向下返回时，将放油阀 8 开启（旋转 90°），则在重物自重的作用下，液压缸（油腔）11 中的油液流回油箱 5，大活塞就下降到原位。反复地提、压杠杆手柄，就可以使重物不断上升，达到起重的目的

从液压千斤顶的工作过程中可以看出，液压传动是利用液体作为工作介质来进行能量传递的一种传动方式。

帕斯卡原理：在密闭容器内，施加于静止液体上的压力（单位面积上承受的力）将以等值同时传到容器的各点。这就是静压传递原理或称帕斯卡原理。

二、液压传动的特点

液压传动与机械传动不同，有其自身的特点，见表 1–1–2。

表 1-1-2 液压传动的特点

优点	说明	缺点	说明
传动平稳	油液有吸振作用，在油路中还可以设置液压缓冲装置	制造精度要求高	元件的制造技术要求高，加工和装配比较困难，对使用维护要求比较严格
质量轻，体积小	在输出同样功率的条件下，体积和质量可以减少很多，因此惯性小、动作灵敏	定比传动困难	液压传动以液压油作为工作介质，在相对运动表面间不可避免地有泄漏，同时油液也不是绝对不可压缩的，因此不宜应用在传动比要求严格的场合
承载能力大	易于获得很大的力和转矩，因此广泛用于液压机、隧道掘进机、万吨轮船操舵机和万吨水压机等	油液受温度的影响大	由于油的黏度会随温度的改变而改变，故不宜在高温或低温的环境下工作
易实现无级调速	调节液体的流量就可实现传动速度的调整，并且调速范围很大，可达 2 000 : 1，很容易获得极低且稳定的速度	不宜远距离输送动力	由于采用油管传输压力油，压力损失较大，故不宜远距离输送动力
易实现过载保护	液压传动系统中采取了很多安全保护措施，能够自动防止过载，避免发生事故	油液中易混入空气进而影响工作性能	油液中进入空气后，容易引起爬行、振动和噪声等现象，使系统的工作性能受到影响
能自润滑	由于采用液压油作为工作介质，使液压传动装置能自动润滑，因此元件的使用寿命较长	油液容易受污染	受污染后的油液会影响系统工作的可靠性
易实现复杂动作	液体的压力、流量和方向均容易控制，外加电气装置的配合后，易实现复杂的自动工作循环	发生故障不容易检查与排除	液压传动系统是一个整体，发生故障后只能逐一排除

三、液压传动技术的应用

由于液压传动技术有许多突出的优点，因此，从民用工业到国防工业，由一般传动到精确度很高的控制系统，液压传动技术都得到了广泛的应用，如铣床、飞机、轧钢机、挖掘机、联合收割机、消防车、印刷机、采油平台等。

知识链接

液压传动的发展概况

相对于机械传动，液压传动是一门新的技术。液压传动的理论基础是 1654 年帕斯卡提出的静压传动原理。液压传动的推广应用，得益于 19 世纪崛起并蓬勃发展的石油工业。20 世纪 60 年代后，随着空间技术、计算机技术的发展，液压传动技术逐渐应用到各个工业领域。

当前液压传动技术正向着高速、高压、大功率、低噪声、高度集成化、复合化、数字化、小型轻量化等方向发展；同时，新型液压元件和液压传动系统的计算机辅助测试（CAT）、计算机直接控制（CDC）、机电一体化技术、计算机仿真和优化设计技术、可靠性技术、基于绿色制造的水介质传动技术以及污染控制方面，也是当前液压传动技术发展和研究的方向。

我国液压传动技术始于1952年，液压元件最初应用于机床和锻压设备，后来应用于工程机械。经过多年的艰苦探索和发展，特别是20世纪80年代后，我国的液压传动技术水平上了一个新的台阶。目前，我国已形成门类齐全的标准化、系列化、通用化液压元件系列产品。

思考与练习

1. 请结合你所学的专业，参观校实习工厂，说说所学专业中使用的设备有哪些采用了液压传动技术。

2. 请查阅资料或通过网络，了解我国当前在液压传动技术上取得的成就，谈谈你对此的看法。

任务2　液压传动系统组成的认知

教学目标

- 能区分液压传动系统各组成部分及在系统中的作用
- 掌握液压元件图形符号的作用

相关知识

液压式叉车在一些生产企业物流上应用比较广泛，主要用于搬运货物，工作时叉车的前端叉子需要进行上下运动，以举起或放下物品，这一运动就是由液压传动系统驱动，如图1–2–1所示。那么，一个完整的液压传动系统一般由哪些部分组成呢？

图1–2–1　液压式叉车

任务分析

液压千斤顶是利用液压传动来实现力的传递和放大的手动工具。本任务中叉车的前端叉子也是将重物抬起或放下，与千斤顶不同的是，液压叉车在工作过程中，前叉举起和放下重物的过程中，运动必须平稳、可靠，其运动的控制也必须有效，要掌握液压叉车前叉的液压传动系统是怎样实现上述工作要求的，需要进一步学习一个完整的液压传动系统的组成及其功能。

相关知识

液压传动系统的结构虽各不相同，但其传动系统的组成部分相似。液压式叉车前叉液压传动系统工作原理如图 1–2–2 所示。液压泵 3 由电动机带动，从油箱 1 中吸油，然后将具有压力能的油液输送到管路，油液通过节流阀 4 和管路流至换向阀 6。换向阀 6 的阀芯有不同的工作位置（图示有三个工作位置），操纵手柄 7 用于改变换向阀阀芯的工作位置，通过换向阀 6 改变进入液压缸 8 的压力油的流向，从而控制液压缸内活塞 9 的运动方向，实现前叉的升起或下降。根据工作需要，活塞 9 的移动速度可通过节流阀 4 来调节，利用改变节流阀开口的大小来调节通过节流阀的流量，以控制活塞 9 的运动速度。

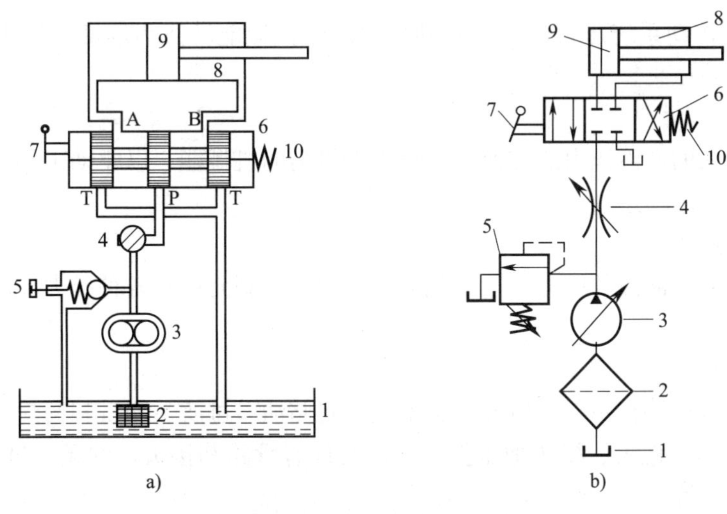

图 1–2–2　液压式叉车前叉液压传动系统工作原理图

a）液压式叉车前叉液压传动系统工作原理示意图　b）液压式叉车前叉液压传动系统图形符号图

1– 油箱　2– 过滤器　3– 液压泵　4– 节流阀　5– 溢流阀　6– 换向阀　7– 手柄　8– 液压缸　9– 活塞　10– 弹簧

活塞 9 运动时，由于工作情况不同，要克服的阻力也不同，不同的阻力都是由液压泵输出油液的压力能来克服的，系统的压力可通过溢流阀 5 调节。当系统中的油压升高到稍高于溢流阀的调定压力时，油液经溢流阀流回油箱，这时油压不再升高，维持定值。

过滤器 2 可将油液中的污物杂质去掉，保持油液的清洁，使系统正常工作。

从液压叉车前叉液压传动系统的工作原理可以得出，液压传动以油液作为工作介质，通过油液内部的压力来传递动力。液压传动系统工作时，必须对油液进行压力、流量和方向的控制与调节以满足工作部件在力、速度和方向上的要求。

任务实施

一、液压叉车前叉液压传动系统组成

液压叉车前叉液压传动系统的组成见表 1–2–1。

表 1–2–1 液压叉车前叉液压传动系统组成

组成部分	元件	作用
动力部分	液压泵 3	向液压传动系统供给压力油
执行部分	液压缸 8	输出运动，带动前叉上、下运动
控制部分	溢流阀 5、节流阀 4 和换向阀 6	控制液压传动系统工作时液压油的压力、运动方向和速度
辅助部分	过滤器 2、油箱 1 及油管	分别用于过滤清洁液压油、蓄存液压油和输送液压油

二、液压传动系统的组成

一个完整的液压传动系统主要由以下几个部分组成。

1．动力部分

它供给液压传动系统压力油，将原动机输出的机械能转换为油液的压力能（液压能）。能量转换元件为液压泵。

2．执行部分

将液压泵输入的油液压力能转换为带动工作机构的机械能，以驱动工作部件运动。执行元件有液压缸和液压马达。

3．控制部分

用来控制和调节油液的压力、速度和流动方向。控制元件有各种压力控制阀、流量控制阀和方向控制阀等。

4．辅助部分

将前面三部分连接在一起，组成一个系统，起储油、过滤、测量和密封等作用，以保证液压传动系统可靠、稳定、持久地工作。辅助元件有管路和接头、油箱、过滤器、蓄能器、密封件和控制仪表等。

另外，工作介质由液压油或其他合成液体组成。

三、液压元件的图形符号

在图 1–2–2b 中，采用了一些特定的图形来表示液压传动系统中的元件，这种采用图形来表示不同的液压元件的图，称为液压传动系统的图形符号图。

图形符号只表示元件的功能、操作（控制）方法及外部连接口，不表示元件的具体结构及参数、连接口的实际位置和元件的安装位置。《流体传动系统及元件　图形符号和回路图　第 1 部分：图形符号》（GB/T 786.1—2021）对液压气动元（辅）件的图形符号作了具体规定。在液压叉车前叉液压传动系统中使用的液压元件图形符号表示的含义及画法见表 1–2–2。

表 1-2-2　　液压叉车前叉液压元件图形符号

元件	图形符号		基本画法说明
液压泵	定量泵		1. 画一个圆 2. 加上一个实心三角，箭头向外，表示油液的方向
换向阀			1. 换向阀的工作位置用方格表示，有几个方格即表示几位阀 2. 方格内的箭头符号表示油流的连通情况（有时与油液流动方向一致），“┬”表示油液被阀芯封闭。这些符号在一个方格内和方格的交点数，即表示阀的通路数 3. 方格外的符号为操纵阀的控制符号，控制形式有手动、电动和液动等
溢流阀			1. 方格相当于阀体 2. 方格中的箭头相当于阀芯 3. 两侧的直线代表进出油管 4. 虚线表示控制油路 5. 溢流阀就是利用控制油路的液压力与另一侧弹簧力相平衡的原理进行工作的
节流阀			1. 两圆弧所形成的缝隙即节流孔道，油液通过节流孔使流量减少 2. 箭头表示节流孔的大小可以改变，即通过该阀的流量是可以调节的

根据规定，在液压传动系统的图形符号图中，液压元件的图形符号应以元件的静止状态或零位来表示。

知识链接

液压传动系统的工作介质

液体是液压传动系统中的工作介质，在实际的液压传动系统中常用油类作为工作介质，我们称这种油为液压油。

一、液压油的主要性能指标

1. 黏性

液体在外力作用下流动时，液体内部分子间的内聚力会阻碍分子相对运动，即分子间会产生一种内摩擦力，这一特性称为液体的黏性。液压油的黏性大小用黏度来表示，是选择液压油的一个重要参数。通常液压油的黏度指的是运动黏度，运动黏度单位为斯（st），即平方米每秒（m^2/s），实际测定中常用厘斯（cst），表示厘斯的单位为平方毫米每秒（即 1 cst=1 mm^2/s）。

2. 黏度指数

黏度指数较直接地反映了油品黏度随温度变化而改变的性质，黏度指数越高，表示该种油的黏度随温度变化而改变的程度越小，反之则越大。

3. 闪点

闪点是指液压油在规定条件下，加热到它的蒸汽与火焰接触发生瞬间闪火时的最低温度。油品的危险等级是根据闪点来划分的。通常油品的温度必须控制在闪点以下 20 ~ 30 ℃。

液压油除了以上的主要性能指标外，还有润滑性、抗氧化性、抗磨性、防锈防腐性、抗乳化性、抗泡性等。

二、液压油的选用

理想液压油是不存在的，各种液压油都会有着这样或者那样的不足，在选用液压油时应根据液压传动系统的工作条件和工作环境，并结合维护保养与经济因素综合考虑进行选择。

1. 根据液压系统的工作压力选择

不同的工作压力对液压油品质的要求是有一定差异的。随着工作压力的增加，对液压油的抗磨性、抗氧化性、抗泡性以及抗乳化性等性能的要求相应要提高。

另外，为防止随压力的增加而引起液压传动系统的泄漏，液压油的黏度也应相应增加；反之，则降低（见表 1–2–3）。

表 1–2–3　　不同工作压力下液压油黏度的选择

工作压力 /MPa	0 ~ 2.5	2.5 ~ 8	8 ~ 16	16 ~ 32
液压油黏度 /cst	10 ~ 30	20 ~ 40	30 ~ 50	40 ~ 60

2. 根据工作环境选择

工作条件较恶劣或工作环境温度较高，对油液的黏度指数、热稳定性、润滑性以及防锈蚀等性能有严格的要求。

一般情况下环境温度高（>40 ℃）或靠近热源的机械，为保证系统的安全可靠，应优先选用闪点及黏度指数较高的油品；环境条件恶劣或温差变化大时，应选用黏度指数高及润滑性能优良的油品；环境温度较低时应选择黏度较小的液压油。

3. 根据工作速度选择

当系统工作速度较低时应选择黏度较高的液压油，反之则选择黏度较低的液压油。

思考与应用

1. 液压传动系统由哪几部分组成？各部分的代表元件是什么？各代表元件具有怎样的功能？

2. 液压传动系统有哪些优点？简述生活和生产中你见过的运用液压传动系统的设备。

模块二

动力元件与执行元件的维修

任务1　折弯机液压泵的维修

教学目标

- ✲ 掌握液压泵的主要性能参数
- ✲ 掌握齿轮泵的结构及工作原理
- ✲ 掌握液压泵故障产生的原因及排除方法

任务引入

图 2–1–1 所示为利用液压传动来驱动的折弯机。薄板工件的弯曲成形是由液压缸带动压力头向下运动实现的，工作时液压传动系统液压油的最大流量为 18 L/min，最大工作压力

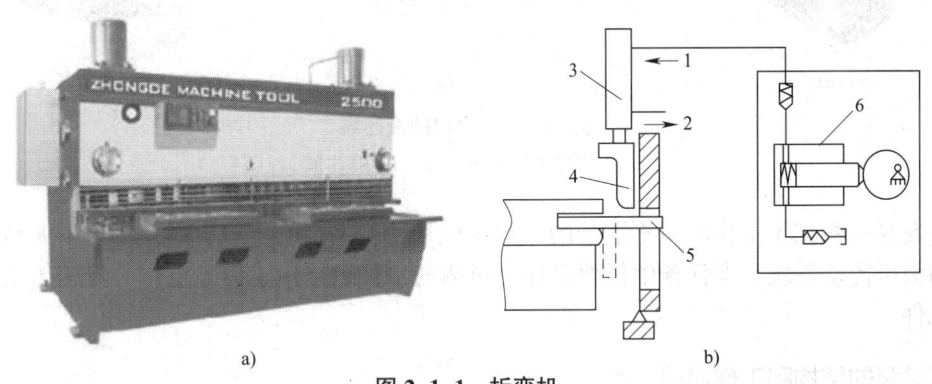

a)　　b)

图 2–1–1　折弯机

a）折弯机外形　b）折弯机工作原理图

1- 压力油进油口　2- 出油口　3- 液压缸　4- 压头　5- 薄板工件　6- 液压泵

为 1.8 MPa，通过上一模块的学习，我们已经知道，向液压传动系统提供动力源的是动力元件（液压泵）。液压泵是液压传动系统中的主要元件之一，也是发生故障最多的元件。本任务主要分析折弯机液压传动系统中动力元件（齿轮泵）常见故障产生的原因，并据此采取相应的排除方法。

任务分析

如图 2–1–1b 所示，要使薄板在压头向下运动的作用下产生变形从而得到需要的形状，就要求进入液压缸的压力油的压力和流量能使液压缸推动压头向下运动并克服薄板变形时产生的抗力，而向液压缸提供压油是由动力元件（液压泵）来完成的，那么液压泵是如何输出压力油的呢？如果液压泵出现不打油或输油量不足及压力提不高的现象，该怎么办呢？

相关知识

一、折弯机液压传动系统工作过程和液压泵的种类

如图 2–1–1b 所示，液压泵 6 输出的压力油进入液压缸进油口 1 后进入液压缸的上工作腔，这时与活塞杆相连的压头 4 向下运动，将薄板工件 5 压弯。在折弯机液压传动系统中，液压泵负责向整个液压传动系统提供足量压力油，液压泵是将原动机（电动机或内燃机）输出的机械能转换为工作液体的压力能，是一种能量转换装置。常用的液压泵分为齿轮泵、柱塞泵、叶片泵等，如图 2–1–2 所示。

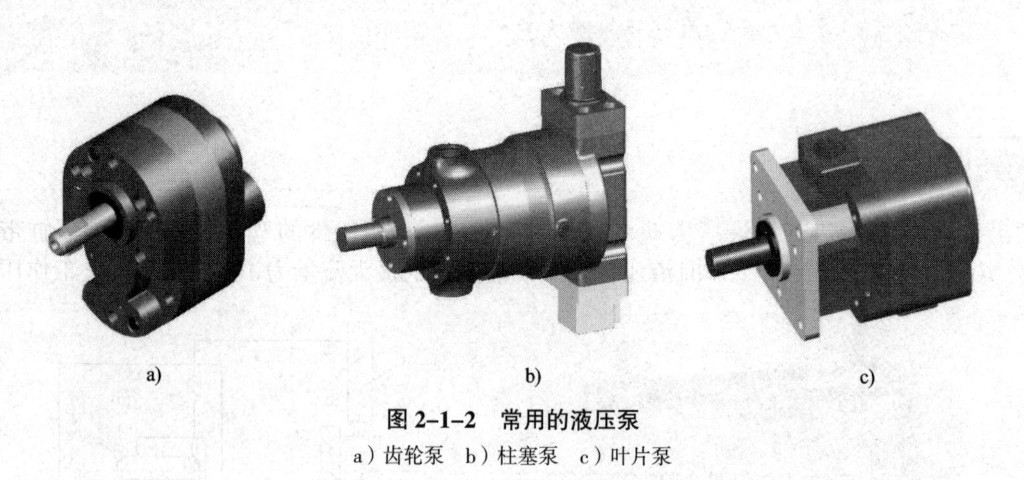

a)　　b)　　c)

图 2–1–2　常用的液压泵

a）齿轮泵　b）柱塞泵　c）叶片泵

齿轮泵一般用于工作环境不清洁的工程机械和精度不高的机床，以及压力不太高而流量较大的液压传动系统。本任务中折弯机作为机床的一种也采用了齿轮泵作为液压传动系统的动力元件。

二、齿轮泵的结构和工作原理

齿轮泵按结构主要分为外啮合齿轮泵和内啮合齿轮泵二种。

1．外啮合齿轮泵

（1）外啮合齿轮泵的工作原理

如图 2-1-3c 所示，当齿轮按图示方向旋转时，右方吸油腔由于相互啮合的轮齿逐渐脱开，密封工作容积逐渐增大，形成部分真空，因此油箱中的油液在外界大气压力的作用下，经吸油口进入吸油腔，将齿间槽充满，并随着齿轮旋转，把油液带到左方压油腔，随着齿轮的相互啮合，压油腔密封工作腔容积不断减小，油液便被挤出去，从压油口输送到压力管路中去。在齿轮泵的工作过程中，只要两齿轮的旋转方向不变，其吸、压油腔的位置也就确定不变。从外啮合齿轮泵的工作原理可以看出，油泵在工作时，吸油和压油是依靠吸油腔和压油腔容积变化来实现的，我们把这样的泵称为容积泵。

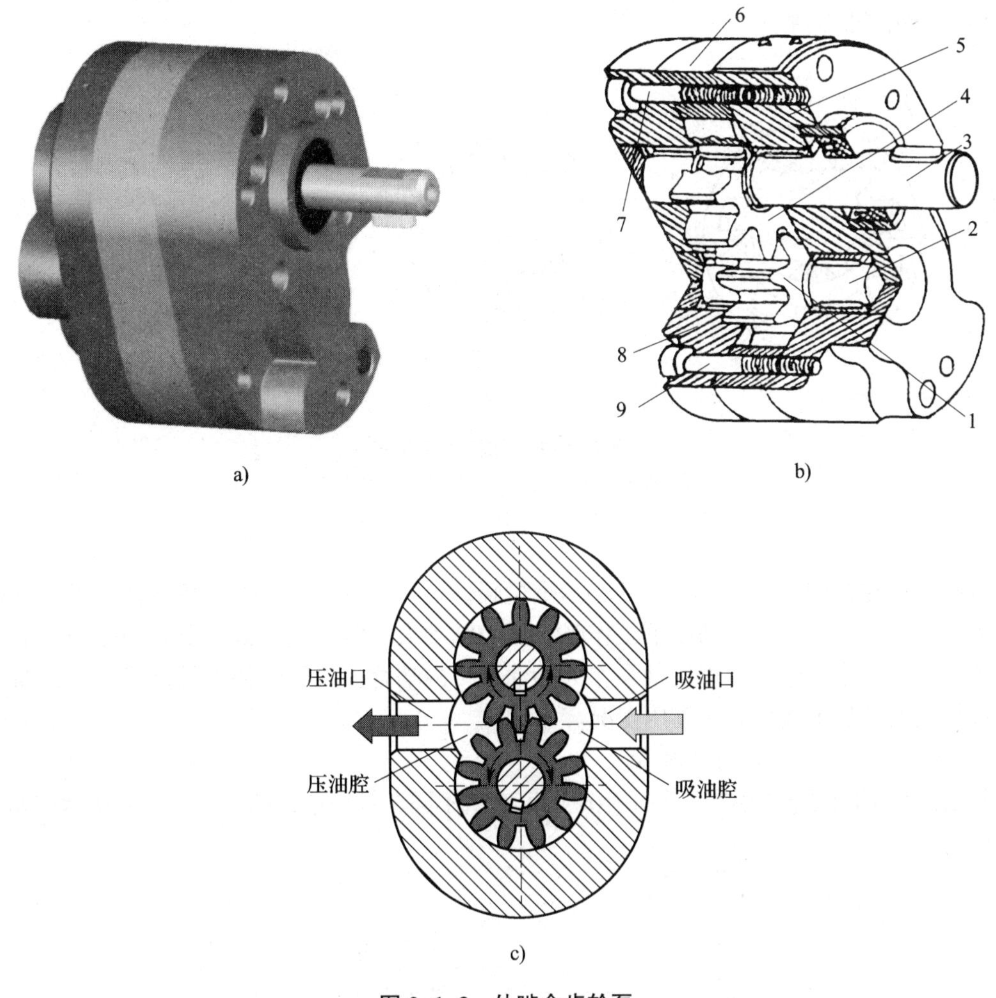

图 2-1-3　外啮合齿轮泵

a）外啮合齿轮泵实物　b）外啮合齿轮泵内部结构　c）外啮合齿轮泵工作原理

1、4- 齿轮　2- 短轴　3- 长轴　5- 前盖板　6- 泵体　7、9- 螺钉　8- 后盖板

（2）外啮合齿轮泵应用场合

外啮合齿轮泵输出的流量较均匀，构造简单，工作可靠，维护方便，一般具有输送流量

小和输出压力低的特点。外啮合齿轮泵通常用于输送黏度较大的液体，不宜输送黏度较小及含有杂质的液体（严重影响齿轮泵的寿命）。

2．内啮合齿轮泵

在液压传动中，有时需要齿轮泵在较低的转速下输出较大的流量，这时前面所学的外啮合齿轮泵不能满足这些需求，就要采用内啮合齿轮泵。

内啮合齿轮泵有渐开线齿形和摆线齿形两种，其结构示意如图 2–1–4 所示。这两种内啮合齿轮泵工作原理和主要特点皆同于外啮合齿轮泵。在渐开线齿形内啮合齿轮泵中，小齿轮和内齿轮之间要装一块月牙隔板，以便把吸油腔和压油腔隔开，如图 2–1–4a 所示；摆线齿形啮合齿轮泵又称摆线转子泵，在这种泵中，小齿轮和内齿轮只相差一齿，因而不需设置隔板，如图 2–1–4b 所示。内啮合齿轮泵中的小齿轮为主动轮，大齿轮为从动轮，在工作时大齿轮随小齿轮同向旋转。

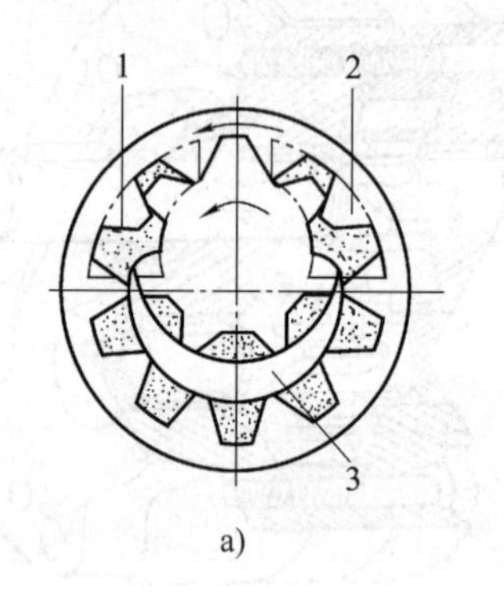

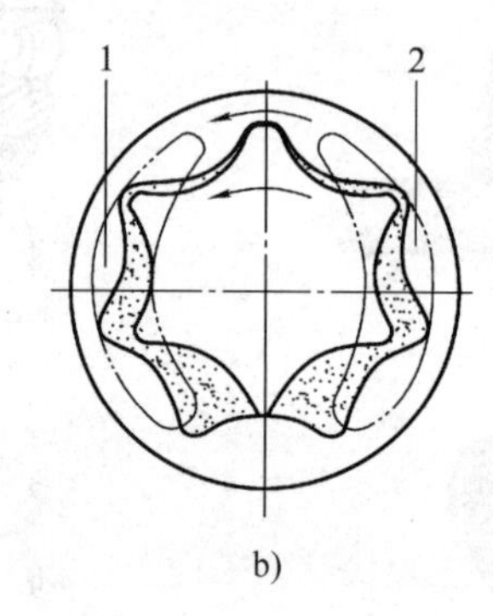

图 2–1–4　内啮合齿轮泵

a）渐开线齿形　b）摆线齿形　c）实物图

1– 吸油腔　2– 压油腔　3– 隔板

内啮合齿轮泵的结构紧凑，尺寸小，重量轻，运转平稳，噪声低，在高转速工作时有较高的容积效率。但在低速、高压下工作时，压力脉动大，容积效率低，所以一般用于中、低压系统。在闭式系统中，常用这种泵作为补油泵。内啮合齿轮泵的缺点是齿形复杂，加工困难，价格较贵，且不适合高速高压工况。

3．齿轮泵型号的表示方法和含义

目前齿轮泵的型号表达方法各个生产厂家有所不同，较为通用的型号表达方法示例如下：

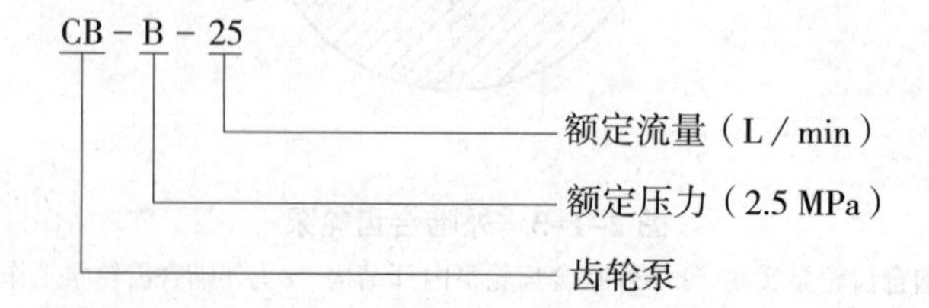

三、液压泵的职能符号及说明

折弯机液压传动系统中采用的液压泵，除了用实物表达外，还可以使用特定的符号来表示，就这是泵的职能符号（这种用职能符号表示元件的方法也用来表示液压传动系统中的其他元件），实际上，在表达液压泵的时候更多的是采用职能符号表达而不是用实物来表达。泵按输出油量的可调性及输出方向是否可改变可以分为定量泵和变量泵、单向泵和双向泵等。具体的职能符号及说明见表 2–1–1。

表 2–1–1 液压泵职能符号及说明

职能符号	名称	说明
	单向定量泵	输出的油量一定，且输出方向不可改变
	单向变量泵	输出的油量可以调节变量，而输出方向不可变
	双向定量泵	输出的油量一定，但输出方向可以相互间逆变
	双向变量泵	不仅输出的油量可以调节，而且输出方向也可以逆变

四、液压传动系统中的几个重要参数

1. 压力的定义

液体在单位面积上所受的法向力称为压力，通常用 p 表示，$p=F/A$。式中 F 表示负载对液压缸活塞杆的作用力，也是液压传动系统工作时，液压缸对负载产生的推力或拉力；A 通常指的是压力油作用到活塞上的有效面积。

因液压传动系统中活塞面积已经在设计和制造时确定，所以实际应用中液压传动系统中 A 是不变的。故液压传动系统的工作压力的大小一般由工作时的负载大小决定。

2. 流量的定义

单位时间内流过某一通道截面的液体体积称为流量。通常所说的流量是指平均流量，用 Q 表示，即：

$$Q=V/t$$

流量的单位为立方米每秒（m^3/s），工程中也常用升每分（L/min），两者的换算关系为：

$$1\ m^3/s=6\times10^4\ L/min$$

任务实施

齿轮泵常见故障主要包括不打油或输油量不足及压力不高、噪声严重及压力波动厉害、液压泵旋转不灵活或咬死，其产生的主要原因及排除方法见表 2–1–2。

表 2–1–2　　齿轮泵常见故障产生的原因及排除方法

故障现象	产生原因	排除方法
不打油或输油量不足及压力不高	1）电动机的转向错误 2）吸油管或过滤器堵塞 3）轴向间隙或径向间隙过大 4）各连接处泄漏而引入空气混入 5）油液黏度太大或油液温升太高	1）纠正电动机转向 2）疏通管道，清洗过滤器除去堵物，更换新油 3）修复更换有关零件 4）紧固各处连接螺钉，避免泄漏，严防空气混入 5）更换适用的油液
噪声严重及压力波动厉害	1）吸油管及滤油器部分堵塞或入口滤油器容积小 2）从吸油管或轴密封处吸入空气，或者油中有气泡 3）泵和联轴器不同心或擦伤 4）齿轮本身的精度不高 5）齿轮油泵骨架式油封损坏或装轴时骨架油封内弹簧脱落	1）除去脏物，使吸油管畅通，或改用容量合适的滤油器 2）在连接部位或密封处加点油，如果噪声减小，可拧紧接头或更换密封圈，回油管口应在油面以下，与吸油管要有一定距离 3）调整同心，排除擦伤 4）更换齿轮或对研修整 5）检查骨架密封，如损坏及时更换
液压泵旋转不灵活或咬死	1）轴向间隙或径向间隙过小 2）装配不良，盖板与轴同心度不好，长轴弹簧紧固脚太长，滚针套质量太差 3）泵和联轴器同轴度不好 4）油液中的杂质被吸入泵体	1）修配有关零件 2）根据要求重新进行装配 3）调整同轴度（不超过 0.2 mm） 4）清除杂质，严防周围灰沙、铁屑及冷却水等进入油池，保持油液清洁

知识链接

一、叶片泵的工作原理与维修

1．叶片泵的工作原理

任务中折弯机液压传动系统选取了齿轮泵作为动力元件。液压传动系统动力元件中的液压泵除了齿轮泵外，还有叶片泵和柱塞泵。叶片泵按其每个工作腔在泵每转一周时吸油、排油的次数，分为单作用和双作用两类。

（1）单作用叶片泵

单作用叶片泵的工作原理如图 2–1–5 所示，单作用叶片泵由转子、定子、叶片等组成。定子具有圆柱形内表面，定子和转子之间有偏心距 e。

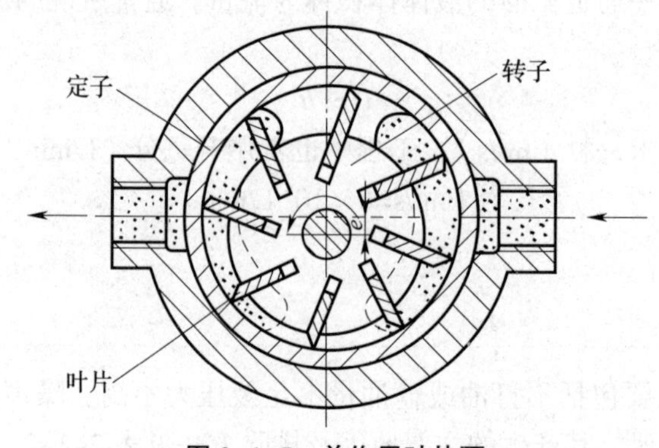

图 2–1–5　单作用叶片泵

在吸油腔和压油腔之间有一段封油区将吸油区和压油区隔开。当转子旋转一周时，每两叶片间的工作容腔就完成一次“由小到大”（吸油）和一次“由大到小”（压油）的过程，所以叫“单作用式”。由于一个压油区和一个吸油区作用在转子上的液压力不能相互抵消，所以存在径向不平衡力，故单作用叶片泵又叫不平衡式叶片泵。如果设法改变此偏心距 e 的大小，便可改变工作容腔变大和变小的范围和程度，即做成变量泵。所以又称这种泵为单作用径向不平衡式的“变量泵”。

如果叶片泵偏心距 e 只能在一个方向变大或变小，则称之为单向变量泵；反之如果偏心距可在相反的两个方向变大或变小，则称之为双向变量泵。

如果自动调节偏心量的反馈控制压力油由泵出油口的外部通道引入，则叫外反馈变量叶片泵，反之叫内反馈变量叶片泵。

（2）双作用叶片泵

双作用叶片泵的工作原理如图 2–1–6 所示，它的工作原理与单作用叶片泵相似，不同之处在于定子表面是由两段长半径圆弧、两段短半径圆弧和四段过渡曲线八个部分组成，且定子和转子是同心的。双作用叶片泵由转子、定子、叶片、配油盘等组成。在图示转子顺时针方向旋转的情况下，密封工作腔的容积在左上角和右下角逐渐增大，为吸油区。在左下角和右上角处逐渐减小，为压油区。吸油区和压油区之间有一段封油区把它们隔开。这种泵的转子每旋转一周时，每个密封工作腔完成吸油和压油动作各两次，所以称为双作用叶片泵。泵的两个吸油区和两个压油区是径向对称的，作用在转子上的液压力径向平衡，所以又称为平衡式叶片泵。

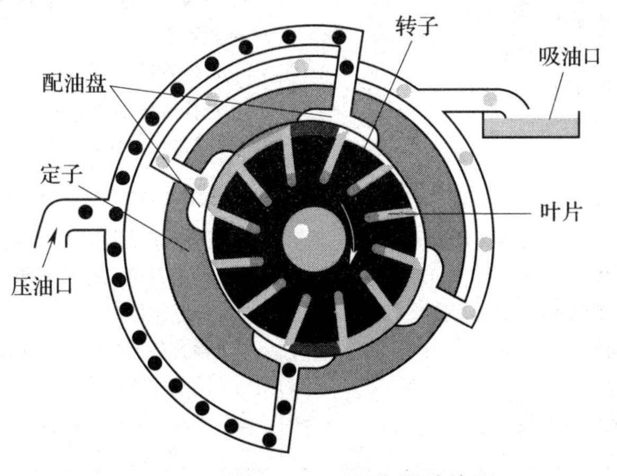

图 2–1–6　双作用叶片泵

2. 叶片泵常见故障产生的原因及排除方法

叶片泵具有流量均匀、运转平稳、噪声低、体积小、重量轻等优点，但抗污染能力差，加工工艺复杂，精度要求高，价格也较高。叶片泵常见故障包括液压泵吸不上油或无压力、流量不足达不到额定值、压力升不上去、噪声过大、发热过度、振动过大、外渗漏，其产生原因及排除方法见表 2–1–3。

表 2-1-3 叶片泵常见故障产生的原因及排除方法

故障现象	产生原因	排除方法
液压泵吸不上油或无压力	1）原动机与液压泵旋向不一致 2）液压泵传动键脱落 3）进出油口接反 4）油箱内油面过低，吸入管口露出液面 5）转速太低、吸力不足 6）油黏度过高使叶片转动不灵活 7）油温过低，使油黏度过高 8）系统油液过滤精度低使叶片在槽内卡住 9）吸入管道或过滤装置堵塞造成吸油不畅 10）吸入口过滤器过滤精度过高造成吸油不畅 11）吸入管道漏气	1）纠正原动机转向 2）重新安装传动键 3）按说明书正确安装 4）补充油液至最低油标线以上 5）提高转速达到液压泵最低转速以上 6）选用推荐黏度的液压油 7）加热至推荐正常液压油温 8）拆洗液压泵，仔细重装，并更换油液 9）清洗管道或过滤装置，除去堵塞物，更换或过滤油箱内油液 10）按说明书正确选择过滤器 11）检查管道各连接处，并予以密封、紧固
流量不足达不到额定值	1）转速未达到额定转速 2）系统中有泄漏 3）由于泵长时间工作、振动、使泵盖螺钉松动 4）吸入管道漏气 5）吸油不充分 ①油箱内油面过低 ②入口过滤器堵塞或通流量过小 ③吸入管道堵塞或通径小 ④油黏度过高或过低 6）变量泵变量调节不当	1）按说明书指定额定转速选用原动机转速 2）检查系统，修补泄漏点 3）拧紧螺钉 4）检查各连接处，并予以密封、紧固 5）相应采取如下措施 ①补充油液至最低油标线以上 ②清洗过滤器或选用通流量为泵流量两倍以上的过滤器 ③清洗管道，选用不小于泵入口通径的吸入管 ④选择推荐黏度液压油 6）重新调节所需流量
压力升不上去	1）溢流阀调整压力过低或出现故障 2）系统中有泄漏 3）由于泵长时间工作、振动，使泵盖螺钉松动 4）吸入管道漏气 5）吸油不充分 6）变量泵变量调节不当	1）重新调整溢流阀压力或修复溢流阀 2）检查系统，修补泄漏点 3）拧紧螺钉 4）检查各连接处，并予以密封、紧固 5）同前述排除方法 6）重新调节所需压力
噪声过大	1）吸入管道漏气 2）吸油不充分 3）泵轴和原动机轴不同心 4）油中有气泡 5）泵转速过高 6）泵压力过高 7）轴密封处漏气 8）油液过滤精度过低导致叶片在槽中卡住 9）变量泵止动螺钉误调	1）检查管道各连接处，并予以密封、紧固 2）同前述排除方法 3）重新安装达到说明书要求精度 4）补充油液或把回油口浸在油面以下 5）选用推荐转速 6）降压至额定压力以下 7）更换油封 8）拆洗叶片泵并仔细重新组装，更换油液 9）适当调整螺钉至噪声达到正常

续表

故障现象	产生原因	排除方法
发热过度	1）油温过高 2）黏度太低，内泄过大 3）工作压力过高 4）回油口直接接到泵入口	1）改善油箱散热条件或增设冷却器使油温控制在允许范围内 2）选用推荐黏度液压油 3）降压至额定压力以下 4）回油口接至油箱液面以下
振动过大	1）泵轴和原动机轴不同心 2）螺钉松动 3）转速或压力过高 4）油液过滤精度过低，导致叶片在槽中卡住 5）吸入管道漏气 6）吸油不充分 7）油液中有气泡	1）重新安装达到说明书要求精度 2）拧紧螺钉 3）调整至许可范围 4）拆洗叶片泵并仔细重新组装，更换油液或重新过滤油箱内油液 5）检查管道各连接处，并予以密封、紧固 6）同前述排除方法 7）补充油液或把回油口浸入油面以下
外渗漏	1）油封老化或损坏 2）进出油口连接部件松动 3）密封面磕碰 4）外壳体有砂眼	1）更换油封 2）紧固螺钉或管接头 3）修磨密封面 4）更换外壳体

二、柱塞泵的工作原理与维修

1．柱塞泵的工作原理

柱塞泵是依靠柱塞在缸体内做往复运动使泵内密封工作腔容积发生变化实现吸油和压油的。柱塞泵一般分为径向柱塞泵和轴向柱塞泵。

（1）径向柱塞泵

径向柱塞泵的工作原理如图 2–1–7 所示。径向柱塞泵是由定子 4、转子 2、配油盘 5、柱塞 1 及轴套 3 等组成。柱塞 1 径向排列安装在转子 2 中，转子由电动机带动旋转，柱塞靠惯性力（或在低压油的作用下）顶在定子的内壁上。由于转子与定子是偏心安装的，所以，转子旋转时，柱塞即沿径向里外移动，使工作腔容积发生变化。径向柱塞泵是靠配油盘来配油的，盘中间分为上下两部分，中间隔开，若转子顺时针旋转，则上部为吸油区（柱塞向外伸出），下部为压油区，上下区域轴向各开有两个油孔，上半部的 a、b 孔为吸油孔，下半部的 c、d 孔为压油孔。轴套与工作腔对应开有油孔，安装在配油盘与转子中间。径向柱塞泵每旋转一周，工作腔容积变化一次，完成吸油、压油各一次。改变其偏心率 e 可使其输出流量发生变化，成为变量泵。

（2）轴向柱塞泵

轴向柱塞泵可分为斜盘式和斜轴式，下面主要介绍斜盘式。斜盘式轴向柱塞泵的工作原理如图 2–1–8 所示，由斜盘 1、柱塞 2、配油盘 4、转子 3 等组成。柱塞 2 轴向均匀排列安装在转子 3 同一半径圆周处，转子由电动机带动旋转，柱塞靠机械装置（如滑履）或在低压油的作用下顶在斜盘 1 上。当转子旋转时，柱塞即在轴向左右移动，使工作腔容积发生变化。轴向柱塞泵是靠配油盘来配油的，配油盘上的配油窗口分为左右两部分，若转子如图示方向旋转，则图中左边配油窗口 a 为吸油区（柱塞向左伸出，工作腔容积变大），右边 b 为压油区（柱塞向右缩回，工作腔容积变小）。轴向柱塞泵每旋转一周，工作腔容积变化一次，完成吸油、压油各一次。轴向柱塞泵是靠改变斜盘的倾角，从而改变每个柱塞的行程使泵的排量发生变化的。

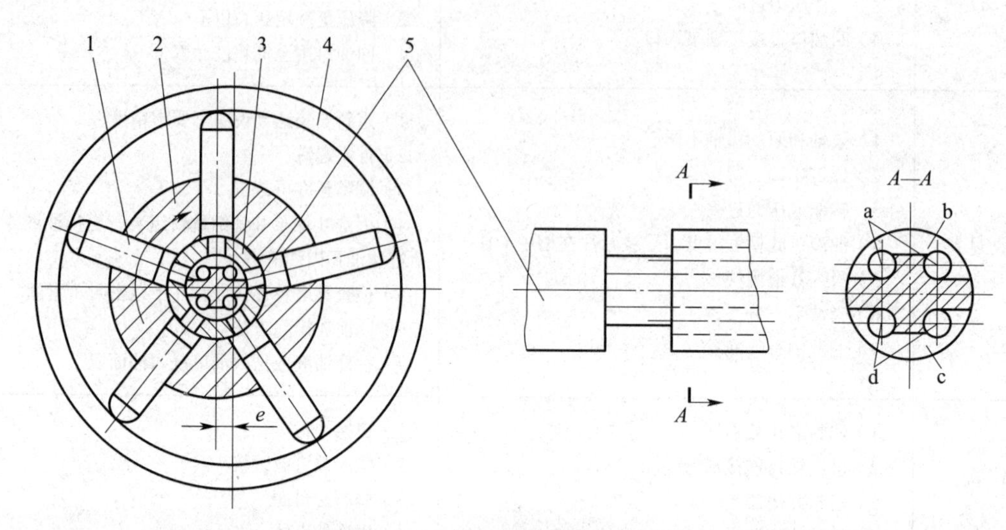

图 2-1-7 径向柱塞泵的工作原理

1- 柱塞 2- 转子 3- 轴套 4- 定子 5- 配油盘

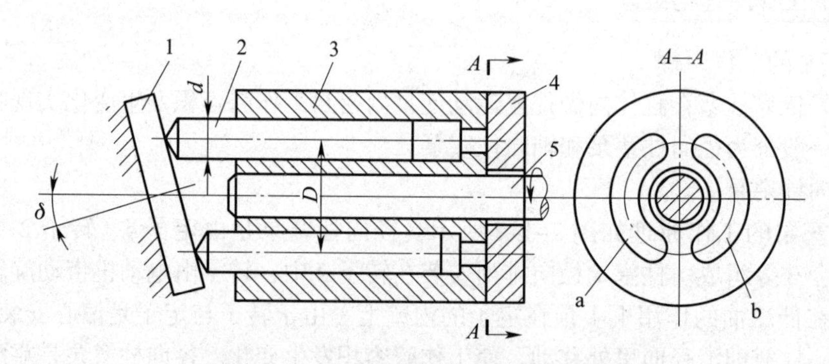

图 2-1-8 斜盘式轴向柱塞泵的工作原理

1- 斜盘 2- 柱塞 3- 转子 4- 配油盘 5- 转轴

2. 柱塞泵常见故障的产生原因及排除方法

柱塞泵可以得到较大流量，且自吸能力强，容易实现流量调节。缺点是结构较为复杂，材料及加工精度要求较高，价格昂贵。由于上述特点，在需要高压力、大流量及大功率系统中以及流量需要调节的场合，都采用轴向柱塞泵。轴向柱塞泵常见故障主要包括流量不够、压力脉动、噪声、发热、漏损、变量机构失灵和泵不能转动，其产生原因及排除方法见表 2-1-4。

表 2–1–4 轴向柱塞泵常见故障产生的原因及排除方法

故障现象	产生原因	排除方法
流量不够	1）油箱液面过低，油管过滤器堵塞或阻力太大以及漏气等 2）泵壳内预先没有充好油，留有空气 3）泵中心弹簧折断，使柱塞回程不够或不能回程，使转子和配油盘之间失去密封性能 4）配油盘及转子或者柱塞与转子之间磨损 5）对于变量泵有两种可能，如为低压，可能是油泵内部摩擦等原因，使变量机构不能达到极限位置造成偏角小所致；如为高压，可能是调整误差所致 6）油温太高或太低	1）检查贮油量，把油加至油标线以上，排除油管堵塞污物，清洗过滤器，紧固各连接处螺钉，排除漏气 2）排除泵内空气 3）更换中心弹簧 4）磨平配油盘与转子的接触面，研配或更换柱塞 5）低压时，使柱塞及配油盘活动自如；高压时，纠正调整误差 6）根据温升选择合适的油液
压力脉动	1）配油盘及转子或者柱塞与转子之间磨损，内泄外漏过大 2）对于变量泵，可能是由于变量机构的偏角太小，使流量过小，内漏相对增大，不能连续对外供油 3）进油管堵塞，阻力大及漏气	1）磨平配油盘与转子的接触面，研配或更换柱塞，紧固各连接处螺钉，排除漏损 2）适当加大变量结构的偏角，排除内部漏损 3）疏通进油管及清洗进口过滤器，紧固进油管段的连接螺钉
噪声	1）泵体内留有空气 2）油箱液面过低，吸油管堵塞及阻力大，以及漏气等 3）泵轴和原动机轴不同心	1）排除泵内空气 2）按规定加足油液，疏通进油管，清洗过滤器，紧固进油管段连接螺钉 3）重新调整，使原动机与泵轴同心
发热	1）内部泄漏过大 2）运动件磨损	1）修研各密封配合面 2）修复或更换磨损件
漏损	1）轴承回转密封圈损坏 2）各结合处 O 型密封圈损坏 3）配油盘与转子或者柱塞与转子之间磨损 4）变量泵活塞或伺服活塞磨损	1）检查密封圈及各密封环节、排除内漏 2）更换 O 型密封圈 3）磨平接触面，配研转子或另配柱塞 4）更换
变量机构失灵	1）控制油道上的单向阀弹簧折断 2）变量头与变量壳体磨损 3）伺服活塞，变量活塞以及弹簧心轴卡死 4）个别油管堵死	1）更换弹簧 2）配研两者的圆弧配合面 3）若为机械卡死，用研磨的方法使各运动件灵活；若为油脏，更换新油 4）疏通油管
泵不能转动（卡死）	1）柱塞与转子卡死（可能是油脏或油温变化引起的） 2）滑靴脱落（可能是柱塞卡死，或由负载引起） 3）柱塞球头折断	1）油脏时，更换新油；油温太低时，更换黏度较小的润滑油 2）更换或重新装配滑靴 3）更换零件

思考与应用

1. 液压传动系统由哪几部分组成？各部分的代表元件是什么？
2. 液压泵为什么能吸油？如果油箱完全密封，不与大气相通，将会出现什么情况？
3. 试比较外啮合齿轮泵和内啮合齿轮泵的特点。
4. 齿轮泵有哪些常见故障？

任务 2　压力机动力油缸的检修

教学目标

- 了解液压执行元件的种类
- 掌握液压缸的工作原理及结构
- 熟悉液压缸常见故障及排除方法

任务引入

图 2–2–1 所示为液压压力机（简称压力机）的外形图。压力机工作时，液压执行元件带动主轴上下运动，并对放在工作台上的工件进行压制，压制后主轴复位。试问，如果压力机动力油缸出现爬行和速度不均匀等故障，该如何排除？

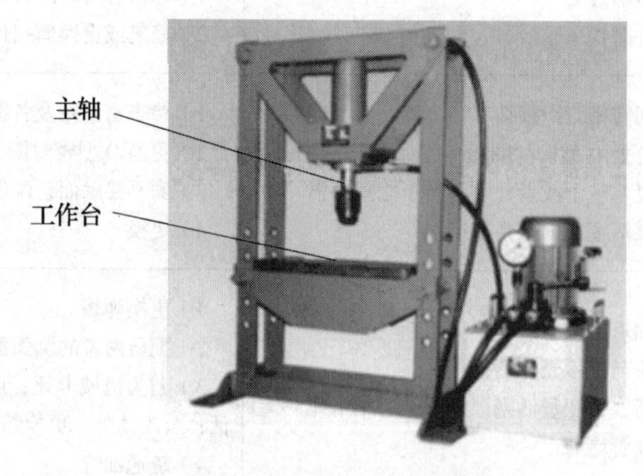

图 2–2–1　压力机外形图

任务分析

要想诊断出压力机动力油缸出现爬行和速度不均匀的原因，首先要了解其工作原理和工作特点等相关知识；其次需要掌握液压缸的组成、各组成部分的常见结构和作用，以及液压缸的结构对性能的影响。

相关知识

一、液压缸的工作原理

图 2–2–2 所示为压力机的工作原理图，其控制元件上有四个油口，压力机工作时，当扳动控制元件阀芯驱动杆时，P 口和 A 口相通，B 口和 T 口相通，油箱中的液压油经液压泵压油后经 P 口、A 口后进入液压缸的上腔，这时活塞在压力油的作用下向下运动，并带动活塞杆（压力机主轴）一起向下运动，当接触到放置在工作台的工件时，液压缸在压力油的用下产生足够的推力使工件变形，完成压制工作，同时，液压缸下腔的油经 B 口、T 口回到油箱。当压制工作完成后，松开控制元件，这时 P 口和 B 口接通，A 口和 T 口相通，液压泵输出的液压油变成经 P 口、B 口进入液压缸下腔，活塞在压力油的作用下带动活塞杆（主轴）一起向上运动，完成复位。

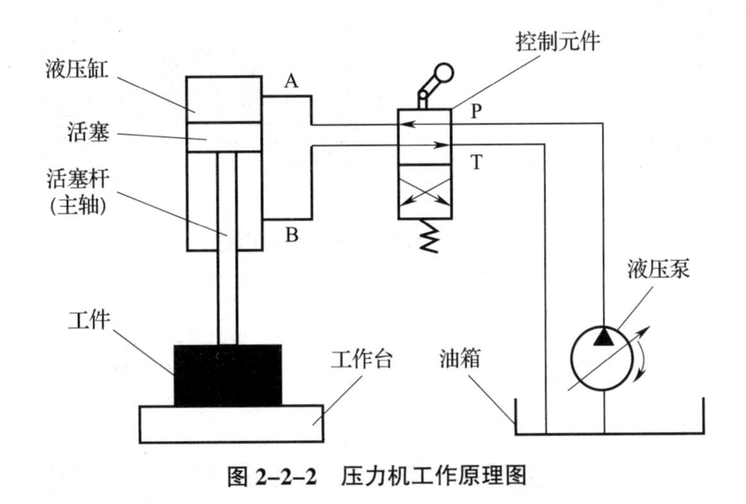

图 2–2–2 压力机工作原理图

通过以上分析可以看出，在压力机中，液压缸是将来自液压泵的压力油转换为推动主轴运动能量的执行元件，它是液体压力能转变为机械能的转换装置。

二、液压缸的分类和结构特点

最常见的液压缸主要有双作用单出杆液压缸和双作用双出杆液压缸，如图 2–2–3 所示。图 2–2–4 所示的双作用单出杆液压缸主要由活塞杆、活塞和缸体三大部分组成。

双作用单出杆液压缸的结构特点是液压缸内部有两个工作腔，一个是有活塞杆的腔，称之为有杆腔，另一个是无杆腔。而双作用双出杆液压缸的两个工作腔都是有活塞杆的腔。

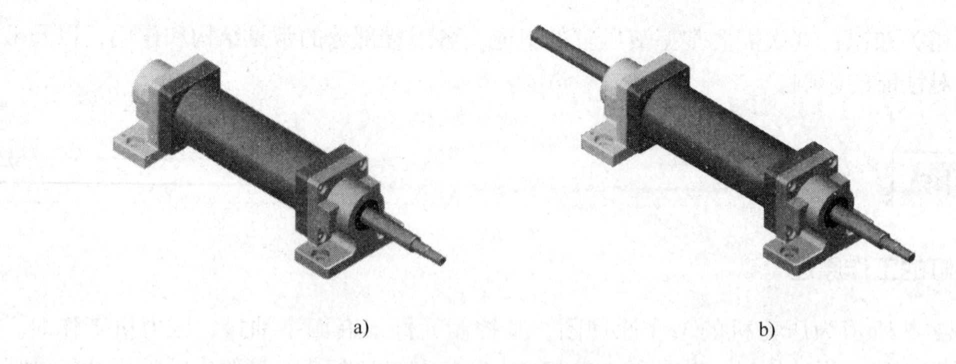

图 2–2–3　常见的液压缸

a）双作用单出杆液压缸　b）双作用双出杆液压缸

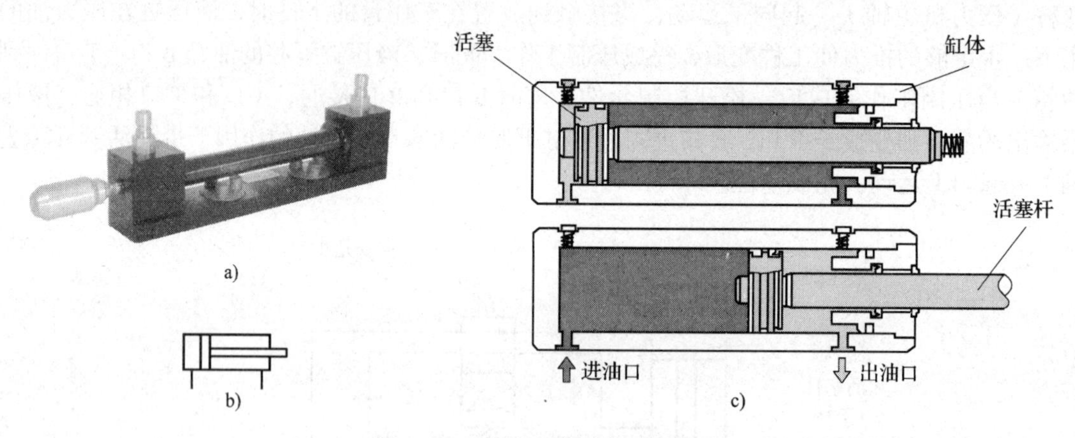

图 2–2–4　双作用单出杆液压缸

a）实物图　b）职能符号　c）结构示意图

三、液压缸的连接形式和工作特点

1. 双作用单出杆液压缸的常规连接和工作特点

如图 2–2–5 所示，若输入液压缸油液的流量为 q，压力为 p。则当无杆腔进油时（图 a），活塞运动速度 v_1 及推力 F_1 分别为：

$$v_1 = \frac{q}{A_1} = \frac{4q}{\pi D^2}$$

$$F_1 = pA_1 = p\,\frac{\pi D^2}{4}$$

当有杆腔进油时（图 b），活塞运动速度 v_2 及推力 F_2 分别为：

$$v_2 = \frac{q}{A_2} = \frac{4q}{\pi\ (D^2 - d^2)}$$

$$F_2 = pA_2 = p\,\frac{\pi\ (D^2 - d^2)}{4}$$

由上述公式分析得知：当无杆腔进油时，有效作用面积越大，则推力越大，速度越慢；反之，有效作用面积越小，则推力越小，速度越快。

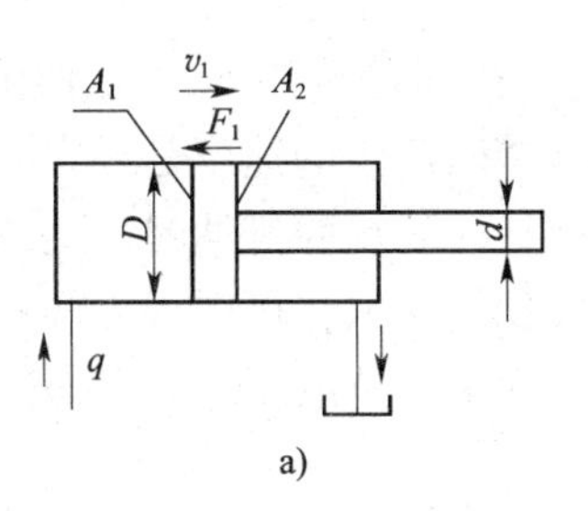

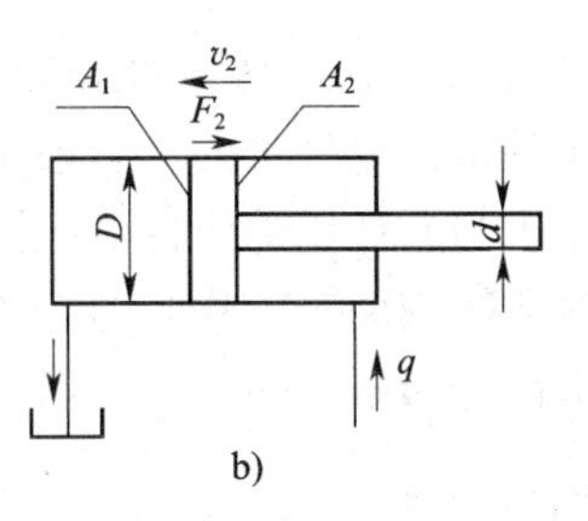

图 2–2–5 双作用单出杆液压缸的常规连接

a）无杆腔进油 b）有杆腔进油

2．双作用单出杆液压缸的差动连接和工作特点

如图 2–2–6 所示，当缸的两腔同时通以压力油时，由于作用在活塞两端面上推力不等，产生推力差。在此推力差的作用下，使活塞向右运动，这时，从液压缸有杆腔排出的油液也进入液压缸的左端，使活塞实现快速运动，这种连接方式称为差动连接。这种两端同时通压力油，利用活塞两端面积差进行工作的单出杆液压缸也叫差动液压缸。

设差动连接时泵的供油量为 q，无杆腔的进油量为 q_1，有杆腔的排油量为 q_2，则活塞运动速度 v_3 及推力 F_3 分别为：

$$v_3=\frac{4q}{\pi d^2}$$

$$F_3=p\frac{\pi d^2}{4}$$

由上述公式分析得知：同样大小的双作用单出杆液压缸实行差动连接时，有杆腔进油活塞的速度 v_3 大于无差动连接时的速度 v_1，因而可以获得快速运动，而此时产生的推力将变小。

3．双作用双出杆液压缸的工作特点

双作用双出杆液压缸的活塞两端都带有活塞杆，如图 2–2–7 所示。因为液压缸的两活塞杆直径相等，所以当输入流量和油液压力不变时，其往返运动速度和推力相等。则缸的运动速度 v 及推力 F 分别为：

$$v=\frac{q}{A}=\frac{4q}{\pi\ (D^2-d^2)}$$

$$F=pA=p\frac{\pi\ (D^2-d^2)}{4}$$

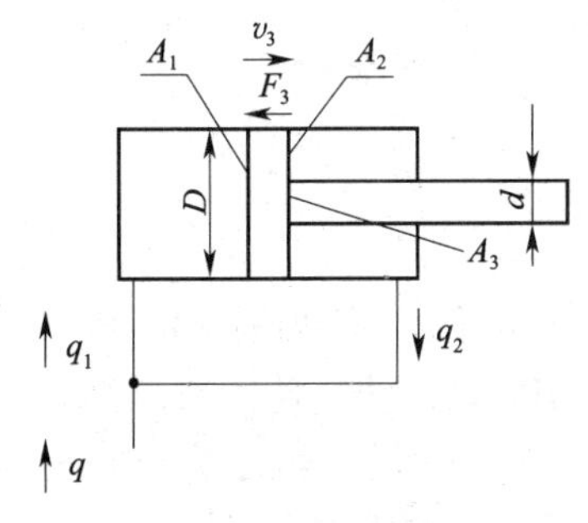

图 2–2–6 差动连接

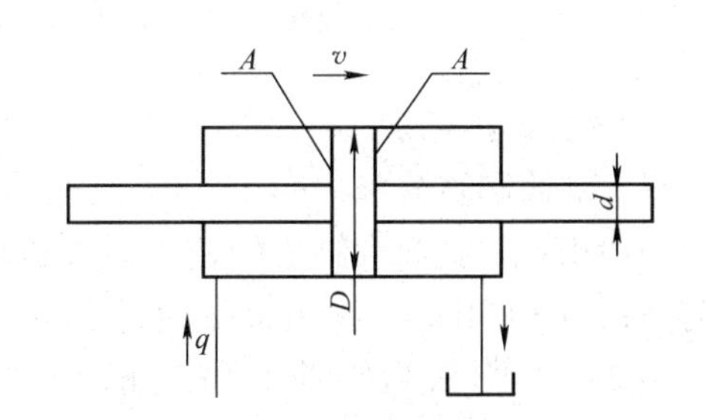

图 2–2–7 双作用双出杆液压缸

通过以上分析可知，在缸体内径和活塞杆直径相同的条件下，双作用单出杆液压缸采用常规连接时产生的推力是最大的，而采用差动连接时产生的速度是最大的，而双作用双出杆液压缸产生的推力与双作用单出杆液压缸常规连接时有杆腔进油时产生的推力一样大，但是双作用双出杆液压缸因两个工作腔的有效作用面积一样大，可以很方便地实现往复速度一致，另外双作用双出杆液压缸的工作行程要比双作用单出杆液压缸的工作行程大。

四、液压缸的结构与组成

1．液压缸的结构

图 2–2–8 所示为一种较常见的双作用单出杆液压缸。它是由缸盖 1、活塞杆 2、活塞杆密封圈 3、缸筒 4、活塞 5、放气装置 6、后缸盖 7、缓冲装置 8、活塞密封圈 9 组成。缸筒与后缸盖通常采用螺纹紧固或焊接的方法进行固定，而另一端与缸盖的连接通常采用螺纹连接以便进行拆装。缸筒两端设有油口 A 和 B 以及放气装置 6，活塞 5 与活塞杆 2 一般利用弹簧卡圈或是螺纹进行连接，活塞 5 与缸筒 4 的内壁间之间以及活塞杆 2 和缸盖 1 之间分别安装有活塞密封圈 9 和活塞杆密封圈 3。

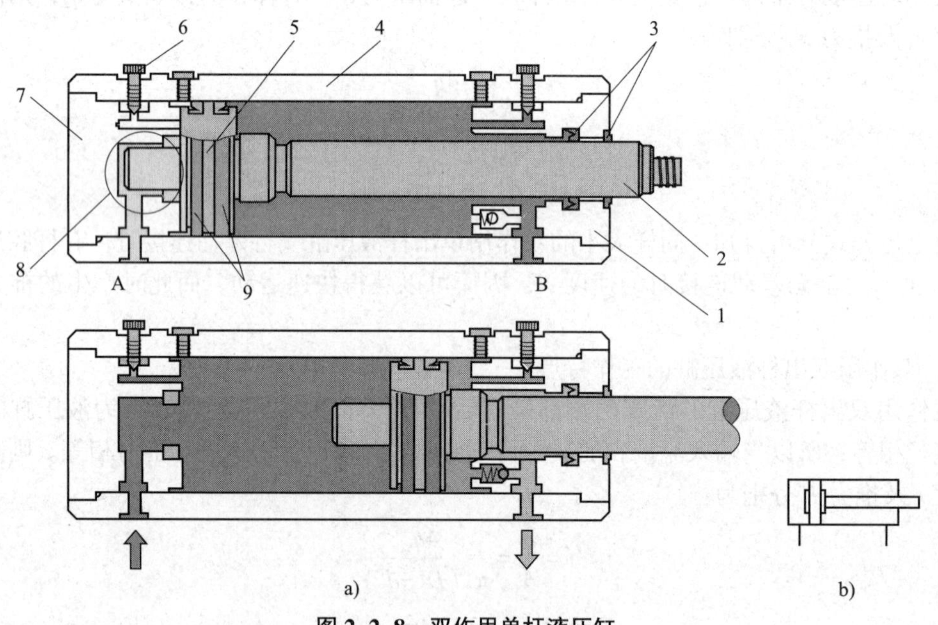

图 2–2–8　双作用单杆液压缸

a）结构　b）图形符号

1- 缸盖　2- 活塞杆　3- 活塞杆密封圈　4- 缸筒　5- 活塞
6- 放气装置　7- 后缸盖　8- 缓冲装置　9- 活塞密封圈　A、B- 油口

2．液压缸的组成

（1）缸筒和缸盖

一般来说，缸筒和缸盖的结构形式和其使用的材料有关。当工作压力 $p<10$ MPa 时，使用铸铁；当 10 MPa $\leqslant p<20$ MPa 时，使用无缝钢管；$p\geqslant 20$ MPa 时，使用铸钢或锻钢。

图 2–2–9 所示为缸筒和缸盖的常见结构形式。图 2–2–9a 所示为法兰连接式，结构简单，容易加工，也容易装拆，但外形尺寸和重量都较大，常用于铸铁制的缸筒上。

图 2–2–9b 所示为半环连接式，它的缸筒壁部因开了环形槽而削弱了强度，为此有时要加厚缸壁。它容易加工和装拆，重量较轻，常用于无缝钢管或锻钢制的缸筒上。图 2–2–9c 所示为螺纹连接式，它的缸筒端部结构复杂，外径加工时要求保证内外径同心，装拆要使用专用工具，它的外形尺寸和重量都较小，常用于无缝钢管或铸钢制的缸筒上。图 2–2–9d 所示为拉杆连接式，结构的通用性好，容易加工和装拆，但外形尺寸较大，且较重。图 2–2–9e 所示为焊接连接式，结构简单，尺寸小，但缸底处内径不易加工，且可能引起变形。

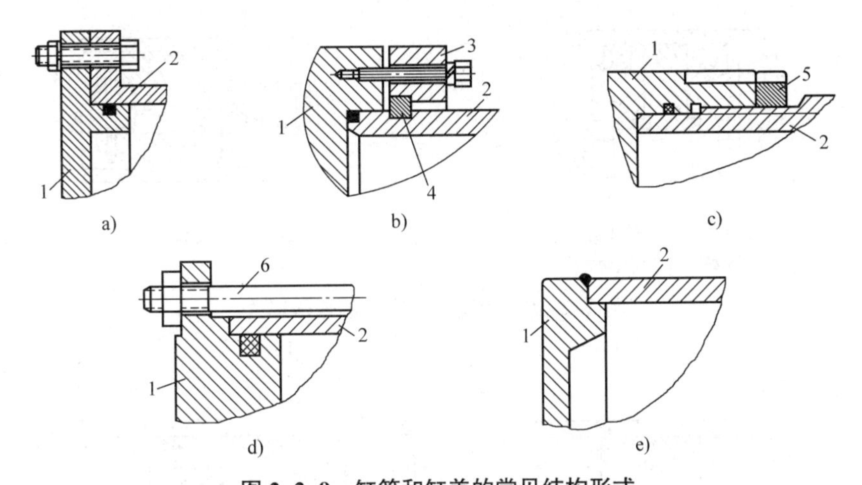

图 2–2–9 缸筒和缸盖的常见结构形式

a）法兰连接式 b）半环连接式 c）螺纹连接式 d）拉杆连接式 e）焊接连接式

1- 缸盖 2- 缸筒 3- 压板 4- 半环 5- 防松螺母 6- 拉杆

（2）活塞与活塞杆

当液压缸的工作行程较短时通常将活塞杆与活塞做成一体，这是最简单的形式。但当行程较长时，这种整体式活塞的加工不经济，所以常把活塞与活塞杆分开制造，然后再连接成一体。图 2–2–10 所示为活塞与活塞杆的连接形式。

图 2–2–10a 所示为活塞与活塞杆之间采用螺母连接，它适用于无冲击力的液压缸中。螺纹连接虽然结构简单，安装方便可靠，但活塞杆上的螺纹将削弱其强度。图 2–2–10b、c 所示为卡环式连接。图 2–2–10b 中活塞杆 5 上开有一个环形槽，槽内装有两个半圆环 3 以夹紧活塞 4，半圆环 3 由轴套 2 套住，而轴套 2 的轴向位置用弹簧卡圈 1 来固定。图 2–2–10c 中的活塞杆使用了两个半圆环 4，它们分别由两个密封圈座 2 套住，半圆形的活塞 3 安放在密封圈座的中间。图 2–2–10d 所示是一种径向销式连接，用锥销 1 把活塞 2 固连在活塞杆 3 上，这种连接方式特别适用于双出杆式活塞。

（3）密封装置

液压缸中常见的密封装置如图 2–2–11 所示。图 2–2–11a 所示为间隙密封，它依靠运动间的微小间隙来防止泄漏。为了提高这种装置的密封能力，常在活塞的表面制出几条细小的环形槽，以增大油液通过间隙时的阻力。它的结构简单，摩擦阻力小，可耐高温，但泄漏大，加工要求高，磨损后无法恢复原有能力，只有在尺寸较小、压力较低、相对运动速度较高的缸筒和活塞间使用。图 2–2–11b 所示为摩擦环密封，它依靠套在活塞上的摩擦环（尼龙或其他高分子材料制成）在 O 形密封圈弹力作用下贴紧缸壁而防止泄漏。这种密封形式

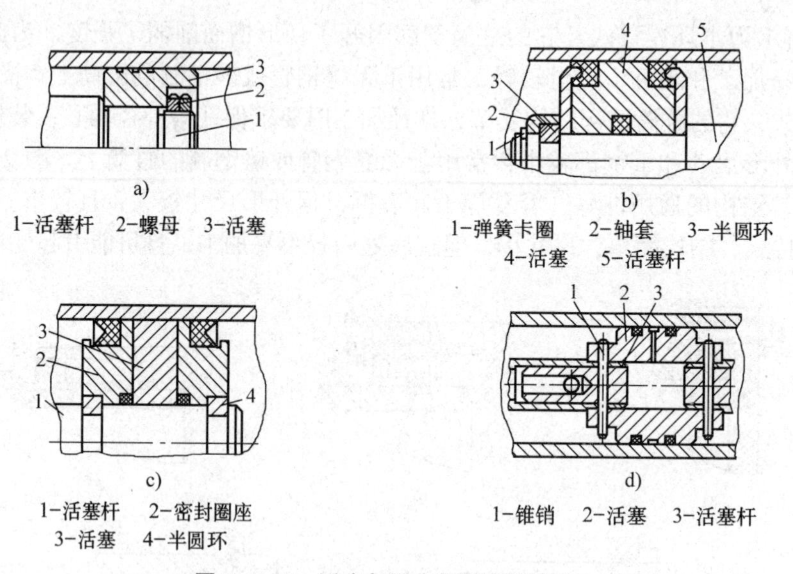

图 2-2-10 活塞与活塞杆的连接形式

a）螺母连接 b）、c）卡环式连接 d）径向销式连接

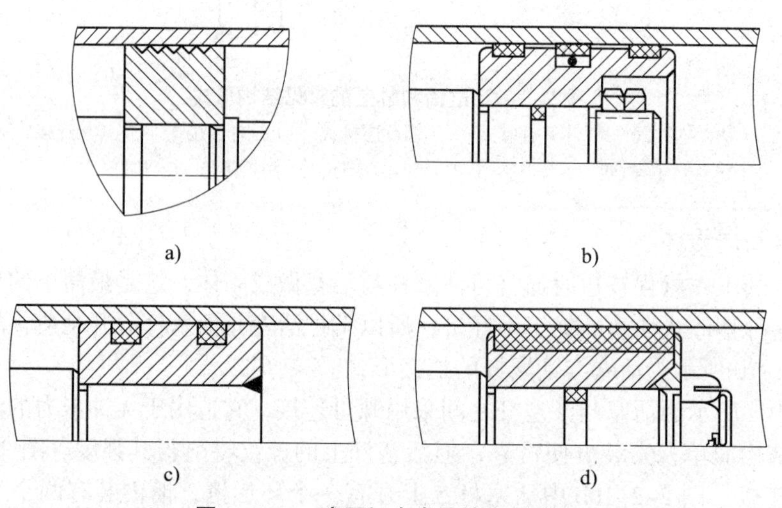

图 2-2-11 液压缸中常见的密封装置

a）间隙密封 b）摩擦环密封 c）O 形圈密封 d）V 形圈密封

效果较好，摩擦阻力较小且稳定，可耐高温，磨损后有自动补偿能力，但加工要求高，装拆较不便，适用于缸筒和活塞之间的密封。图 2-2-11c、d 所示为密封圈密封，它利用橡胶或塑料的弹性使各种截面的环形圈贴紧在静、动配合面之间来防止泄漏。它结构简单，制造方便，磨损后有自动补偿能力，性能可靠，在缸筒和活塞之间、缸盖和活塞杆之间、活塞和活塞杆之间、缸筒和缸盖之间都能使用。

对于活塞杆外伸部分来说，由于它很容易把脏物带入液压缸，使油液受污染，使密封件磨损，因此常需在活塞杆密封处增添防尘密封圈，并放在向着活塞杆外伸的一端。

（4）排气装置

液压缸在安装过程中或长时间停放后重新使用时，液压缸里和管道系统中会渗入空气，为了防止执行元件出现爬行、噪声和发热等不正常现象，需把缸中和系统中的空气排出。一般可在液压缸的最高处设置进出油口把空气带走，也可在最高处设置排气孔或专门的排气阀，如图 2–2–12 所示。

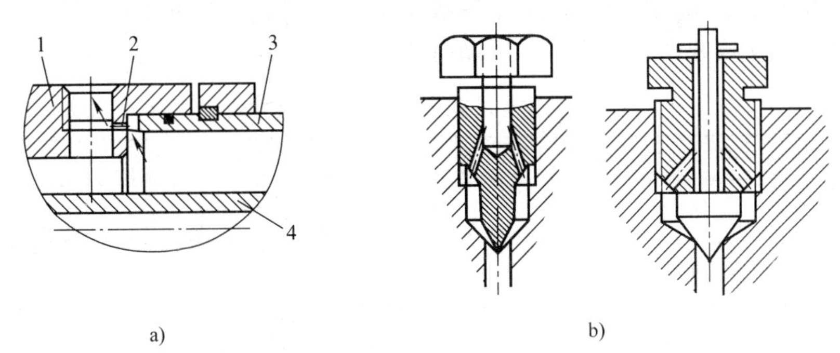

图 2–2–12　排气装置

a）排气孔式　b）排气阀式

1– 缸盖　2– 放气小孔　3– 缸筒　4– 活塞杆

（5）缓冲装置

液压缸一般都设有缓冲装置，特别是对大型、高速或要求高的液压缸，用于防止活塞在行程终点时和缸盖相互撞击，引起噪声、冲击。

缓冲装置的工作原理是利用活塞或缸筒的特殊结构在其走向行程终端时封住活塞和缸盖之间的部分油液，强迫它从小孔或细缝中挤出，以产生很大的阻力，使工作部件受到制动，逐渐减慢运动速度，达到避免活塞和缸盖相互撞击的目的。

如图 2–2–13a 所示，当缓冲柱塞进入与其相配的缸盖上的内孔时，孔中的液压油只能通过间隙 δ 排出，使活塞速度降低，起缓冲作用。当缓冲柱塞进入配合孔之后，油腔中的油只能经节流阀排出，如图 2–2–13b 所示。由于节流阀是可调的，因此缓冲作用也可调节，但仍不能解决速度减小后缓冲作用减弱的缺点。如图 2–2–13c 所示，在缓冲柱塞上开有三角槽，随着柱塞逐渐进入配合孔中，其节流面积越来越小，解决了在行程最后阶段缓冲作用过弱的问题。

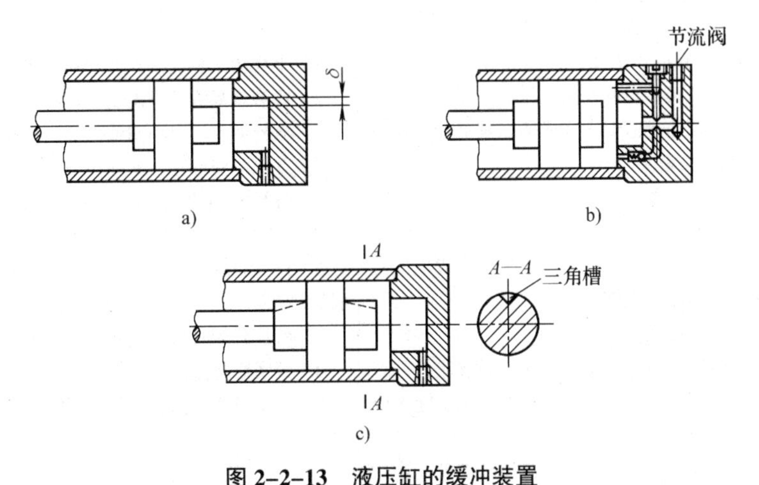

图 2–2–13　液压缸的缓冲装置

a）间歇缓冲　b）节流阀缓冲　c）三角槽缓冲

任务实施

液压缸常见故障主要包括爬行和局部速度不均匀、冲击、缓冲过长、推力不足、液压缸活塞杆速度减小甚至停止等，其产生原因及排除方法见表 2–2–1。

表 2–2–1　液压缸的常见故障产生原因及排除方法

故障现象	产生原因	排除方法
爬行和局部速度不均匀	1）空气侵入液压缸 2）缸盖活塞杆孔密封装置过紧或过松 3）活塞杆与活塞不同心 4）液压缸安装位置偏移 5）液压缸内表面直线度不良 6）液压缸内表面锈蚀或拉毛	1）设排气阀排除空气 2）密封圈密封应保证能用手平稳地拉动活塞杆且无泄漏 3）活塞杆与活塞同轴度偏差不得大于 0.01 mm，否则应校正或更换；活塞杆全长直线度偏差不得大于 0.2 mm，否则应校正或更换 4）液压缸安装位置不得与设计要求相差大于 0.1 mm 5）液压缸内孔圆度、圆柱度不得大于与活塞配合公差之半，否则应进行镗铰或更换缸体 6）进行镗磨，严重者更换缸体
冲击	1）活塞与缸筒内径间隙过大或节流阀等缓冲装置失灵 2）纸垫密封冲破，大量泄油	1）保证设计间隙，过大者更换活塞；检查并修复缓冲装置 2）更换新纸垫，保证密封
缓冲过长	1）缓冲装置结构不正确，三角槽过短 2）缓冲节流回油口开设位置不对 3）活塞与缸筒内径配合间隙过小 4）缓冲的回油孔道半堵塞	1）修正凸台与凹槽，加长三角槽 2）修改节流回油口的位置 3）加大至要求的间隙 4）清洗回油孔道
推力不足	1）活塞与缸体内径间隙过大，内泄漏严重 2）活塞杆弯曲，阻力增大 3）活塞上密封圈损坏，泄漏增大或摩擦力增大 4）液压缸内表面有腰鼓形，造成两端通油	1）更换磨损的活塞 2）校正活塞杆 3）更换密封圈，密封时不应过紧 4）镗磨液压缸内孔，单配活塞
液压缸活塞杆速度减小甚至停止	1）液压缸和活塞配合间隙太大或 O 形密封圈损坏，造成高低压腔互通 2）由于工作时经常用工作行程的某一段，造成液压缸内表面直线度不良（局部有腰鼓形），致使液压缸两端高低压油互通 3）缸端油封压得太紧或活塞杆弯曲，使摩擦力和阻力增大 4）泄漏过多 5）油温太高，黏度太小 6）液压泵的吸入侧吸入空气，造成液压缸的运动不平稳，活塞杆速度下降 7）液压缸的载荷过高 8）液压缸内表面胀大，活塞通过胀大部位时有漏油现象，导致液压缸活塞杆速度下降或停止不前 9）异物进入液压缸，引起烧结现象，造成工作阻力增大	1）单配活塞和液压缸的间隙，或更换 O 形密封圈 2）镗磨修复液压缸内表面，单配活塞 3）放松油封，以不漏油为限，校直活塞杆 4）寻找泄漏部位，紧固各结合面 5）分析发热原因，设法散热降温；如密封间隙过大则单配活塞或增装密封环 6）产生此种情况，液压泵必有噪声，故容易察觉，排除方法可按泵的有关方法进行 7）所加载荷必须控制在额定载荷的 80% 以内 8）镗磨修复液压缸内表面 9）排出异物，镗磨修复液压缸内表面

知识链接

其他形式的液压缸

双作用单出杆和双作用双出杆液压缸是应用非常广泛的液压缸，但有的时候由于工作要求的特殊性，这两种液压缸不能完全满足使用要求，这时就要求选用其他类型的液压缸，下面是其他几种常见的液压缸。

一、柱塞缸

图 2–2–14a 所示为柱塞缸，它只能实现一个方向的液压传动，反向运动要靠外力。若需要实现双向运动，则必须成对使用，如图 2–2–14b 所示。这种液压缸中的柱塞和缸筒不接触，运动时由缸盖上的导向套来导向，因此缸筒的内壁不需精加工，它特别适用于行程较长的场合。

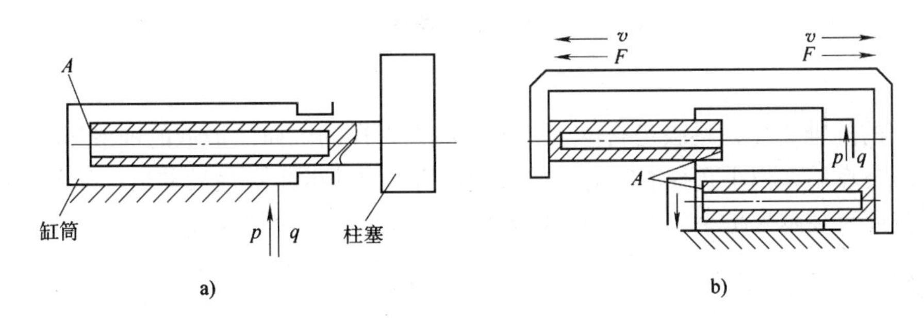

图 2–2–14 柱塞缸

a）柱塞缸结构 b）两个柱塞缸成对使用

二、增压缸

增压缸又称增压器，它利用活塞和柱塞有效面积的不同使液压传动系统中的局部区域获得高压。它有单作用和双作用两种形式，如图 2–2–15 所示。

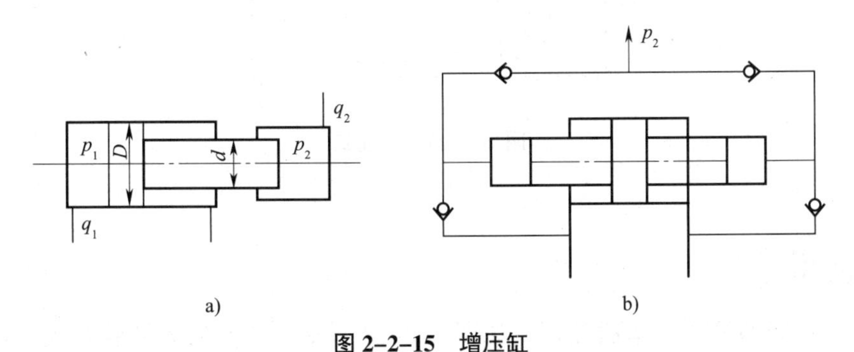

图 2–2–15 增压缸

a）单作用增压缸 b）双作用增压缸

单作用增压缸在活塞运动到终点时，不能再输出高压液体，需要将活塞退回到左端位置，再向右行时才又输出高压液体，为了克服这一缺点，可采用双作用增压缸，由两个高压端连续向系统供油。

三、伸缩缸

伸缩缸由两个或多个活塞缸套装而成，前一级活塞缸的活塞杆内孔是后一级活塞缸的缸筒，伸出时可获得很长的工作行程，缩回时可保持很小的结构，伸缩缸被广泛用于起重运输车辆上。

伸缩缸可以是如图 2–2–16a 所示的单作用式，也可以是如图 2–2–16b 所示的双作用式，前者靠外力回程，后者靠液压回程。

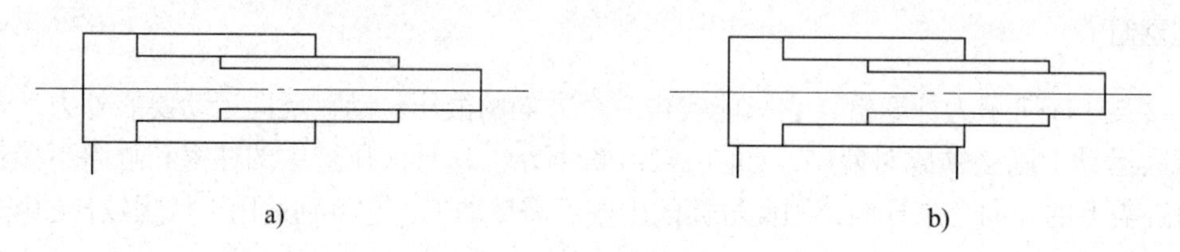

图 2–2–16 伸缩缸

a）单作用伸缩缸 b）双作用伸缩缸

伸缩缸的外伸动作是逐级进行的。首先是最大直径的缸筒以最低的油液压力开始外伸，当到达行程终点后，稍小直径的缸筒开始外伸，直径最小的末级最后伸出。随着工作级数变大，外伸缸筒直径越来越小，工作油液压力随之升高，工作速度变快。

四、齿轮缸

它由两个柱塞缸和一套齿条传动装置组成，如图 2–2–17 所示。柱塞的移动经齿轮齿条传动装置变成齿轮的传动，用于实现工作部件的往复摆动或间歇进给运动。

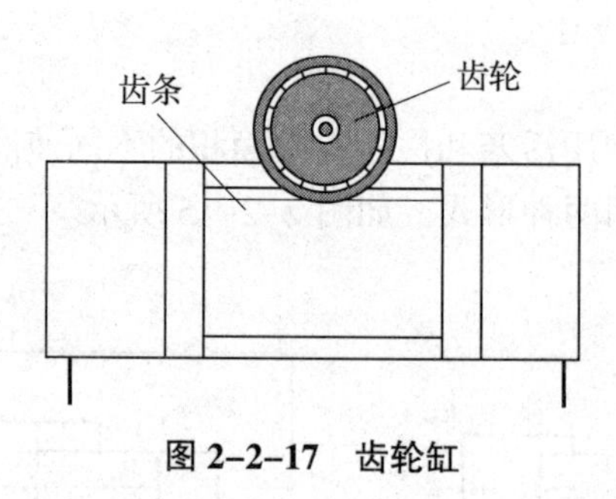

图 2–2–17 齿轮缸

思考与应用

1. 两个相同的液压缸串联使用，如图 2–2–18 所示。它们的无杆腔有效工作面积 A_1= 80 cm^2，有杆腔的有效工作面积 A_2=50 cm^2，输入油液压力 p=0.1 kPa，输入的流量 q=12 L/min。求：当两缸的负载 F_1=2F_2 时，两缸各能承受多大的负载（不计系统损失）？活塞的运动速度各为多少？若两缸承受相同的负载（即 F_1=F_2），那么该负载的数值为多少？若缸 1 不承受负载（即 F_1=0），则缸 2 能承受多大的负载？

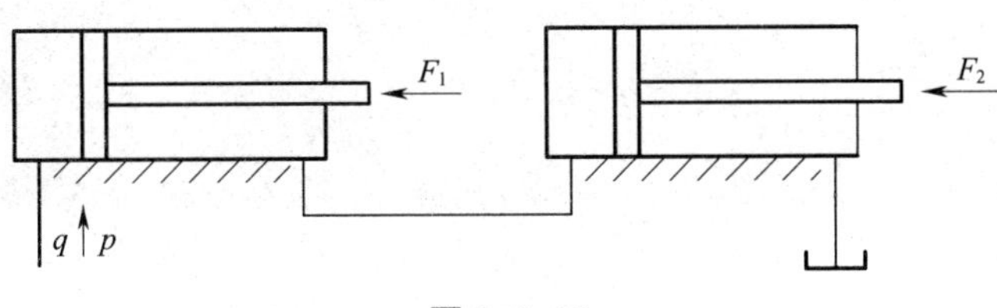

图 2–2–18

2. 液压缸的密封装置有哪些？各适用于何种场合？

3. 液压缸为何设有缓冲和排气装置？

4. 液压缸速度下降甚至停止的原因是什么？如何排除？

模块三

方向控制回路的设计

液压系统中的执行元件在工作时，需要经常地启动、制动、换向、调节运动速度及适应外负载的变化，因此，就要有一套对液压油进行控制和调节的液压元件，通常用控制元件来完成。控制元件对外不做功，仅用于控制执行元件，使其满足系统工作性能的要求。液压控制阀按其用途不同可分为方向控制阀、压力控制阀和流量控制阀三类，方向控制阀又可分为换向阀和单向阀两类。本模块重点讲解方向控制阀的结构、工作原理、分类及应用。

任务 1　平面磨床工作台换向控制回路的设计

教学目标

- 掌握换向阀的种类
- 掌握换向阀的结构及工作原理
- 掌握换向阀的职能符号
- 了解换向阀的应用

任务引入

图 3–1–1 所示的平面磨床的工作台，在工作中是由液压传动系统带动进行往复运动的，工作台在工作行程中要求往复运动的速度一致，同时能锁定在任意位置。

本任务要求画出该平面磨床工作台往复运动的控制回路，并进行分析。

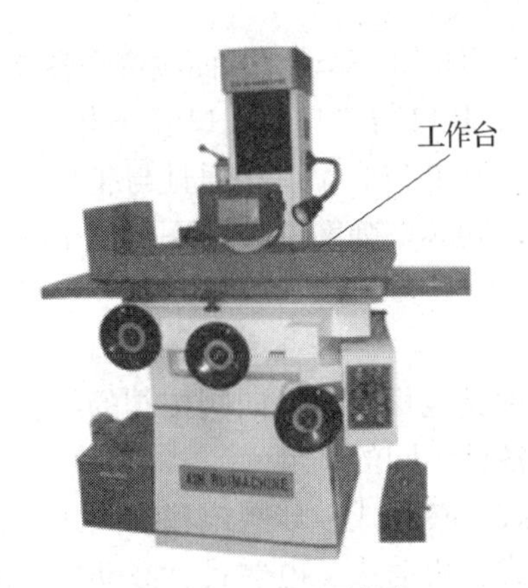

图 3–1–1 平面磨床

任务分析

通过模块二任务 2 的学习已经知道，要使液压缸往复速度一致，最简单的方法就是采用双作用双出杆液压缸，因此，可利用双作用双出杆液压缸来驱动该平面磨床的工作台，这时只要使液压油进入驱动工作台往复运动的液压缸的不同工作腔，就能使液压缸带动工作台完成往复运动。

这种通过改变压力油流通方向从而控制执行元件运动方向的液压元件称为换向阀。要想画出平面磨床工作台液压控制系统的回路，必须掌握换向阀的结构、原理以及换向回路等知识。

相关知识

换向阀利用阀芯和阀体之间的相对运动变换油液流动的方向，接通或者关闭油路，从而改变液压系统的工作状态。

一、换向阀的结构

如图 3–1–2 所示为换向阀的实物图和内部结构图，从图中可以看出，换向阀主要由阀芯、阀体、阀芯复位弹簧和操纵装置组成，阀体上开有四个油口。

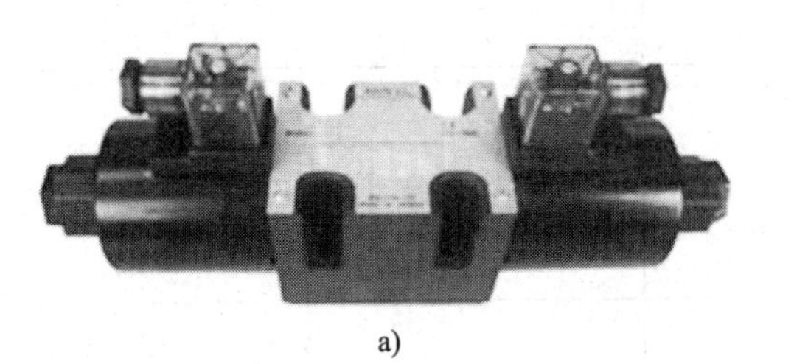

a)

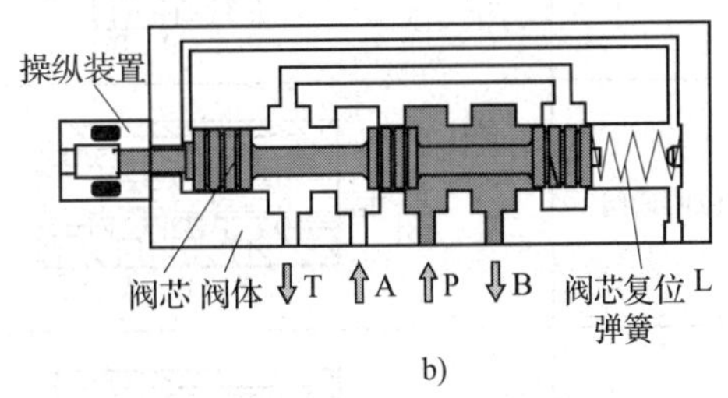

b)

图 3–1–2 换向阀

a）实物图 b）结构图

T、A、P、B– 油口 L– 排气口

阀芯在操纵装置的作用下沿阀体内腔移动，从而改变个各阀口间的通断状态。图 3–1–2b 所示为 P 口与 B 口相通，但 P 口、B 口与 T 口、A 口互不相通，而 A 口与 T 口相通；当阀芯在操纵装置的作用下向右移动，则 P 口、A 口相通且与 T 口、B 口不相通，而 B 口与 T 口相通；当操纵装置失去作用力时，阀芯在弹簧的作用下复位至图 3–1–2b 所示位置。

二、换向阀的种类

换向阀的用途十分广泛，种类也很多。换向阀按阀的结构形式、操纵方式、工作位置数和控制通道数的不同，可分为各种不同的类型。

按阀的结构形式分有滑阀式、转阀式、球阀式和锥阀式。

按阀的操纵方式分有手动式、机动式、电磁式、液动式、电液动式和气动式。

按阀的工作位置数和控制的通道数分有二位二通阀、二位三通阀、二位四通阀、三位四通阀和三位五通阀等。

三、换向阀的换向机能

上面提到换向阀有二位二通阀、二位三通阀等，换向阀中的“通”和“位”是换向阀的重要概念。不同的“通”和“位”构成了不同类型的换向阀。为了改变液流方向，阀芯相对于阀体有不同的工作位置，这个工作位置数叫作“位”。换向阀与液压系统油路相连的油口数（主油口）叫作“通”。当阀芯相对于阀体运动时，可改变各油口之间的连通情况，从而改变了液流的流动方向。

在液压传动回路中通常用图形符号来代表换向阀的“通”和“位”，也就是通常说的换向阀的职能符号。不同“通”和“位”的滑阀式换向阀主体部分的结构形式和图形符号见表 3–1–1。

表 3–1–1　不同“通”和“位”的滑阀式换向阀主体部分的结构形式和图形符号

名称	结构原理图	图形符号
二位二通阀	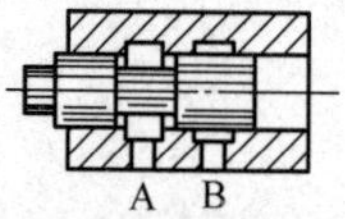	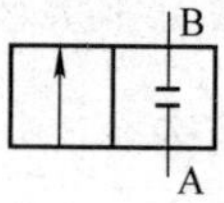
二位三通阀	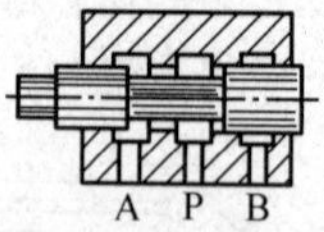	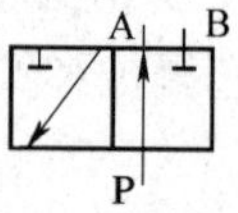
二位四通阀	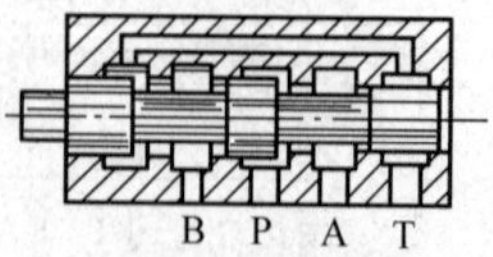	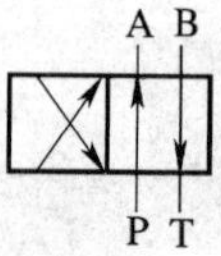
三位四通阀	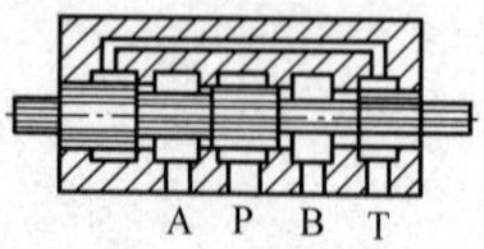	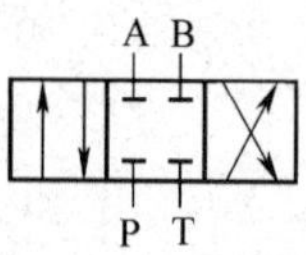

表 3-1-1 中图形符号的含义如下：

1．用方框表示阀的工作位置，有几个方框就表示有几“位”。

2．方框内的箭头表示油路处于接通状态，但箭头方向不一定表示液流的实际方向。

3．方框内符号“⊥”或“⊤”表示该通路不通。

4．方框外部连接的接口数有几个，就表示几“通”。

5．阀与系统供油路连接的进油口用字母 P 表示；阀与系统回油路连通的回油口用 T 表示；阀与执行元件连接的油口用 A、B 表示。有时在图形符号上用 L 表示泄油口。

6．换向阀都有两个或两个以上的工作位置，其中一个为常态位，即阀芯未受到操纵力时所处的位置。三位阀以上的图形符号中的中位为常态位。利用弹簧复位的二位阀则以靠近弹簧的方框为其常态位。注意：绘制系统图时，油路一般应连接在换向阀的常态位上。

四、换向阀的滑阀机能

三位换向阀的阀芯处于中间位置时（常态位置），其油口间的通路有几种不同的连接方式，以适应各种不同的工作要求。这种常态时的内部通路形式称为滑阀机能，又称中位机能。

三位四通换向阀的滑阀机能有很多种，常见的有表 3-1-2 中所列的几种。中间方框表示其常态位置，一般用一个象形字母来表示中位的形式。

表 3-1-2　三位四通换向阀常用的滑阀机能

形式	符号	中位油口状况、特点及应用
O 形	A B P T	P、A、B、T 口全封闭；液压缸闭锁，可用于多个换向阀并联工作
H 形	A B P T	P、A、B、T 口全通；活塞浮动，在外力作用下可移动，液压泵卸荷
Y 形	A B P T	P 口封闭，A、B、T 口相通；活塞浮动，在外力作用下可移动，液压泵不卸荷
K 形	A B P T	P、A、T 口相通，B 口封闭；活塞处于闭锁状态，液压泵卸荷
M 形	A B P T	P、T 口相通，A 与 B 口均封闭；活塞闭锁不动，液压泵卸荷，也可用多个 M 形换向阀并联工作

续表

形式	符号	中位油口状况、特点及应用
X形	A B P T	四油口处于半开启状态，液压泵基本上卸荷，但仍保持一定压力
P形	A B P T	P、A、B口相通，T口封闭；液压泵与液压缸两腔相通，可组成差动回路
J形	A B P T	P与A口封闭，B与T口相通；活塞停止，但在外力作用下可向一边移动，液压泵不卸荷
C形	A B P T	P与A口相通，B与T口封闭；活塞处于停止位置
U形	A B P T	P和T口封闭，A与B口相通；活塞浮动，在外力作用下可移动，液压泵不卸荷

滑阀机能的选择：

滑阀的中位机能不但影响液压系统的工作状态，也影响执行元件换向时的工作性能。通常可根据液压系统的保压或卸荷要求、执行元件停止时的浮动或锁紧要求、执行元件换向时的平稳或准确性要求，选择滑阀的中位机能。滑阀中位机能选择的一般原则为：

1. 当系统有卸荷要求时：应选用中位时油口P与T相互连通的形式，如H形、K形、M形。

2. 当系统有保压要求时：应选用中位时油口P封闭的形式，如O形、Y形等。

3. 当对执行元件换向精度要求较高时：应选用中位时油口A与B封闭的形式，如O形、M形。

4. 当对执行元件换向平稳性要求较高时：应选用中位时油口A、B与T相互连通的形式，如H形、Y形、X形。

5. 当对执行元件启动平稳性要求较高时：应选用中位时油口A与B均不与T连通的形式，如O形、C形、P形。

任务实施

一、平面磨床工作台液压控制回路设计

为了方便理解，将任务中平面磨床工作台的运动分为三个：一是工作台向左运动，二是

工作台向右运动，三是工作台在任意位置的停止。据此选定双作用双出杆液压缸作为驱动工作台运动的液压执行元件，采用三位四通中位机能为O形的换向阀作为方向控制元件。采用O形阀的目的是因为换向阀在中位时，可以对液压系统自锁，保证工作台可以按需要随时停止运动。

依据任务要求和选定的液压元件，设计出如图3–1–3所示的平面磨床工作台液压控制回路。

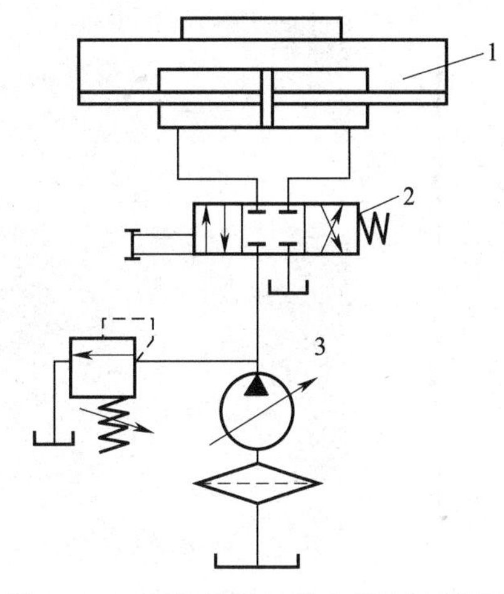

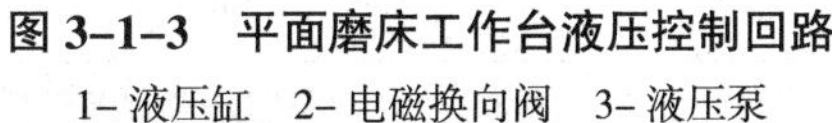
图3–1–3 平面磨床工作台液压控制回路

1–液压缸 2–电磁换向阀 3–液压泵

回路分析：如图3–1–3所示，若活塞杆固定，当阀左位接入回路，液压油进入液压缸左腔，使工作台右移；当阀右位接入系统，液压油进入液压缸右腔，使工作台左移；当阀中位接入系统时，液压缸左、右腔均没有液压油流入，且左、右腔不相通，工作台停止运动。

在运动过程中，液压油进入左腔和右腔的流量一致，因此工作台的往复运动速度也一致；采用三位四通O形阀，能够对液压系统实现自锁，在任意位置，若阀换向到中位，工作台都能锁定不动。

根据分析可知，该回路能够满足平面磨床工作台的工作要求。

二、回路连接

1. 在液压实验台上连接平面磨床工作台控制回路。

操作要求如下：

（1）能看懂液压回路图，并能正确选用元器件。

（2）安装元器件时要规范，各元器件在工作台上合理布置。

（3）用油管正确连接元器件的各油口。

（4）检查各油口连接情况后，启动液压泵，利用三位四通手动换向阀来控制执行元件运动。

2. 液压回路的安装方法

（1）液压元件的准备。根据图3–1–3，准备如下液压元件。

序号	元件名称	类型	数量
1	液压缸	双作用双出杆	1
2	换向阀	三位四通手动换向阀	1
3	溢流阀	直动式	1
4	液压泵	—	1

（2）液压元件的连接及回路的安装，见表3–1–3。

表 3-1-3　　液压元件的连接及回路的安装

序号	图示	步骤
1	油管接头	连接油管接头时，需要将锁紧套和接头体连接紧密。锁紧套可以沿接头体按箭头方向运动
2	阀接头	将油管与阀接头连接。在图中 1 ~ 4 标注的都是阀接头，它们可以与油管接头相配合
3	连接油管接头与阀体	两手分别握住油管接头与阀体，将油管上的接头对准阀体上的接头，按箭头方向用力插入即可将两者相连
4	在安装板上连接	也可以先将阀体装在安装板上，然后再将油管接头与阀体相连
5	连接后的检查	连接好油管接头与阀体之后，应仔细检查是否连接可靠

续表

序号	图示	步骤
6	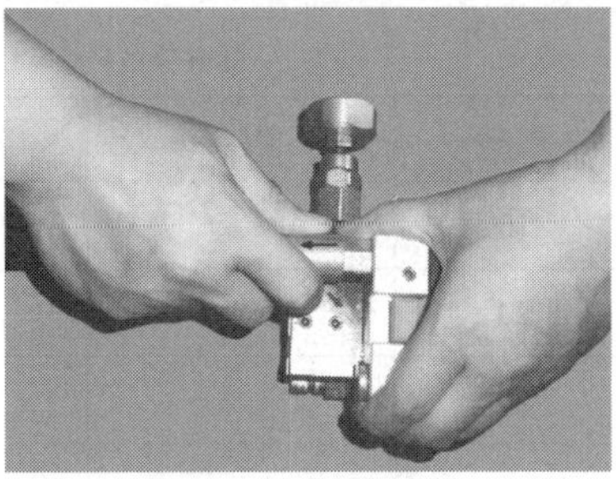 检查不合格需要拆卸	若连接不合格需要拆开时，用手抓住油管和阀体，然后用拇指和食指捏住锁紧套，向左拉动锁紧套，油管接头即可自行脱落
7	 在安装板上拆卸	如果阀体是装在安装板上的，用单手即可将连接断开。拆的时候，用拇指和食指捏住锁紧套，其余手指一定要握住油管接头，严禁死拉硬拽
8	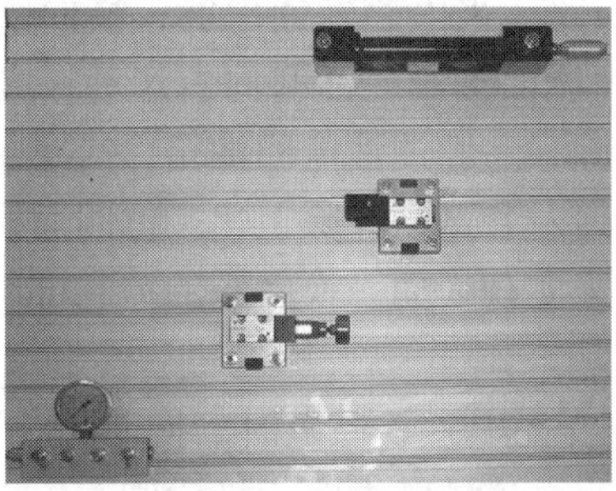 在安装板上排列元器件	安装液压回路时，首先要根据回路要求，选出所需使用的液压元件，然后将各元件依次按照执行元件→主控阀→辅助控制阀→溢流阀的顺序，按从上至下的原则有序地装在安装板上
9	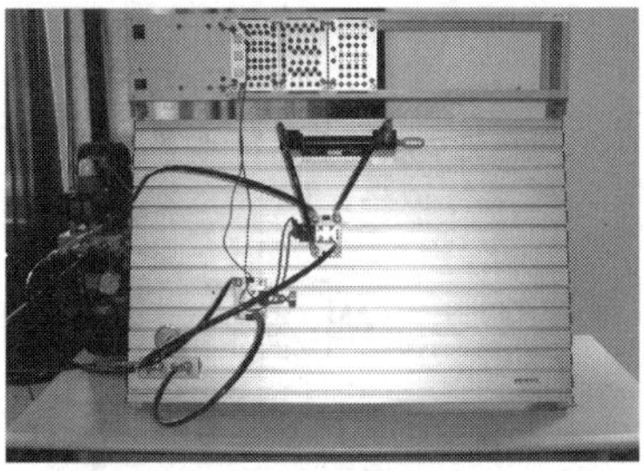 连接、安装完毕	安装完毕后应仔细检查回路连接是否正确，特别是各阀口的进出油口与油管及液压缸的连接是否正确、可靠。只有经检查正确无误后才可开启液压泵向系统供油

在连接液压回路时，基本上都是用这种即插即用的方法把各个元器件连接起来的，只要按照液压回路的顺序连接即可。故下面的任务中不再叙述回路的连接方法，请读者参考该任务的连接方法，自行连接。

评分标准

学号：　　　　　　　　　　　　　　　　姓名：　　　　　　　　　　　　　　　　总得分：

序号	评分标准	配分	得分	备注
1	画出回路图	10		
2	元器件选择正确、合理	20		
3	系统布局合理	20		
4	管子连接正确、可靠	40		
5	安全、文明操作	10		

知识链接

电磁换向阀的方向控制回路

运动部件的换向，一般可采用多种换向阀来实现，而电磁换向阀的换向回路应用最为广泛，尤其是在自动化程度要求比较高的组合机床液压系统中。

如图 3–1–4 所示为二位四通电磁阀的换向回路。当电磁铁通电时，换向阀左位接入系统，油液进入液压缸的左腔，右腔油液经换向阀流回油箱，活塞向右运动；当电磁铁断电时，换向阀右位接入系统，油液进入液压缸的右腔，左腔油液流回油箱，活塞向左运动。只要控制电磁铁的通电或断电，则缸中活塞便不断地左右运动。除上述二位四通换向阀外，也可采用二位五通、三位四通、三位五通等换向阀来实现换向。换向阀的控制可用电磁铁，也可按需要选用其他控制方式。

如图 3–1–5 所示为单作用液压缸的换向回路。当电磁铁通电时，换向阀右位接入系统，油液经换向阀进入液压缸左腔，活塞向右运动；当电磁铁断电时，换向阀左位接入系统，左腔油液经换向阀流回油箱，活塞在弹簧（或其他外力）的作用下，向左返回。

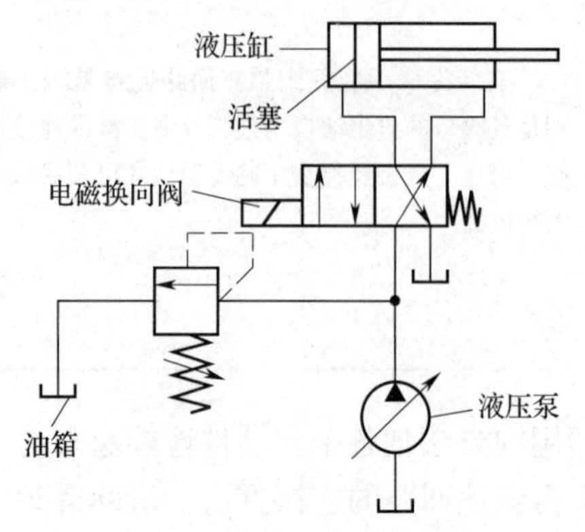

图 3–1–4　二位四通电磁阀的换向回路

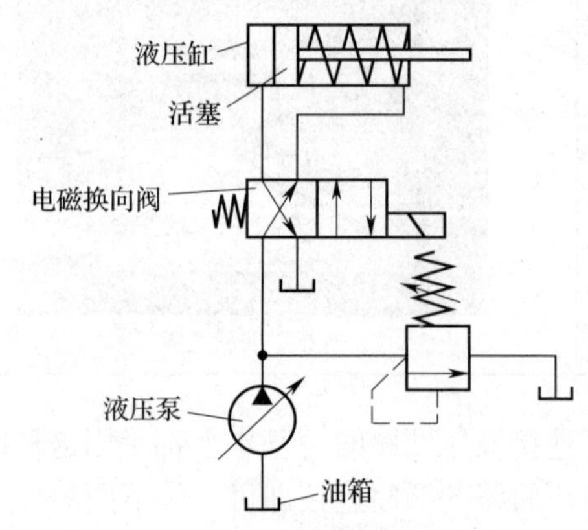

图 3–1–5　单作用液压缸的换向回路

任务 2 液压吊车锁紧控制回路的设计

教学目标

- 掌握单向阀的种类
- 掌握单向阀的结构及工作原理
- 掌握单向阀的职能符号
- 了解单向阀的应用

任务引入

塑料模具需要安装到注塑机上才能工作，当模具自身质量很大时，仅靠人力搬运安装显得非常困难，这时就需要利用一些机械设备来辅助完成。图 3–2–1 所示为液压吊车，它的底部安装有滚轮，利用它来进行大模具安装非常方便和灵活。

在安装模具的过程中，对模具进行吊装定位时，要求液压吊车在停止运动时应不受外界影响而发生漂移或窜动，而液压吊车的上下运动靠液压缸的活塞杆驱动，这就要求液压缸活塞杆能可靠地停留在行程的任意位置上。

本任务要求设计液压吊车锁紧机构的液压控制回路图，并进行分析。

图 3–2–1 液压吊车

任务分析

通过模块三任务 1 的学习已经知道，在平面磨床液压传动系统中，液压缸的停止是靠滑阀的中位机能实现的，而滑阀式换向阀阀芯和阀体间总是存在着间隙，这就造成了换向阀内部的泄漏。平面磨床的工作方向是水平方向，在停止状态没有外力施加给液压缸，因此，换向阀内部的泄漏对工作台稳定性几乎没有影响；而液压吊车在工作过程中，液压缸活塞杆长时间受到较大重力的影响，此时，要保持位置不变，仅依靠换向阀的中位机能是不能保证的，这时就要利用单向阀组成锁紧控制回路来控制液压油的流动，从而保证液压缸的自锁，防止液压缸在重力作用下下滑。

要设计液压吊车锁紧机构的液压控制回路，必须掌握单向阀的结构、工作原理等知识。

相关知识

单向阀根据结构的不同可分为普通单向阀和液控单向阀两类。

一、普通单向阀

普通单向阀又称止回阀，它使液体只能沿一个方向通过。单向阀可用于液压泵的出口，防止系统油液倒流；可用于隔开油路之间的联系，防止油路相互干扰；也可用作旁通阀，与其他类型的液压阀并联，从而构成组合阀。对单向阀的主要性能要求是：油液向一个方向通过时压力损失要小；反向不通时密封性要好；动作灵敏，工作时无撞击和噪声。

1．普通单向阀的工作原理和图形符号

图 3–2–2 所示为单向阀的工作原理和图形符号。当液流由 A 腔流入时，克服弹簧力将阀芯顶开，于是液流由 A 流向 B；当液流反向流入时，阀芯在液压力和弹簧力的作用下关闭阀口，使液流截止，液流无法流向 A 腔。

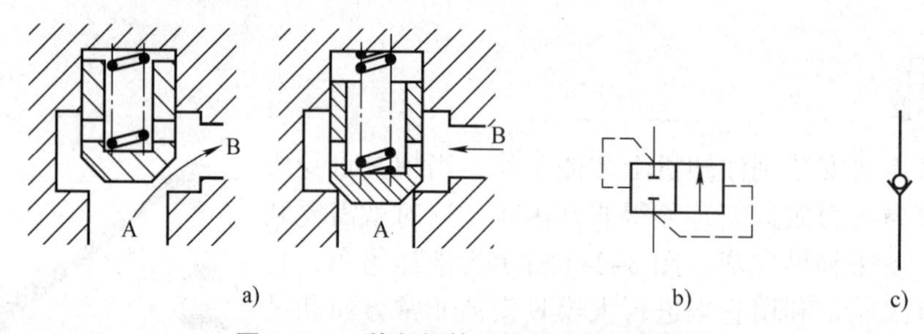

图 3–2–2 单向阀的工作原理和图形符号

a）工作原理 b）一般符号 c）简化符号

2．普通单向阀的典型结构

普通单向阀的结构如图 3–2–3 所示。按进出口流道的布置形式，单向阀可分为直通式和直角式两种。直通式单向阀进口和出口流道在同一轴线上；而直角式单向阀进出口流道呈直角布置。图 3–2–3a 所示为板式连接的直角式单向阀，液流顶开阀芯后，直接从阀体内部的铸造通道流出，压力损失小，而且只要打开端部旋塞即可对内部进行维修，十分方便。图 3–2–3b、图 3–2–3c 所示为管式连接的直通式单向阀，它们可直接装在管路上，比较简单，但液流阻力损失较大，而且维修装拆及更换弹簧不便。

按阀芯的结构形式，单向阀又可分为钢球式和锥阀式两种。图 3–2–3b 所示是阀芯为球阀的单向阀，其结构简单，但密封容易失效，工作时容易产生振动和噪声，一般用于流量较小的场合。图 3–2–3c 所示是阀芯为锥阀的单向阀，其结构较复杂，但其导向性和密封性较好，工作比较平稳。

普通单向阀开启压力一般为 0.035 ~ 0.05 MPa，所以单向阀中的弹簧很软。单向阀也可以用作背压阀。将软弹簧更换成合适的硬弹簧，就成为背压阀。这种阀常安装在液压系统的回油路上，用以产生 0.2 ~ 0.6 MPa 的背压力。

二、液控单向阀

液控单向阀是允许液流向一个方向流动，反向开启则必须通过液压控制来实现的单向阀。液控单向阀可用作二通开关阀，也可用作保压阀，用两个液控单向阀还可以组成“液压锁”。

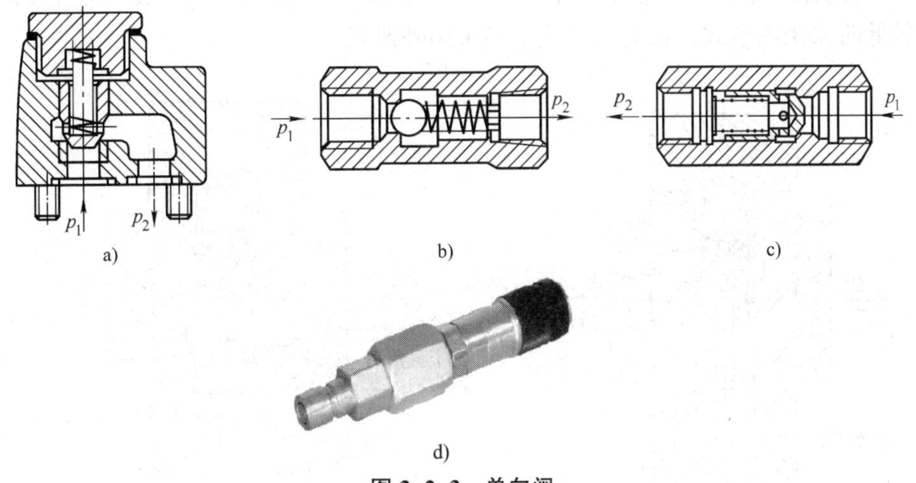

图 3–2–3　单向阀

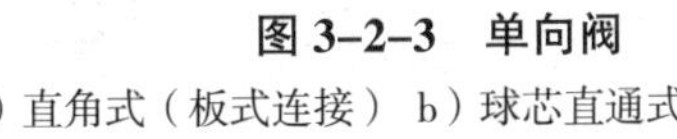

a）直角式（板式连接） b）球芯直通式（管式连接）

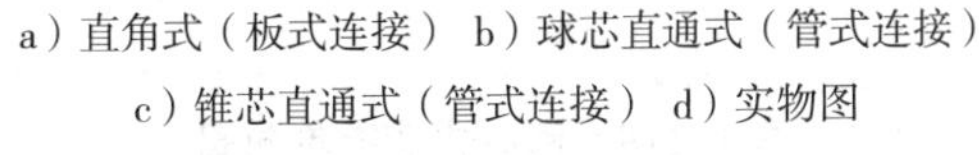

c）锥芯直通式（管式连接） d）实物图

1．液控单向阀的工作原理和图形符号

图 3–2–4 所示为液控单向阀的工作原理和图形符号。当控制油口无压力油（p_K=0）进入时，它和普通单向阀一样，压力油只能从 A 腔流向 B 腔，不能反向流动。若从控制油口 K 通入控制油时，即可推动控制活塞，将锥阀芯顶开，从而实现液控单向阀的反向开启，此时液流可从 B 腔流向 A 腔。

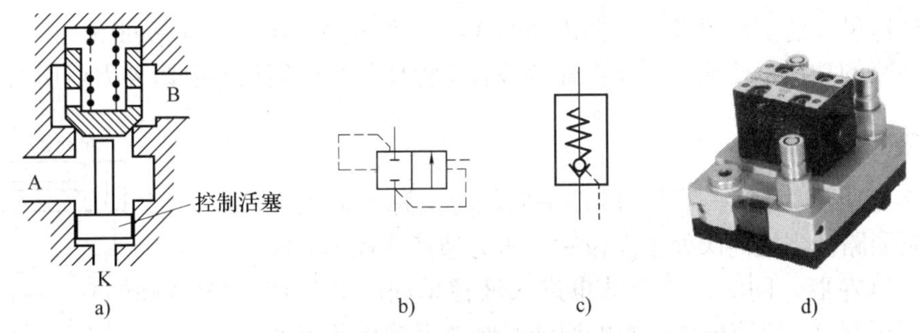

图 3–2–4　液控单向阀的工作原理和图形符号

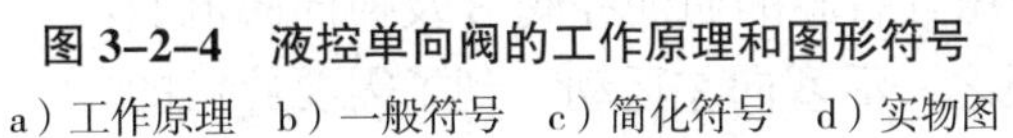

a）工作原理 b）一般符号 c）简化符号 d）实物图

2．液控单向阀的典型结构

液控单向阀有带卸荷阀芯的卸载式液控单向阀（见图 3–2–5）和不带卸荷阀芯的简式液控单向阀两种结构形式。卸载式液控单向阀中，当控制活塞上移时先顶开卸载阀的小阀芯，使主油路卸压，然后再顶开单向阀芯。这样可大大减小控制压力，使控制压力降低到工作压力的 4.5%，因此，可用于压力较高的场合，避免了高压封闭回路内油液的压力突然释放，产生巨大冲击和响声的现象。

卸载式液控单向阀又有内泄式和外泄式之分。图 3–2–5a 所示为内泄式，其控制活塞的背压腔与进油口相通。外泄式如图 3–2–5b 所示，活塞背压腔直接通外泄油口，这样，反向开启时就可减小背压腔压力对控制压力的影响，从而减小控制压力 p_K。故一般在反向出油口压力 p_1 较低时采用内泄式，在高压系统中则采用外泄式。

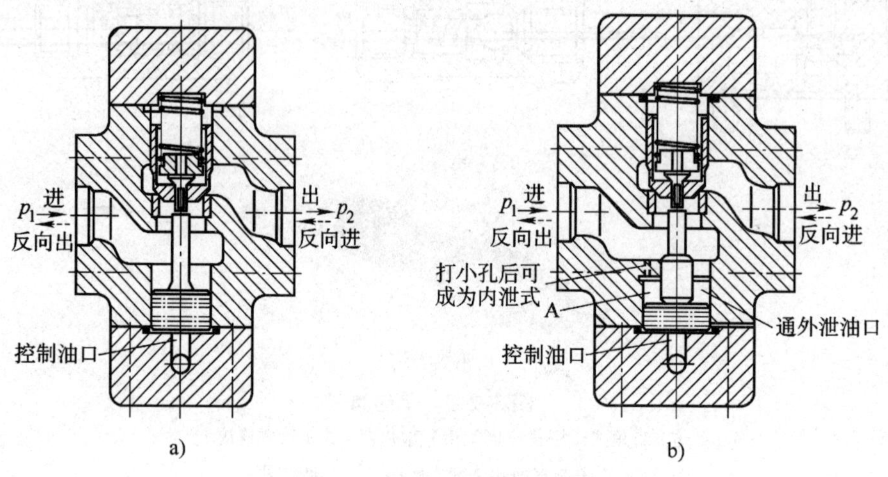

图 3–2–5　卸载式液控单向阀

a）内泄式　b）外泄式

任务实施

一、液压吊车锁紧回路设计

根据液压吊车的工作要求，绘制出如图 3–2–6 所示的液压吊车锁紧回路图。

锁紧回路的功用是使液压缸能在任意位置上停留，且停留后不会因外力作用而移动。

二、回路分析

图 3–2–6 所示为使用了两个液控单向阀（又称双向液压锁）的锁紧回路。当换向阀处于左位时，压力油经液控单向阀 A 进入液压缸左腔，同时，压力油也进入液控单向阀 B 的控制油口，打开阀 B，使液压缸右腔的回油经阀 B 及换向阀流回油箱，活塞向右运动。反之，活塞向左运动，到了需要停留的位置，只要使换向阀处于中位，因换向阀的中位机能为 H 形（或 Y 形）中位机能，所以阀 A 和阀 B 均关闭，使活塞双向锁紧。在这个回路中，由于液控单向阀的阀座一般为锥阀式结构，密封性好，泄漏极少，锁紧的精度高（主要取决于液压缸的泄漏）。这种回路被广泛用于工程机械、起重运输机械等有锁紧要求的场合。

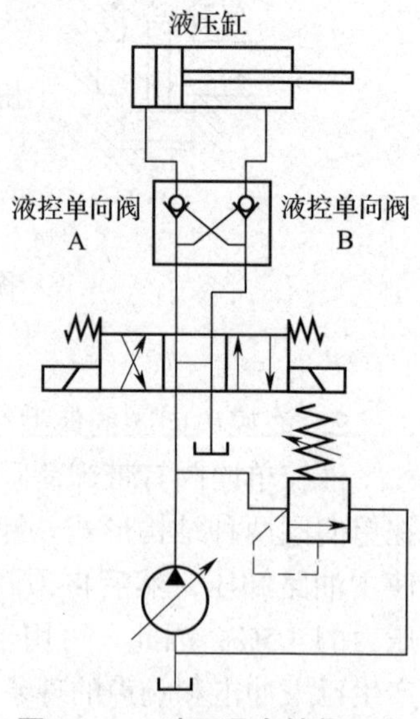

图 3–2–6　液压吊车锁紧回路

经过分析可知，该回路能够满足液压吊车锁紧回路的工作要求。

知识链接

单向阀的应用

一、普通单向阀的应用

1．安装在液压泵出口，防止系统压力突然升高而损坏液压泵；防止系统中的油液在液压泵停机时倒流回油箱。

2．安装在回油路中作为背压阀。

3．与其他阀组合成单向控制阀。

二、液控单向阀的应用

1．保持压力

滑阀式换向阀均存在间隙泄漏，只能短时间保压。当有保压要求时，可在油路上加一个液控单向阀，如图 3–2–7a 所示，利用锥阀关闭的严密性避免泄漏，使油路长时间地保压。

2．用于液压缸的“支撑”

如图 3–2–7b 所示，液控单向阀接于液压缸下腔的油路，可防止立式液压缸的活塞和滑块等活动部分因滑阀泄漏而下滑。

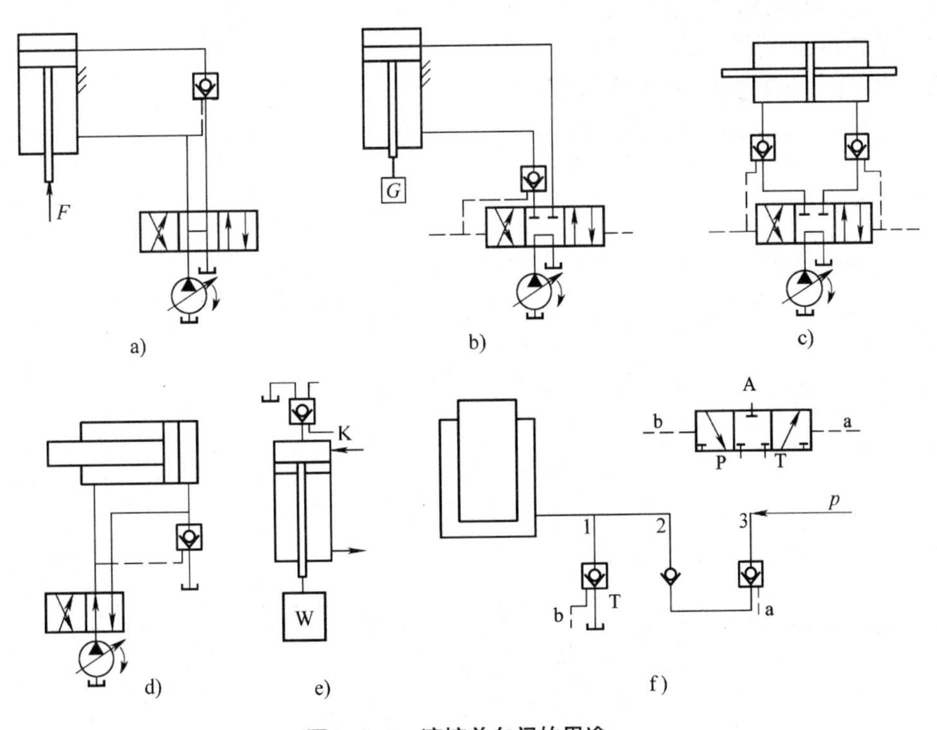

图 3–2–7 液控单向阀的用途

a）保持压力 b）支撑液压缸 c）锁紧液压缸

d）大流量排油 e）充油阀 f）组合成换向阀

3．实现液压缸的锁紧状态

如图 3–2–7c 所示，换向阀处于中位时，两个液控单向阀关闭，封闭液压缸两腔的油液，这时活塞就不能因外力作用而产生移动。

4．大流量排油

图 3–2–7d 中液压缸两腔的有效工作面积相差很大。在活塞退回时，液压缸右腔排油量骤然增大。此时若采用小流量的滑阀，会产生节流作用，限制活塞的后退速度；若加设液控单向阀，在液压缸活塞后退时，控制压力油将液控单向阀打开，便可以顺利地将右腔油液排出。

5．作为充油阀使用

立式液压缸的活塞在高速下降过程中，因高压油和自重的作用，致使下降迅速，产生吸空和负压，必须增设补油装置。图 3–2–7e 所示的液控单向阀作为充油阀使用，以完成补油功能。

6．组合成换向阀

图 3–2–7f 所示为液控单向阀组合成换向阀的例子，是用两个液控单向阀和一个单向阀组合成的，相当于一个三位三通换向阀的换向回路。

思考与应用

1．换向阀在液压系统中起什么作用？通常有哪些类型？

2．什么是换向阀的“位”与“通”？

3．单向阀的作用有哪些？

4．对单向阀的主要性能要求有哪些？

5．液控单向阀的主要用途有哪些？

模块四

压力控制回路的设计

任务1　半自动车床夹紧回路的设计

教学目标

- 掌握溢流阀、减压阀的结构及工作原理
- 了解溢流阀、减压阀在回路中的正确应用
- 熟悉简单的压力控制回路

任务引入

图 4–1–1a 所示为一台半自动车床，该半自动车床在加工工件时，工件的夹紧是由如图 4–1–1b 所示的夹紧装置——液压卡盘来完成的。当液压缸右腔输入压力油后，活塞向箭头所示方向运动，并通过摇臂使卡爪向中心运动，从而夹紧放在卡爪中的工件。为了保证加工安全，液压系统必须能够提供稳定的工作压力以便夹紧工件，且压力大小可调。

本任务要求设计半自动车床液压卡盘的液压控制回路。

任务分析

半自动车床在进行切削时，液压卡盘起装夹工件的作用，由于被加工工件的材质、类型不同（如薄壁工件），液压卡盘的夹紧力一方面要能保证工件在切削过程中不松动，同时又要防止夹紧力过大造成工件被夹变形，这就要求液压卡盘的夹紧力是可控制的。在液压系统中，可以通过选用压力控制阀控制进入液压卡盘液压缸的液压油的压力来控制夹紧力的大小。

a)

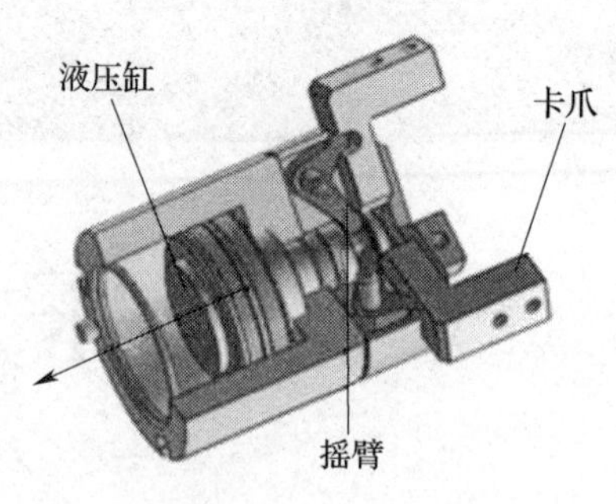

b)

图 4–1–1　半自动车床夹紧装置

a）半自动车床　b）液压卡盘

相关知识

一、压力控制阀

在液压系统中，控制工作液体压力的阀称为压力控制阀，简称压力阀。常用的压力阀有溢流阀、减压阀和顺序阀等。它们的共同特点是利用作用于阀芯上的油液压力和弹簧力相平衡的原理进行工作。本任务只用到溢流阀和减压阀，顺序阀将在模块四任务 2 中讲解。

1. 溢流阀

图 4–1–2 所示为溢流阀的实物图、职能符号和工作原理图。其中，弹簧用来调节溢流阀的溢流压力，p 为作用在滑阀端面上的液压力，F 为弹簧力，假定滑阀左端的工作面积为 A。由图可知，当 $p<F/A$ 时，阀芯在弹簧力作用下左移，阀口关闭，没有油液流回油箱。当系统压力升高到 $p>F/A$ 时，弹簧被压缩，阀芯右移，阀口打开，部分油液流回油箱，限制系统压力继续升高，使压力保持在 $p=F/A$ 的恒定数值。调节弹簧压力 F，即可调节系统压力的大小。所以，溢流阀工作时阀芯随着系统压力的变动而左右移动，从而维持系统压力接近于恒定。

在液压系统中常用的溢流阀有直动式和先导式两种。直动式用于低压系统，先导式用于中、高压系统。

（1）直动式溢流阀

直动式溢流阀能够使作用在阀芯上的进油压力直接与弹簧力相平衡。图 4–1–3 所示为直动式溢流阀的结构图，P 是进油口，T 是回油口，进口压力油经阀芯上的阻尼小孔后直接作用在阀芯的左端面上。当进油压力较小时，阀芯在弹簧的作用下处于左端位置，将 P 和 T 两油口隔开，如图 4–1–3a 所示。当进口压力升高，在阀芯左端所产生的作用力超过弹簧力时，阀芯右移，阀口被打开，将多余的油排回油箱，如图 4–1–3b 所示，保持进口压力接近于恒定。阻尼小孔用来避免阀芯动作过快造成振动，以提高阀的工作平衡性。通过调整弹簧上的调整螺母可以改变弹簧力，也就调整了溢流阀的进口压力值。直动式溢流阀的滑动阻力大（弹簧较硬），特别是当流量较大时，阀的开口大，使弹簧有较大的变形量。这样，阀所控制的压力随着溢流流量的变化而有较大的变化（压力变化值大），故只适用于低压系统中。

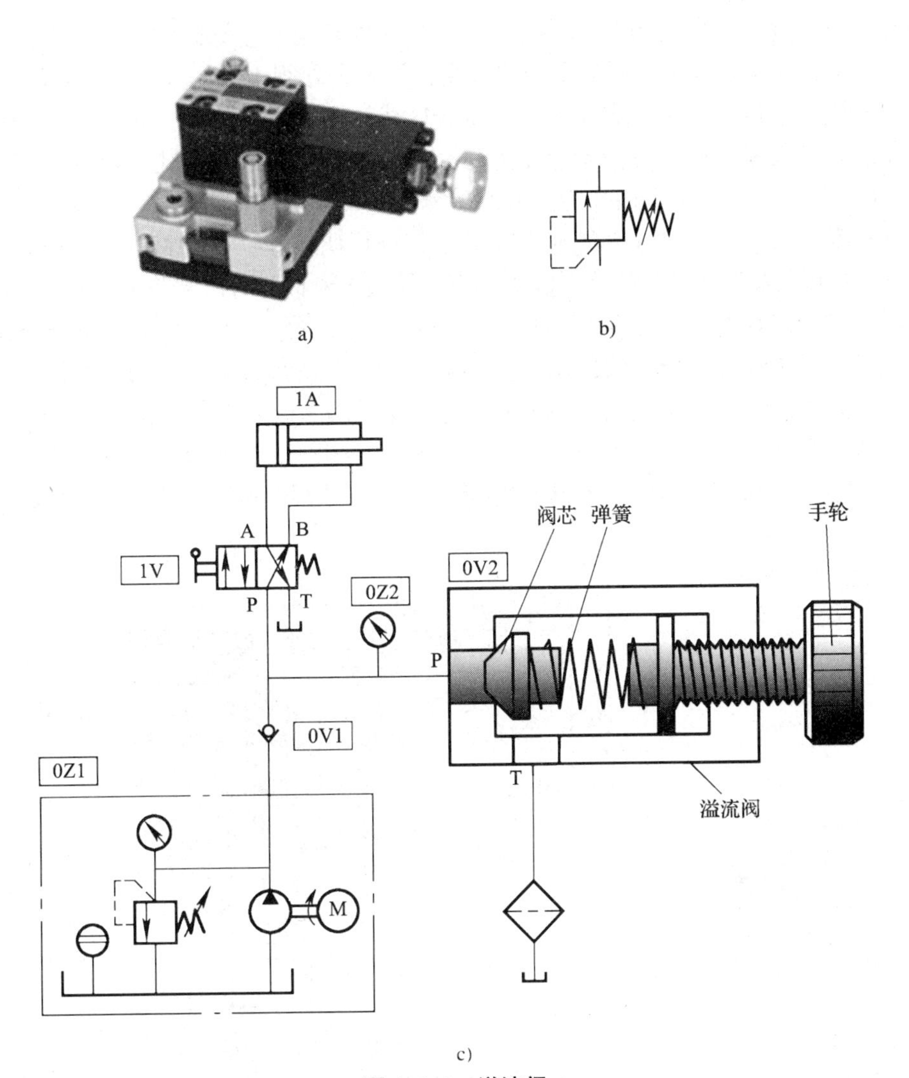

图 4-1-2 溢流阀

a）实物图 b）职能符号 c）工作原理图

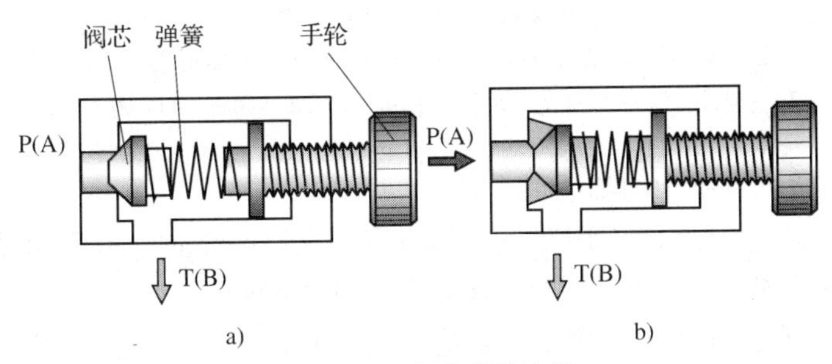

图 4-1-3 直动式溢流阀

a）阀芯闭合 b）阀芯弹开

（2）先导式溢流阀

先导式溢流阀有多种结构，图 4–1–4 所示为一种典型的先导式溢流阀，它由先导阀和主阀两部分组成。先导式溢流阀的工作原理是：锥式先导阀 1、主阀芯上的阻尼孔 5（固定节流孔）及调压弹簧 9 一起构成先导级半桥分压式压力负反馈控制，负责向主阀芯 6 的上腔提供经过先导阀稳压后的主级指令压力 p_2。主阀芯是主控回路的比较器，上端面作用有主阀芯的指令压力 p_2A_2，下端面作为主回路的测压面，作用有反馈力 p_1A_1，其合力可驱动阀芯，调节溢流口的大小，最后达到对进口压力 p_1 进行调压和稳压的目的。工作时，液压力同时作用于主阀芯及先导阀芯的测压面上。当先导阀 1 未打开时，阀腔中没有油液流动，作用在主阀芯 6 上、下两个方向的压力相等，但因上端面的有效受压面积 A_2 大于下端面的有效受压面积 A_1，主阀芯在合力的作用下处于最下端位置，阀口关闭。当进油压力增大到使先导阀打开时，液流通过主阀芯上的阻尼孔 5、先导阀 1 流回油箱。由于阻尼孔的阻尼作用，使主阀芯 6 所受到的上、下两个方向的液压力不相等，主阀芯在压差的作用下上移，打开阀口，实现溢流，并维持压力基本稳定。调节先导阀的调压弹簧 9，便可调整溢流压力。

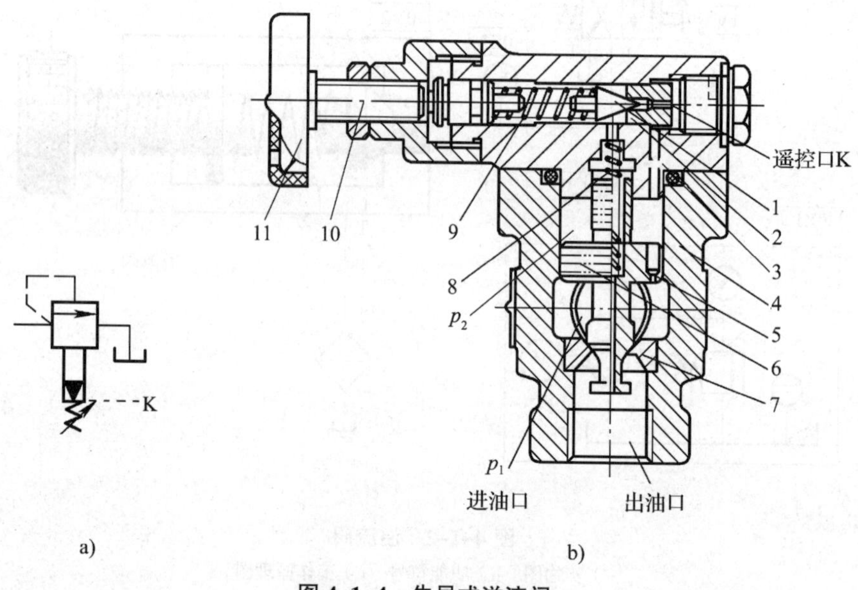

图 4–1–4　先导式溢流阀

a）职能符号　b）工作原理图

1- 锥式先导阀　2- 先导阀座　3- 阀盖　4- 阀体　5- 阻尼孔　6- 主阀芯
7- 主阀座　8- 主阀弹簧　9- 调压弹簧　10- 调节螺钉　11- 调节手轮

（3）溢流阀在液压系统中的功用

1）溢流稳压。在液压系统中用定量泵和节流阀进行调速时，溢流阀可使系统的压力恒定，并且节流阀调节的多余压力油可以从溢流阀溢流回油箱。

2）限压保护。在液压系统中用变量泵进行调速时，变量泵的压力随负载变化，这时需防止过载，即设置安全阀（溢流阀用作安全阀）。在正常工作时，此阀处于常闭状态，过载时打开阀口溢流，使压力不再升高。

3）卸荷。先导式溢流阀与电磁阀组成电磁溢流阀，控制系统卸荷。

4）远程调压。将先导式溢流阀的外控口接上远程调压阀，便能实现远程调压。

5）作背压阀使用。在系统回油路上接上溢流阀，造成回油阻力，形成背压，可改善执行元件的运动平稳性。背压的大小可通过调节溢流阀的调定压力来获得。

2. 减压阀

按调节性能的不同，减压阀可分为定压（定值）减压阀、定比减压阀和定差减压阀。其中定压减压阀应用最广。

图 4-1-5 所示为定压减压阀的实物图、职能符号和结构图。其中，p_1 为进油口压力，p_2 为出油口压力。如图 4-1-5c 所示，阀不工作时，主阀芯在弹簧力作用下处于最下端位置，阀的进、出油口是相通的，即阀是常开的。若出油口压力增大，使作用在主阀芯下端的压力大于弹簧力时，主阀芯上移，关小阀口，这时主阀处于工作状态。若忽略其他阻力，仅考虑作用在阀芯上的液压力和弹簧力相平衡的条件，则可以认为出油口压力基本上维持在某一定值——调定值上。这时，如果出油口压力减小，主阀芯就下移，开大阀口，阀口处阻力减小，压降减小，使出油口压力回升到调定值；反之，若出油口压力增大，则主阀芯上移，关小阀口，阀口处阻力加大，压降增大，使出油口压力下降到调定值。

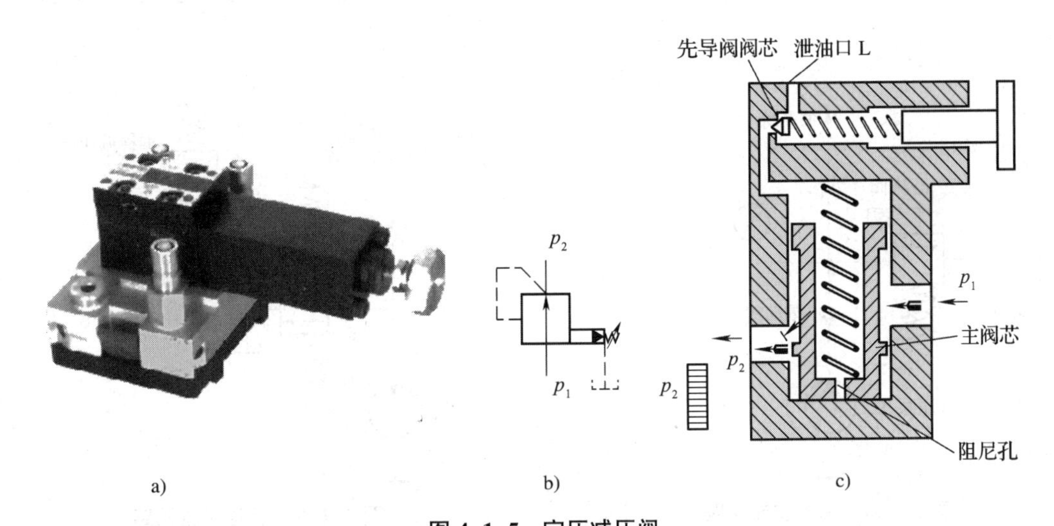

图 4-1-5 定压减压阀

a）实物图 b）职能符号 c）结构图

先导式减压阀与先导式溢流阀相比较，有以下不同点：减压阀在非工作状态时，先导阀阀口关闭，而主阀口处于最大开度状态；用出油口的压力油控制阀口的开度，保持出油口压力基本恒定；经先导阀的泄油必须由单独的泄油口 L 流回油箱。

二、压力控制回路

1. 调压回路

液压设备工作时，系统的压力必须与负载相适应，这是通过调压回路来实现的。调压回路能控制整个系统或局部的压力，使之保持恒定或限定其最高值。例如，定量泵供油压力可通过溢流阀来调节，使泵在恒定的压力下工作；在变量泵供油系统中，用安全阀限定系统的最高压力，防止系统过载；当系统中需要两种以上不同压力时，可采用多级调压回路。

常见的调压回路有以下几种。

（1）单级调压回路

图 4–1–6 所示为单级调压回路。系统由定量液压泵供油，采用溢流阀以调节进入液压缸的流量，使活塞获得需要的运动速度。如果定量泵输出的流量大于液压缸的流量，多余部分的油液则从溢流阀流回油箱。这时，液压泵的出油口压力便稳定在溢流阀的调定压力上。调节溢流阀便可调节液压泵的供油压力，溢流阀的调定压力必须大于液压缸的最大工作压力和油路上各种压力损失的总和。根据溢流阀的压力流量特性可知，在不同溢流量时，压力调定值是稍有变动的，在该回路中，液压泵的出口处接有一个单向阀，其主要作用是在电动机停止转动时防止油液倒流和避免空气侵入系统。

（2）远程调压回路

图 4–1–7 所示为远程调压回路，图中将先导式溢流阀的遥控口接远程调压阀进油口，远程调压阀的作用与溢流阀的先导阀相同。在这种回路中，溢流阀先导阀的调整压力应高于远程调压阀可能调节的最高压力，在这种条件下，系统的工作压力由远程调压阀来调整。

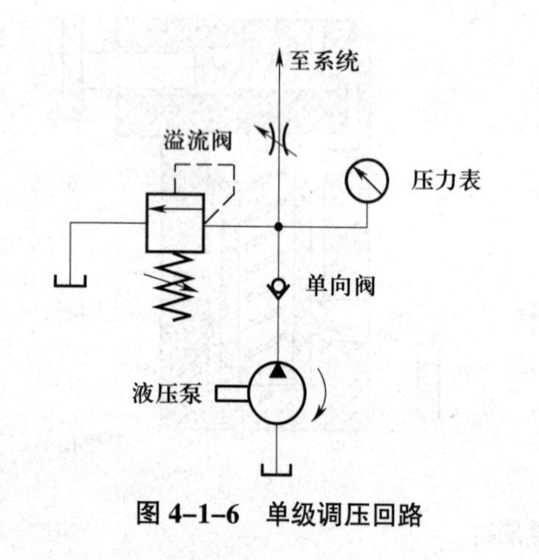

图 4–1–6　单级调压回路

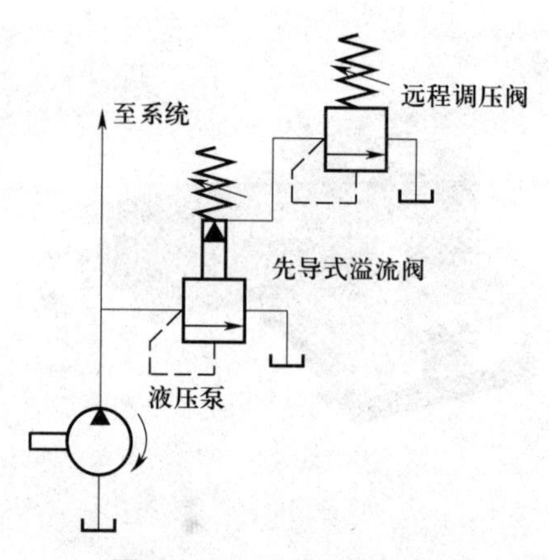

图 4–1–7　远程调压回路

（3）多级调压回路

电磁换向阀和溢流阀有机组合，可以组成多级调压回路。多级调压是指液压回路能实现二级及以上不同级别压力的液压调压回路。图 4–1–8 所示为用三个溢流阀控制的三级调压回路。在图示位置时，系统压力由溢流阀 1 控制；当换向阀的电磁铁 YA1 通电时，系统压力由溢流阀 2 控制；当电磁铁 YA2 通电时，系统压力由溢流阀 3 控制。三个溢流阀中，溢流阀 2 和溢流阀 3 控制的压力都低于溢流阀 1 控制的压力。

2. 减压回路

当液压泵的输出压力是高压而局部回路或支路要求低压时，可以采用减压回路，如机床液压系统中的定位、夹紧回路，分度以及液压元件的控制油路等。减压回路较为简单，一般是在所需低压的支路上串接减压阀。采用减压回路虽能方便地获得某支路稳定的低压，但压力油经减压阀口时要产生压力损失，这是它的缺点。

最常见的减压回路如图 4–1–9 所示，回路中的溢流阀用来稳定整个液压系统的工作压力，而减压阀则用来调定液压系统支路的工作压力。

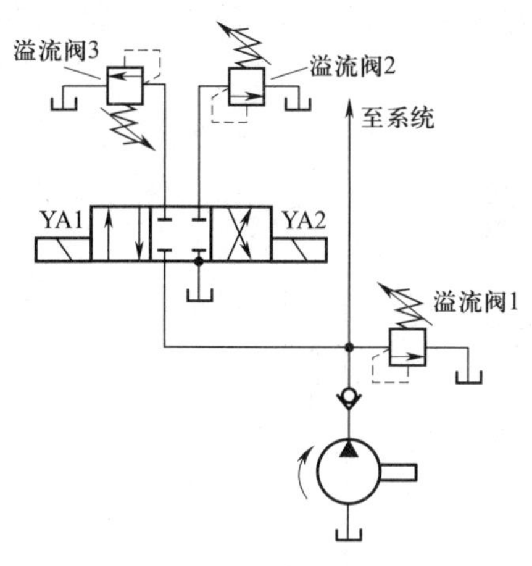

图 4–1–8 三级调压回路

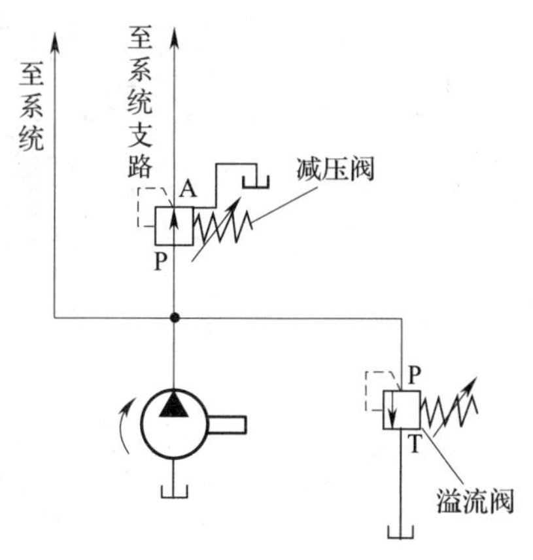

图 4–1–9 减压回路

为了使减压回路工作可靠，减压阀的最低调定压力应不小于 0.5 MPa，最高调定压力至少应比系统压力小 0.5 MPa。当减压回路中的执行元件需要调速时，调速元件应放在减压阀的后面，以避免减压阀泄漏（指由减压阀泄油口流回油箱的油液）对执行元件的速度产生影响。

任务实施

一、执行元件和主控阀的确定

根据半自动车床的工作要求，选择液压缸作为执行元件，选择单电控的二位四通换向阀作为主控阀。主回路如图 4–1–10 所示。

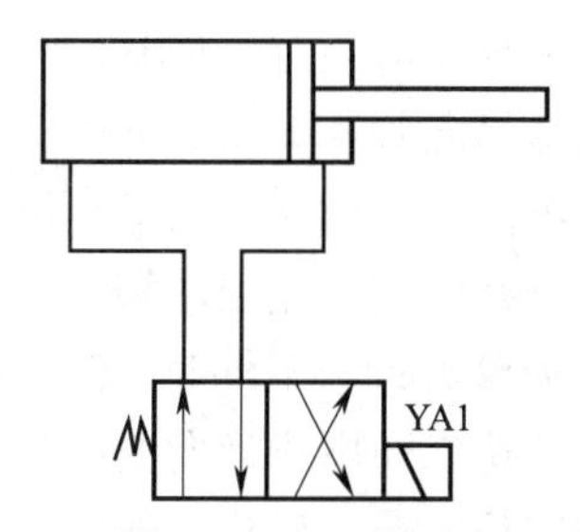

图 4–1–10 执行元件和主控阀的确定

二、压力控制的设计

为了保证液压卡盘在夹紧工件的同时又不损坏工件，并提高整个系统的工作效率，可采用二级调压的方法，快速切换压力油的工作压力，使夹紧力能按需要得到快速调节。据此，设计出如图 4–1–11 所示的液压卡盘液压控制回路。回路中溢流阀 6 起稳定整个系统和溢流作用，调定的工作压力要大于夹紧回路的工作压力。

另外，在回路中加入一个单向阀 3，这样，当驱动液压泵的电动机突然断电时，还可以使夹紧液压缸保持一定的压力油来夹紧工件，使工件不致从卡盘中飞出。因为进入夹紧液压缸的液压油失去液压泵的输出压力油，此时夹紧液压缸里的压力大于液压泵的出口压力，油液便向液压泵回流，而单向阀正好截断液压泵至夹紧缸的逆向回路。

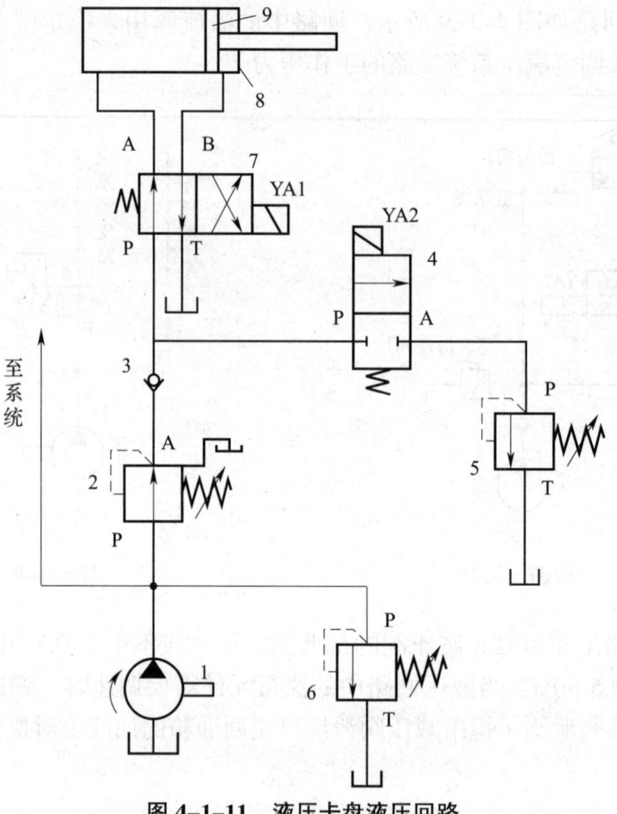

图 4–1–11　液压卡盘液压回路

1– 油泵　2– 减压阀　3– 单向阀　4– 二位二通电磁换向阀

5、6– 溢流阀　7– 二位四通电磁换向阀　8– 液压缸　9– 活塞

三、回路分析

正常夹紧时：YA1 通电，二位四通电磁换向阀 7 处于右位工作位置，YA2 不通电，二位二通电磁换向阀 4 关闭。此时，来自油泵的压力油经减压阀 2 调压后，再经单向阀 3 通过二位四通电磁换向阀 7 进入液压缸 8 右腔，活塞 9 向左移动，工件夹紧，左腔的压力油经二位四通电磁换向阀 7 流回油箱。

夹薄壁类特殊工件时：YA1 通电，二位四通电磁换向阀 7 处于右位工作位置，同时 YA2 通电，二位二通电磁换向阀 4 导通，这时，来自液压泵的压力油经减压阀 2 后再经单向阀流出，因二位二通电磁换向阀 4 处于导通状态，因此，进入二位四通电磁换向阀 7 的油液压力由溢流阀 5 控制，经溢流阀控制的压力油进入液压缸 8 的右腔，活塞 9 向左移动，完成夹紧动作，左腔的油经二位四通电磁换向阀 7 流回油箱。

通过上述分析，不难发现，在工作中只需要控制二位二通电磁换向阀 4 的工作位置，即可控制液压卡盘液压回路的工作压力。

注意

在上述液压卡盘液压回路中，溢流阀 6 的调定压力应大于溢流阀 5 的调定压力，而溢流阀的调定压力应小于减压阀调定的输出压力，否则系统将不能正常工作。

知识链接

常见的其他压力控制回路

在上述任务中，主要利用减压阀和溢流阀来降低回路的工作压力，但有时需要对某一回路增加工作压力或降低系统的消耗，这时需要采用一些特殊的回路来满足工作要求。

一、增压回路

如果系统或系统的某一支油路需要压力较高但流量又不大的压力油，若采用高压泵又不经济，就常采用增压回路，这样不仅易于选择液压泵，而且系统工作可靠、噪声小。在增压回路中，提高压力的主要元件是增压缸或增压器。

1．采用单作用增压缸的增压回路

如图 4–1–12a 所示为采用单作用增压缸的增压回路，当系统在图示位置工作时，系统油液在供油压力 p_1 的作用下进入增压缸的大活塞腔，此时在小活塞腔即可得到所需的较高压力 p_2；当二位四通电磁换向阀右位接入系统时，增压缸返回，辅助油箱中的油液经单向阀补入小活塞腔。因此，该回路只能间歇增压，所以称为单作用增压回路。

2．采用双作用增压缸的增压回路

如图 4–1–12b 所示是采用双作用增压缸的增压回路，它能连续输出高压油。在图示位置，液压泵输出的压力油经换向阀 5 和单向阀 1 进入增压缸左端的大、小活塞腔，右端大活塞腔中的油液流回油箱，小活塞腔增压后的高压油经单向阀 4 输出，此时单向阀 2、3 被关闭。当增压缸活塞移到右端时，换向阀通电换向，增压缸活塞向左移动。同理，左端小活塞腔输出的高压油经单向阀 3 输出，这样，增压缸的活塞不断往复运动，两端便交替输出高压油，从而实现了连续增压。

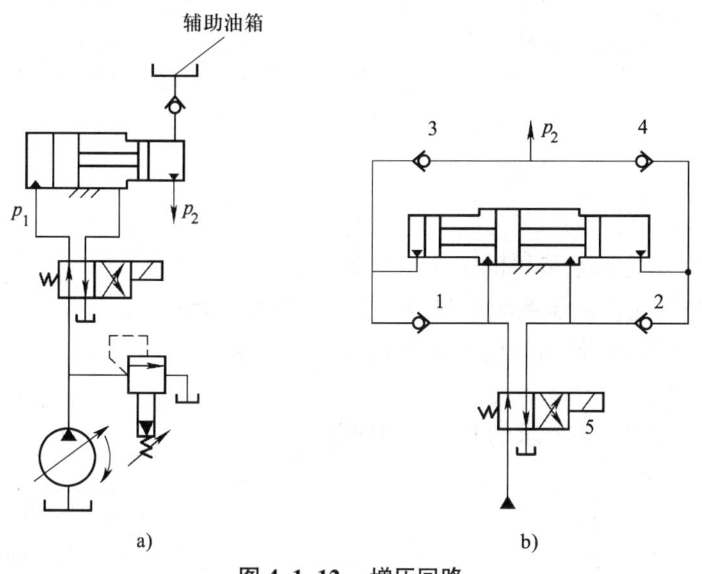

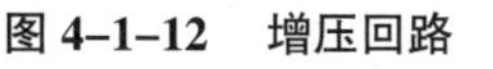

图 4–1–12　增压回路

a）采用单作用增压缸的增压回路　b）采用双作用增压缸的增压回路

二、卸荷回路

在液压系统中，有时执行元件短时间停止工作，不需要液压系统传递能量，或者执行元件在某段工作时间内保持一定的力，而运动速度极慢，甚至停止运动，在这种情况下，不需要液压泵输出油液，或只需要很小流量的液压油，于是，液压泵输出的压力油全部或绝大部分从溢流阀流回油箱，造成能量的无谓消耗，引起油液发热，使油液加快变质，而且还影响液压系统的性能及液压泵的寿命。为此，需要采用卸荷回路。卸荷回路的功用是在液压泵驱动电动机不频繁启闭的情况下，使液压泵在功率输出接近于零的情况下运转，以减少功率损耗，降低系统发热，延长液压泵和电动机的寿命。因为液压泵的输出功率为其流量和压力的乘积，因此，液压泵的卸荷有流量卸荷和压力卸荷两种，前者主要是使用变量泵，让变量泵仅为补偿泄漏而以最小流量运转，此方法比较简单，但液压泵仍处在高压状态下运行，磨损比较严重；压力卸荷的方法是使液压泵在接近零压工况下运转，如图 4–1–13 所示。

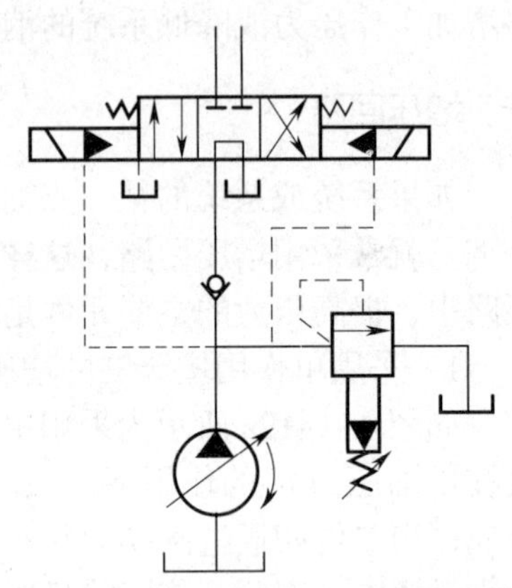

图 4–1–13　M 形中位机能卸荷回路

任务 2　切割装置回路的设计

教学目标

- 掌握顺序阀的结构及工作原理
- 掌握顺序阀在回路中的应用
- 掌握顺序控制回路的控制方法

任务引入

如图 4–2–1 所示为切割装置的工作示意图，它的夹紧缸装置及切削缸装置都是由液压系统控制的。它的动作要求是：夹紧缸夹紧工件→切削缸伸出切削工件→切削缸退回退刀→夹紧缸松开取出工件。

本任务要求设计符合该要求的液压控制回路。

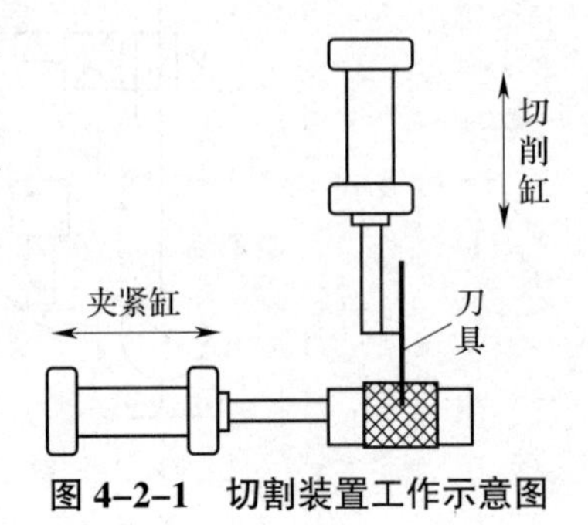

图 4–2–1　切割装置工作示意图

任务分析

在切割装置的工作过程中，为了避免在工件未夹紧状态下对其进行切削而造成工件飞出的事故，要求只有当夹紧缸夹紧工件后，切削缸才能带动刀具对工件进行切削，同时，在切削完成前，夹紧缸始终要将工件夹紧。通过模块四任务 1 的学习已经知道，液压回路中压力的大小由负载大小决定，为此，可以通过检测夹紧缸夹紧油路的压力来确定（夹的越紧，油路压力越高），即当压力达到一定值时工件被夹紧，这时切削缸才带动刀具对工件进行切削。

与前面几个模块中的任务比较，可以明显地看出，该任务切割装置与以往任务的最大不同之处在于它有两个执行元件——夹紧缸和切削缸。这两个执行元件是按照一定的顺序实现液压功能的，这在液压控制中属于顺序控制，需要顺序阀（压力控制阀的一种）来完成。我们把执行元件可以依据压力大小进行顺序动作的液压控制回路称为压力控制顺序动作回路，在这种回路中，顺序阀是核心元件。

相关知识

顺序阀是把压力作为控制信号，自动接通或切断某一油路，控制执行元件做顺序动作的压力控制阀。根据控制油路的不同，可分为直控顺序阀（简称顺序阀）和液控顺序阀（远控顺序阀）。

一、直控顺序阀

顺序阀和溢流阀都是当进口油液的压力达到一定值时开启的，它有直动式和先导式两种不同的结构形式，一般使用的顺序阀多为直动式。直动式顺序阀的结构和工作原理与直动式溢流阀相似。图 4–2–2 所示是一种直动式顺序阀的结构图和图形符号。p_1 为进油口压力，p_2 为出油口压力。进油口的压力油通过阀芯中间的小孔作用在阀芯的底部。当进油口的压力较低时，阀芯在上部弹簧力的作用下处于下端位置，进、出油口被隔开。当进油口压力 p_1 大于弹簧所调定的压力时，阀芯上移，进油口的压力油就从出油口流出，以操纵另一个油缸或其他元件动作。

二、液控顺序阀

图 4–2–3 所示为液控顺序阀，其中图 a 为实物图，图 b 为图形符号，图 d 为结构图。它与直控顺序阀的主要区别在于液控顺序阀阀芯的下部有一个控制油口 K。当与油口 K 相通的外来控制油压超出阀芯上部弹簧的调定压力时，阀芯上移，进、出油口相通，液控顺序阀的泄油口 L 接回油箱。如将顺序阀当做卸荷阀使用时，可将出油口接回油箱。这时将阀盖转一个角度，使它上面的小泄漏孔从内部与阀体上的出油口接通（图中未标出），可以省掉一根回油管路。当液控顺序阀作为卸荷阀使用时的图形符号如图 4–2–3c 所示。

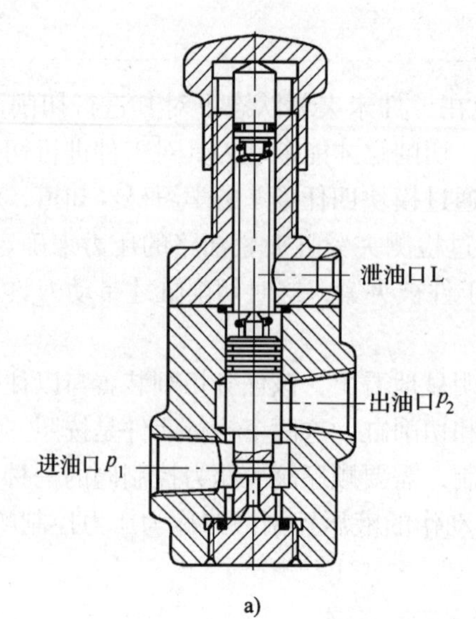

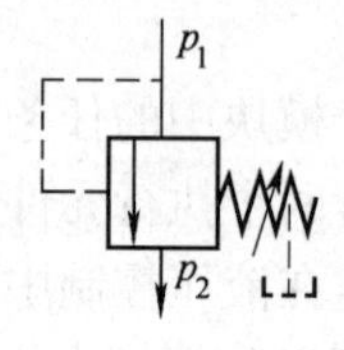

图 4-2-2　直动式顺序阀

a）结构图　b）图形符号

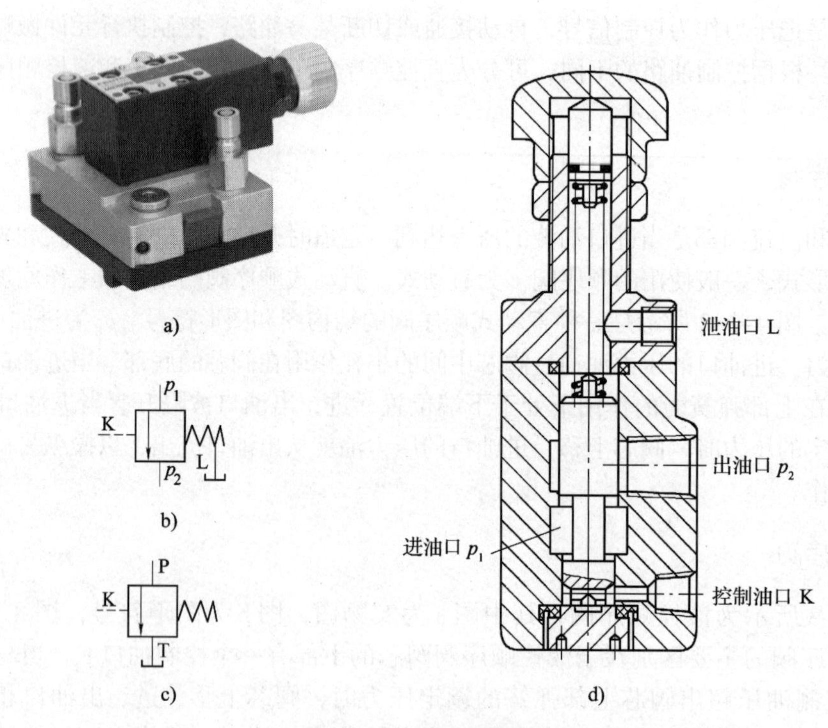

图 4-2-3　液控顺序阀

a）实物图　b）图形符号　c）作为卸荷阀时的图形符号　d）结构图

任务实施

一、控制回路的初步设计

根据切割装置的工作要求，设计出如图 4–2–4 所示的切割装置液压控制回路。图中，阀 1 和阀 2 是由顺序阀与单向阀构成的组合阀，称为单向顺序阀。夹紧缸和切削缸按照“夹紧→切割→退刀→松开”的顺序动作。动作开始时，扳动二位四通换向阀，使其左位接入系统，压力油只能进入夹紧缸的左腔，回油经阀 2 中的单向阀流回油箱，实现夹紧动作。活塞右行到达终点后，系统压力升高，打开阀 1 中的顺序阀，压力油进入切削缸左腔，回油经换向阀流回油箱，实现切削动作。切削完毕后松开手柄，扳动换向阀换向，使回路处于图示状态，压力油先进入切削缸右腔，回油经阀 1 中的单向阀及手动换向阀流回油箱，实现退刀动作。活塞左行到达终点后，油压升高，打开阀 2 中的顺序阀，压力油进入夹紧缸右腔，回油经换向阀流回油箱，实现松开动作，至此完成一个工作循环。

该回路的可靠性在很大程度上取决于顺序阀的性能和压力调定值。为了保证严格的动作顺序，应使顺序阀的调定压力大于 8×10^5 Pa。否则，顺序阀可能在压力波动下先行打开，影响工作的可靠性。此回路应用于液压缸数量不多、负荷变化不大的场合。

二、控制回路锁紧控制的完善

图 4–2–4 所示的切割装置液压控制回路，虽然能满足切割装置对液压控制回路的要求，但在实际工作中，有时会遇到突然停电等情况，这时刀具在惯性的作用下还会继续转动一段时间，而此时由于油泵的停转，夹紧缸的夹紧回路中的压力油供给却突然中断，就可能发生工件飞出的事故，为此，在图 4–2–4 所示切割装置控制回路的基础上进行完善，得到如图 4–2–5 所示的切割装置控制回路。

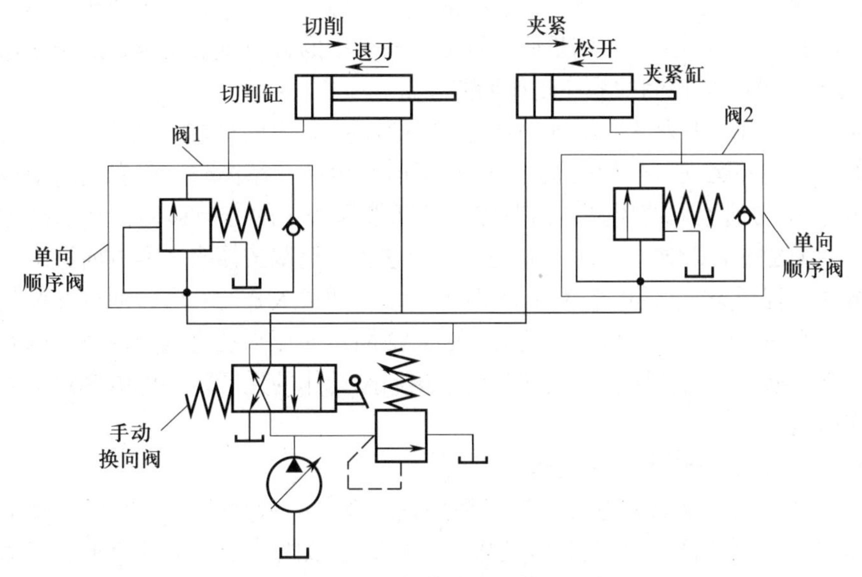

图 4–2–4 切割装置液压控制回路

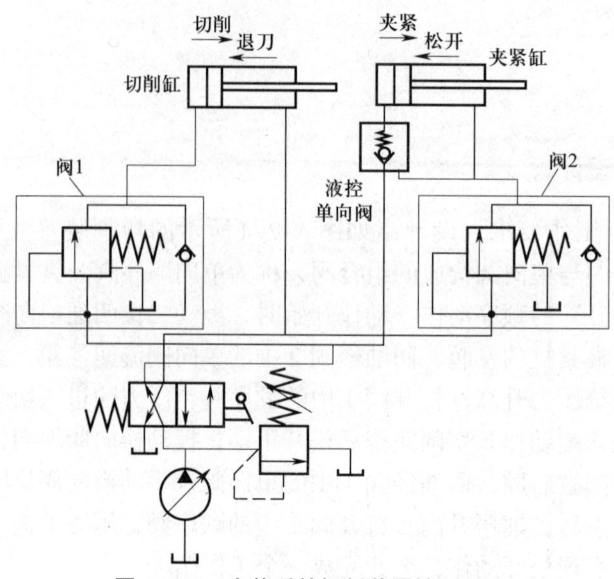

图 4-2-5 完善后的切割装置控制回路

其改进之处是在夹紧缸的夹紧供油回路中增加一个液控单向阀，当遇到特殊情况，液压泵不供油时，液控单向阀不工作，使夹紧缸左腔的液压油不能通过液控单向阀流回油箱，从而把工件牢牢夹紧在工位上。

知识链接

一、行程控制顺序动作回路

在多缸液压传动系统中，除了用压力来控制液压缸的动作顺序外，有时还需要采用液压缸或活塞杆的行程控制液压缸的动作，这种液压回路称为行程控制顺序动作回路。

行程控制顺序动作回路的功用是使多缸液压系统中的各液压缸按规定的顺序依次动作。

1．用电气行程开关控制的顺序动作回路

如图 4-2-6 所示，1 为液压缸 d 的活塞向右运动，2 为液压缸 e 的活塞向右运动，3 为液压缸 d 的活塞向左运动，4 为液压缸 e 的活塞向左运动。操作时，首先按启动按钮，电磁铁 YA1 通电，压力油流入液压缸 d 的左腔，活塞按箭头 1 的方向移动，到达终点时，触动行程开关 b，电磁铁 YA2 通电，压力油进入 e 的左腔，活塞按箭头 2 的方向移动，到达行程终点时，触动行程开关 c，使电磁铁 YA1 断电，压力油进入 d 的右腔，活塞按箭头 3 的方向移动，到达行程终点时，压下行程开关 a，使 YA2 断电，压力油进入液压缸 e 的右腔，活塞按箭头 4 的方向移动，回至原位，循环结束。该回路动作的先后顺序由电气线路来保证，其优点是动作迅速。

2．用行程阀控制的顺序动作回路

如图 4-2-7 所示，动作开始时，扳动换向阀，使其右位接入系统，水平液压缸活塞向右移动（动作 1），到达行程终点时撞块将二位四通电磁阀压下，垂直液压缸活塞向下运动（动作 2），当手动换向阀换向以后，水平液压缸向左退回（动作 3），当撞块离开行程阀时，行程阀复位（图示位置），垂直液压缸活塞上升（动作 4），实现了按 1 → 2 → 3 → 4 的顺序动作。调节撞块的位置，就可以控制动作 2 继动作 1 之后开始的时间。用行程阀控制的顺序动作回路工作比较可靠，但行程阀只能安装在工作台附近，有一定的局限性，另外，改变动作顺序也比较困难。

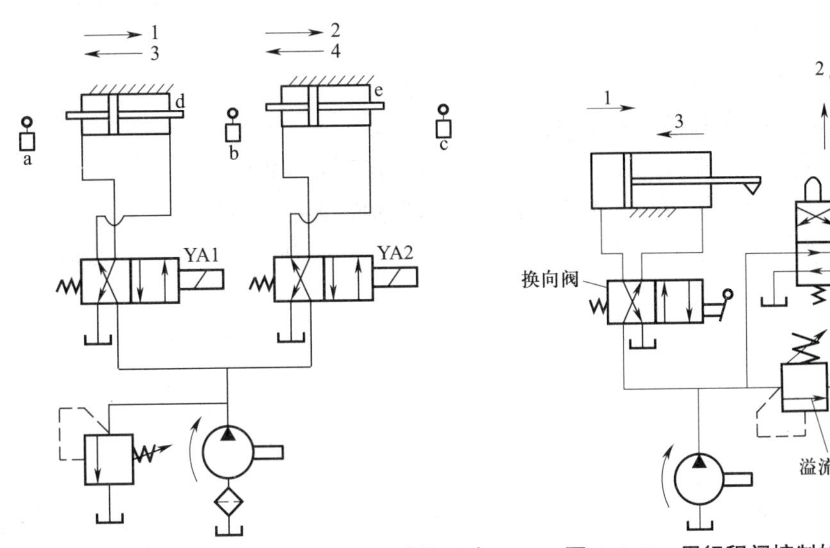

图 4-2-6 用电气行程开关控制的顺序动作回路　　图 4-2-7 用行程阀控制的顺序动作回路

二、压力继电器

在任务 2 中，切割装置的顺序动作是通过压力控制阀（顺序阀）控制执行元件的先后动作顺序实现的，也可以利用压力继电器来实现这一功能。

压力继电器是一种将油液的压力信号转换成电信号的电液控制元件，如图 4-2-8 所示。当油液压力达到压力继电器的调定压力时，即发出电信号，以控制电磁铁、电磁离合器、继电器等元件动作，使油路卸压、换向，执行元件实现顺序动作，或者关闭电动机使系统停止工作，起安全保护作用。如图 4-2-8 所示，当从压力继电器下端进油口通入的油液压力达到调定压力值时，推动柱塞上移，此位移通过杠杆放大后推动开关动作。改变弹簧的压缩量即

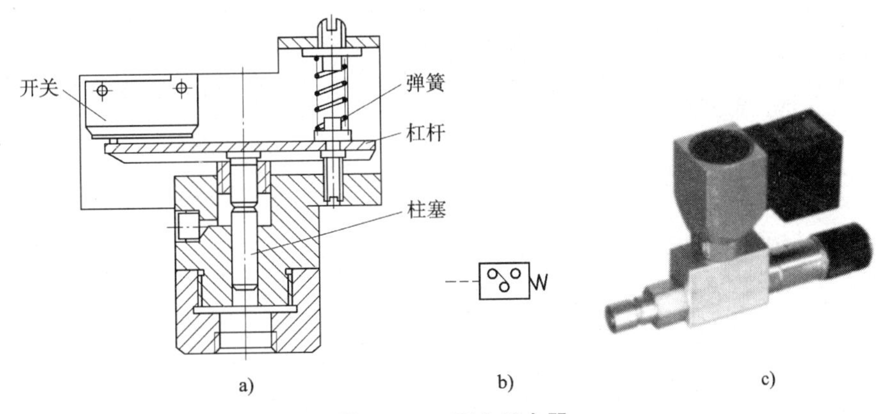

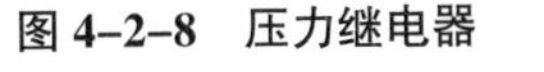

图 4-2-8 压力继电器

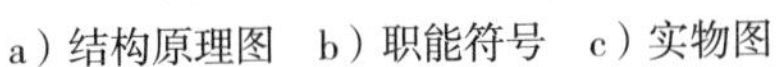

a）结构原理图　b）职能符号　c）实物图

可调节压力继电器的动作压力。压力继电器必须放在压力有明显变化的回路上才能输出电信号。

思考与应用

1．溢流阀在液压系统中有什么作用？
2．直动式溢流阀与先导式溢流阀的区别是什么？
3．减压阀在液压系统中有什么作用？
4．顺序阀、溢流阀、减压阀在结构及工作原理上有什么区别？
5．参考图 4–2–7 的动作回路，用行程阀设计出切割装置的控制回路。
6．利用压力继电器设计一夹紧装置的液压回路图，夹紧力一定，但小于系统压力。

速度控制回路的设计

任务1　平面磨床工作台调速回路的设计

教学目标

- 了解节流阀的结构及工作原理
- 掌握节流阀在回路中的正确应用
- 认识液压系统中的节流调速回路

任务引入

在模块三任务1中，已经设计出了平面磨床工作台的换向控制回路（见图3–1–3），但是，这种回路只能实现平面磨床工作台恒定速度的往复运动。而在实际工作中，因磨削不同的工件时需要不同的进给速度，故要求工作台的往复速度可以调节。

本任务要求在原有换向控制回路的基础上设计平面磨床工作台的液压调速回路。

任务分析

通过模块二的学习已经知道，液压系统中液压缸的运动速度取决于两个方面的因素：液压缸的有效作用面积和流入液压缸的压力油流量，而通常液压缸的有效作用面积在系统中已经是确定的，因此，影响液压缸运动速度的因素主要是流入液压缸的压力油流量。

在液压系统中，通过调节进入液压缸的压力油流量从而改变液压缸运动速度的元器件称为流量控制阀，最常用的流量控制阀是节流阀，前面已经有所介绍，下面就来学习节流阀的结构、工作原理及节流调速回路等知识。

相关知识

一、节流阀的结构及工作原理

节流阀的结构、工作原理和职能符号如图 5–1–1 所示，节流阀可以改变液压系统中进入执行元件的液体流量，使其增大或减小。其工作原理是：压力油从进油口流入，经节流口流出，节流口的形式为轴向三角沟槽式，作用于节流阀芯上的力是平衡的，因而调节力矩较小，便于在高压下进行调节。当调节节流阀的手轮时，可通过顶杆推动节流阀芯向下移动。节流阀芯的复位靠弹簧力来实现，节流阀芯的上下移动可以改变节流口的开口量，从而实现对流体流量的调节。

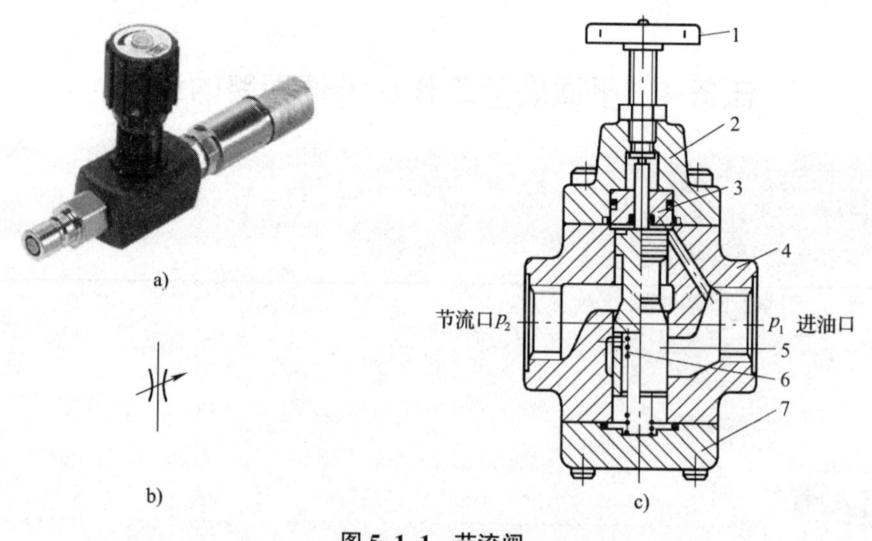

图 5–1–1 节流阀
a）实物图 b）职能符号 c）结构原理图
1- 手轮 2- 顶杆 3- 导套 4- 阀体 5- 阀芯 6- 弹簧 7- 底盖

图 5–1–2 所示的节流阀是一种具有螺旋曲线开口和薄刃式结构的精密节流阀。阀套上开有节流窗口，阀芯与阀套上的窗口匹配后，构成了具有某种形状的薄刃式节流孔口。转动手轮（此手轮可用顶部的钥匙来锁定）和节流阀芯后，螺旋曲线相对阀套窗口升高或降低，改变节流面积，即可实现对流量的调节。该阀在调节流量时受温度变化的影响较小。节流阀芯上的小孔对阀芯两端的液压力有一定的平衡作用，故该阀的调节力矩较小。

图 5–1–3 所示为单向节流阀的结构图和职能符号，它把节流阀芯分成了上阀芯和下阀芯两部分。当油液正向流动时，其节流过程与节流阀是一样的，节流缝隙的大小可通过手柄进行调节；当油液反向流动时，靠油液的压力把下阀芯压下，下阀芯起单向阀作用，单向阀打开，可实现流体反向自由流动。

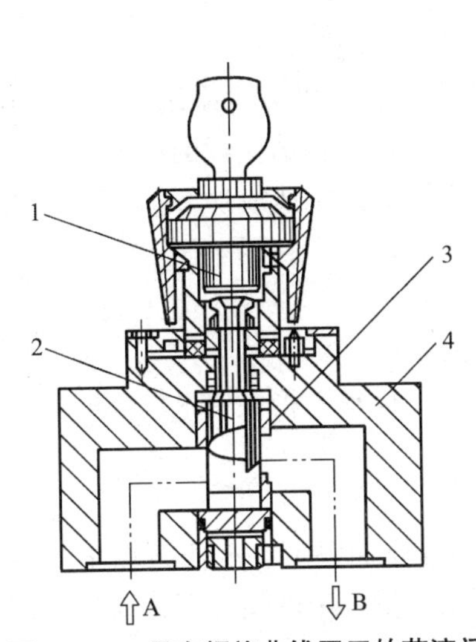

图 5–1–2　具有螺旋曲线开口的节流阀

1- 手轮　2- 阀芯　3- 阀套　4- 阀体

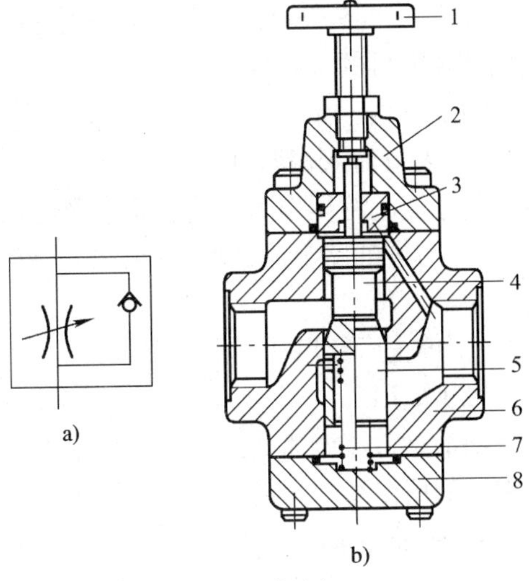

图 5–1–3　单向节流阀

a）职能符号　b）结构图

1- 手轮　2- 顶套　3- 导套　4- 上阀芯　5- 下阀芯

6- 阀体　7- 复位弹簧　8- 底座

二、节流调速回路

根据节流元件在回路中的位置不同，节流调速回路可分为进油路节流调速、回油路节流调速和旁油路节流调速三种。

1．进油路节流调速回路

如图 5–1–4 所示，将节流阀串联在液压泵和液压缸之间，通过调节节流阀的通流面积可改变进入液压缸油液的流量，从而调节执行元件的运动速度。

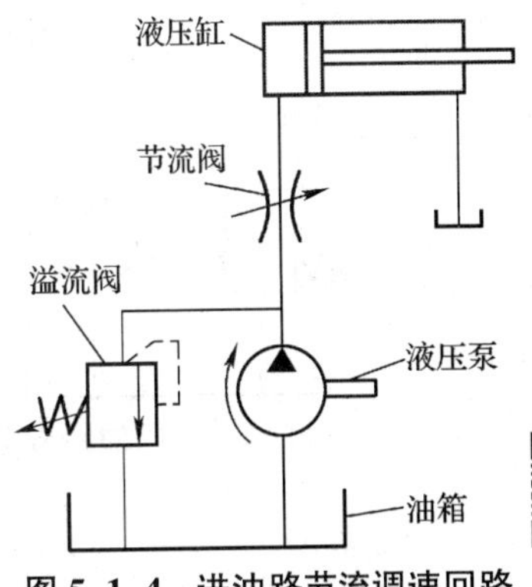

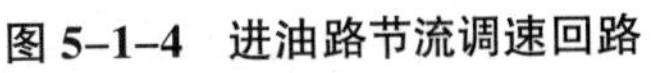
图 5–1–4　进油路节流调速回路

（1）特点

1）活塞运动速度 v 与节流阀的通流面积 A 成正比，即通流面积越大，活塞运动速度越高。

2）由于油液经节流阀后才进入液压缸，故油温高、泄漏大；又由于没有背压，所以运动平稳性差。

3）因为液压缸的进油面积大，当通过节流阀的流量为最小稳定流量时，可使执行元件获得较低的运动速度，所以调速范围大。

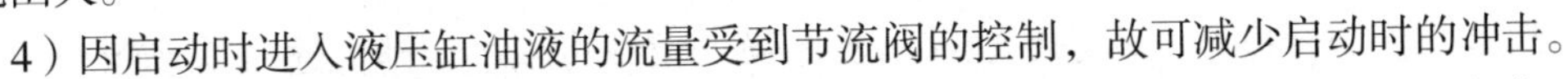
4）因启动时进入液压缸油液的流量受到节流阀的控制，故可减少启动时的冲击。

5）液压泵在恒压恒流量下工作，输出功率不随执行元件的负载和速度的变化而变化，多余的油液经溢流阀流回油箱，造成功率浪费，故效率低。

（2）应用

在进油路节流调速回路中，工作部件的运动速度随外负载的增减而忽慢忽快，难以得到稳定的速度，故适用于轻负载或负载变化不大，以及速度不高的场合。

2．回油路节流调速回路

如图 5–1–5 所示，将节流阀串联在液压缸和油箱之间，以限制液压缸的回油量，从而达到调速的目的。

（1）特点

1）因节流阀串联在回油路上，油液经节流阀才能流回油箱，可减少系统发热和泄漏，节流阀还能起背压作用，故运动平稳性较好。此外，它还具有承受负值负载的能力。

2）与进油路节流调速回路一样，多余油液也是由溢流阀带走，造成功率损失，故效率低。

3）停止后的启动冲击较大。

（2）应用

回油路节流调速回路多用在功率不大，但载荷变化较大，运动平稳性要求较高的液压系统中，如用在磨削和精镗的组合机床上。

3．旁油路节流调速回路

如图 5–1–6 所示，将节流阀并联在液压泵和液压缸的分支油路上，液压泵输出的流量一部分经节流阀流回油箱，一部分进入液压缸。在定量泵供油量一定的情况下，通过节流阀的流量大时，进入液压缸油液的流量就小，于是使执行元件运动速度减小；反之则速度增大。因此，通过调节节流阀改变流回油箱的油量来控制进入液压缸油液的流量，从而改变执行元件的运动速度。

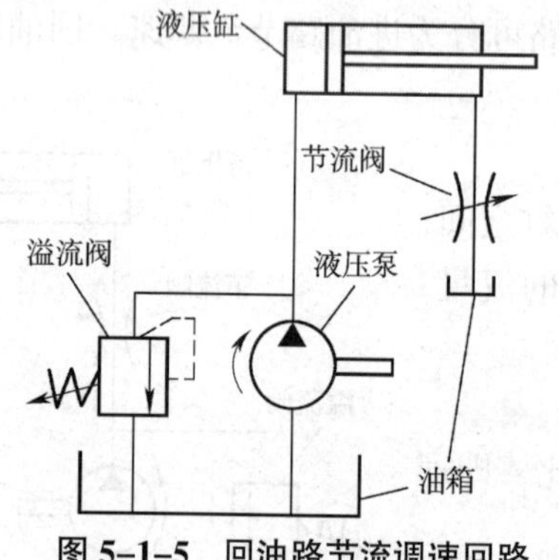

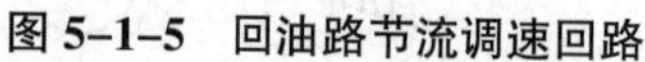
图 5–1–5　回油路节流调速回路

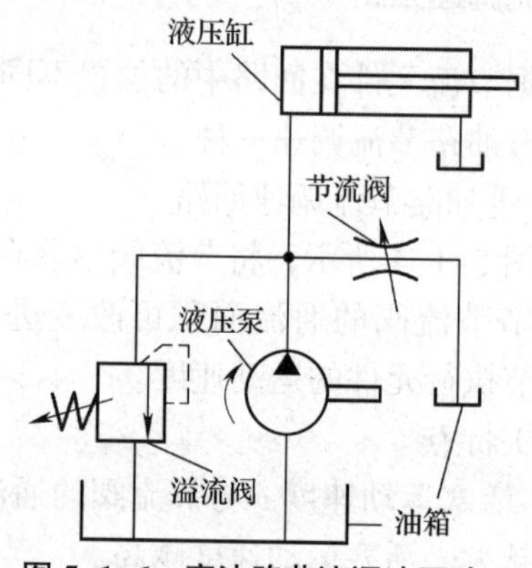

图 5–1–6　旁油路节流调速回路

（1）特点

1）一方面由于没有背压使执行元件运动速度不稳定；另一方面由于液压泵压力随负载而变化，引起液压泵泄漏随之变化，导致液压泵实际输出量的变化，这就增大了执行元件运动的不平稳性。

2）随着节流阀开口增大，系统能够承受的最大负载将减小，即低速时承载能力小。与进油路节流调速回路和回油路节流调速回路相比，它的调速范围小。

3）液压泵的压力随负载而变化，溢流阀无溢流损耗，所以，功率利用好，效率比较高。

（2）应用

旁油路节流调速回路适用于负载变化小，对运动平稳性要求不高的高速、大功率的场合，如牛头刨床的主传动系统。有时候也可用在随着负载增大，要求进给速度自动减小的场合。

任务实施

平面磨床工作台液压缸为一个双作用双出杆液压缸，为了使往复运动时工作平稳，采用回油路节流调速回路，并使用单向节流阀作为速度控制元件，设计出如图 5–1–7 所示的平面磨床工作台调速回路。

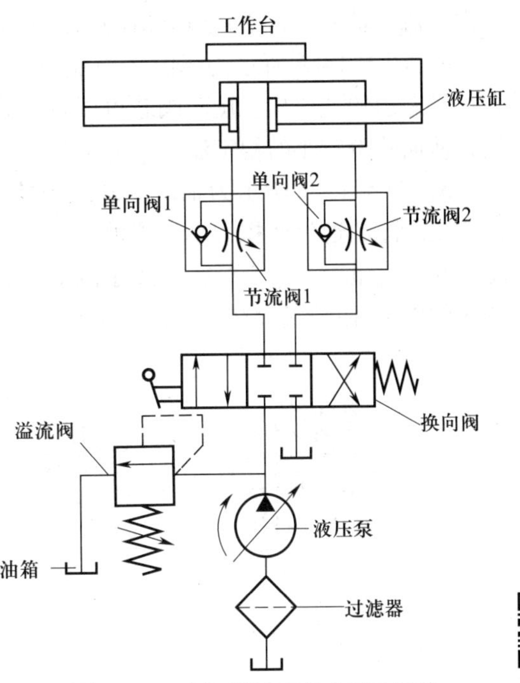

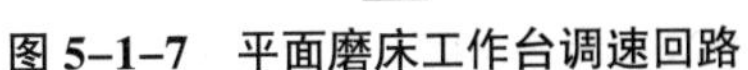
图 5–1–7 平面磨床工作台调速回路

回路分析：

当换向阀处于中间位置时，液压泵输出的压力油不能通过换向阀进入工作台液压缸的油腔，工作处于锁定状态，此时，液压泵输出的液压油由溢流阀回流至油箱。

当换向阀处于左位工作位置时，液压泵输出的压力油由换向阀进入液压缸左腔油路，此时单向阀 1 处于导通状态，压力油直接经单向阀 1 进入液压缸左腔，从而使工作台向右运动。调节节流阀 2 可以改变回流量（此时单向阀 2 处于关闭状态，液压缸右腔的油液只能经节流阀 2 流出），从而使工作台向右运动的速度得到调节。

当换向阀处于右位工作位置时，液压泵输出的压力油由换向阀进入液压缸右腔油路，此时单向阀 2 处于导通状态，压力油直接经单向阀 2 进入液压缸右腔，从而使工作台向左运动。调节节流阀 1 可以改变回流量（此时单向阀 1 处于关闭状态，液压缸右腔的油液只能经节流阀 1 流出），从而使工作台向左运动的速度得到调节。

由上述分析可知，分别调节节流阀 1、2 的流量，即可调节工作台向左、向右进给的工作速度，因此，该回路能够满足平面磨床工作台调速的工作要求。

知识链接

一、节流阀节流口形式与特征

节流口是流量控制阀的关键部位，节流口形式及其特性在很大程度上决定着流量控制阀的性能。几种常用的节流口形式如图 5–1–8 所示。

1．图 5–1–8a 所示为针阀式节流口。针阀做轴向移动时，调节了环形通道的大小，由此改变了流量。这种结构加工简单，但节流口长度大、水力半径小、易堵塞，流量受油温变化的影响也大，一般用于要求较低的场合。

2．图 5–1–8b 所示为偏心式节流口。在阀芯上开一个截面为三角形（或矩形）的偏心槽，当转动阀芯时，就可以改变通道大小，由此调节了流量。偏心槽式结构因阀芯受径向不平衡力，因此，高压时应避免采用。

3. 图 5-1-8c 所示为轴向三角槽式节流口。在阀芯端部开有一个或两个斜的三角槽，轴向移动阀芯就可以改变三角槽通流面积从而调节了流量。也有在高压阀中轴端铣两个斜面来实现节流。轴向三角槽式节流口的水力半径较大，小流量时的稳定性较好。

4. 图 5-1-8d 所示为缝隙式节流口。阀芯上开有狭缝，油液可以通过狭缝流入阀芯内孔再经左边的孔流出，旋转阀芯可以改变缝隙的通流面积大小。这种节流口可以做成薄刃结构，从而获得较小的稳定流量，但是阀芯受径向不平衡力，故只适用于低压节流阀中。

5. 图 5-1-8e 所示为轴向缝隙式节流口。在套筒上开有轴向缝隙，轴向移动阀芯就可以改变缝隙的通流面积大小。这种节流口可以做成单薄刃或双薄刃式结构，流量对温度不敏感。在小流量时水力半径大，故小流量时的稳定性好，因而可用于性能要求较高的场合（如调速阀中）。但节流口在高压作用下易变形，使用时应改善其结构刚度。

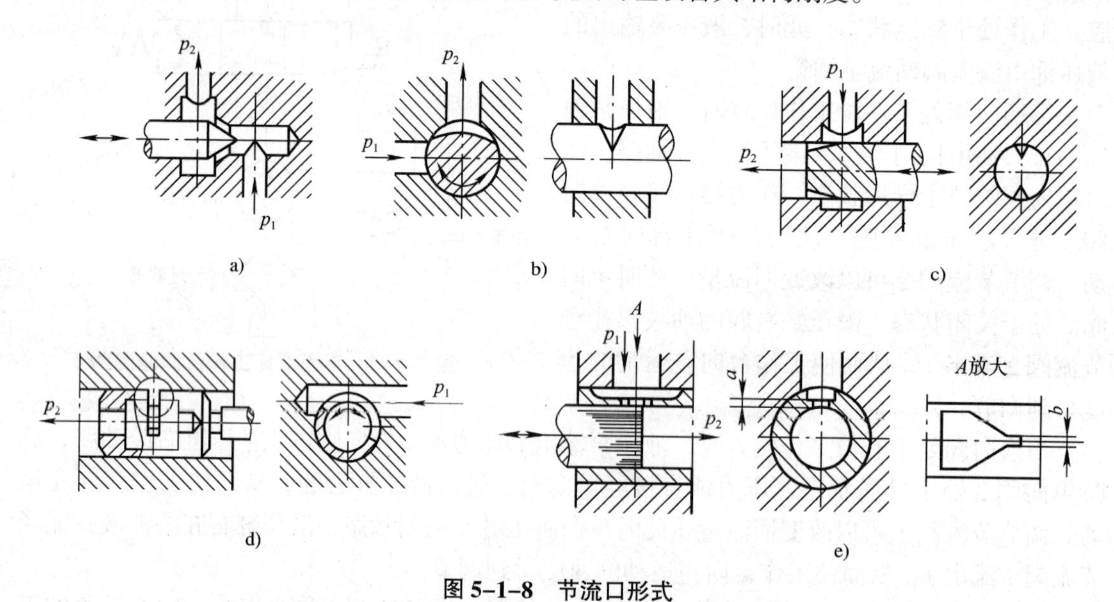

图 5-1-8 节流口形式

a）针阀式节流口 b）偏心式节流口 c）轴向三角槽式节流口
d）缝隙式节流口 e）轴向缝隙式节流口

对比图 5-1-8 中所示的各种形式的节流口，图 5-1-8a 所示的针阀式和图 5-1-8b 所示的偏心式节流口由于节流通道较长，故节流口前后压差和温度的变化对流量的影响较大，也容易堵塞，只能用在性能要求不高的场合。而图 5-1-8e 所示的轴向缝隙式节流口，由于节流口上部铣了一个槽，使其厚度减薄到 0.07 ~ 0.09 mm，成为薄刃式节流口，其性能较好，可以得到较小的稳定流量。

二、分流阀

在液压传动系统中，有时需要两个以上执行元件的运动速度保持一致，或是按一定的速度比例运动时，就需要分流阀来控制液体流向每个执行元件的供流量。

分流阀又称为同步阀，它是分流阀、集流阀和分流集流阀的总称。

分流阀的作用是使液压系统中由同一个油源向两个以上执行元件供应相同的流量（等量

分流），或按一定比例向两个执行元件供应流量（比例分流），以实现两个执行元件的速度保持同步或定比关系。集流阀的作用则是从两个执行元件收集等流量或按比例的回油量，以实现其间的速度同步或定比关系。分流集流阀则兼有分流阀和集流阀的功能。它们的图形符号如图 5–1–9 所示。

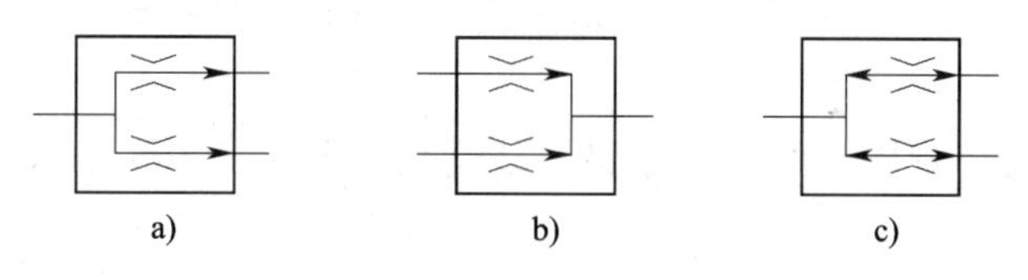

图 5–1–9 分流阀的符号

a）分流阀 b）集流阀 c）分流集流阀

图 5–1–10a 所示为等量分流阀的结构原理图，它可以看作是由两个串联减压式流量控制阀构成的。该阀采用“流量 – 压差 – 力”负反馈，用两个面积相等的固定节流孔 1、2 作为流量一次传感器，作用是将两路负载流量 Q_1、Q_2 分别转化为对应的压差值 Δp_1 和 Δp_2。代表两路负载流量 Q_1 和 Q_2 大小的压差值 Δp_1 和 Δp_2 同时反馈到公共的减压阀芯 6 上，相互比较后驱动减压阀芯来调节 Q_1 和 Q_2 的大小，使之趋于相等。

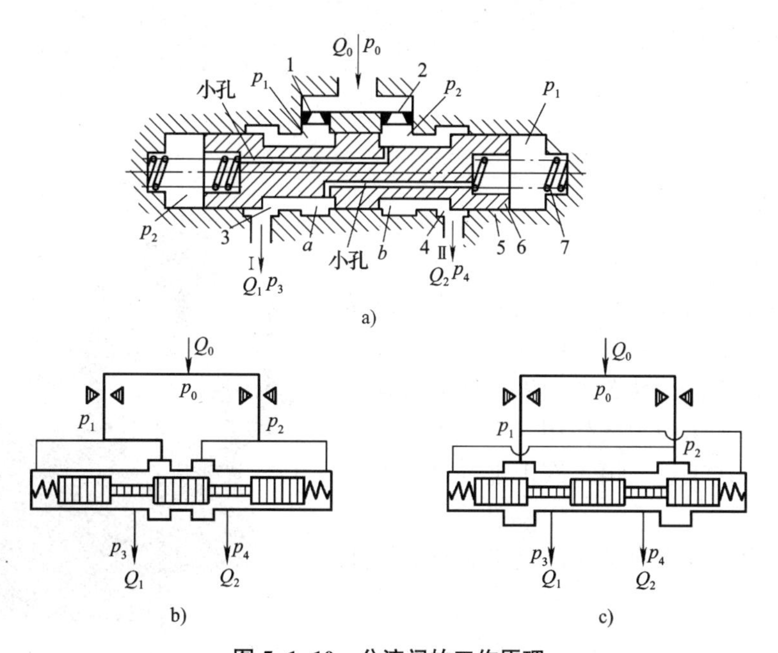

图 5–1–10 分流阀的工作原理

a）结构原理图 b）节流边设计在内侧的分流阀 c）节流边设计在外侧的分流阀

1、2– 固定节流孔 3、4– 减压阀的可变节流口 5– 阀体 6– 减压阀芯 7– 弹簧

工作时，该阀的进口油液压力为 P_0，流量为 Q_0，进入阀后分两路分别通过两个面积相等的固定节流孔 1、2，分别进入减压阀芯环形槽 a 和 b，然后由两减压阀口（可变节流口）3、4 经出油口Ⅰ和Ⅱ通往两个执行元件，两执行元件的负载流量分别为 Q_1、Q_2，负载压力分别为 p_3、p_4。如果两执行元件的负载相等，则分流阀的出口压力 $p_3=p_4$，因为阀中两条流道

的尺寸完全对称，所以输出流量也对称，$Q_1=Q_2=Q_0/2$，且 $p_1=p_2$。当由于负载不对称而出现 $p_3 \neq p_4$，且设 $P_3>P_4$ 时，Q_1 必定小于 Q_2，导致固定节流孔 1、2 的压差 $\Delta p_1<\Delta p_2$，$p_1>p_2$，此压差反馈至减压阀芯 6 的两端后使阀芯在不对称液压力的作用下左移，使可变节流口 3 增大，节流口 4 减小，从而使 Q_1 增大，Q_2 减小，直到 $Q_1 \approx Q_2$ 为止，阀芯才在一个新的平衡位置上稳定下来，即输往两个执行元件的流量相等。当两个执行元件尺寸完全相同时，运动速度将同步。

根据节流边及反馈测压面的不同布置，分流阀有图 5-1-10b 和图 5-1-10c 所示两种不同的结构。

任务 2　半自动车床进给控制回路的设计

教学目标

- 认识调速阀与节流阀的区别
- 掌握调速阀的结构及工作原理
- 掌握调速阀在回路中的正确应用
- 认识速度换接回路

任务引入

如图 5-2-1 所示是 CB3463 型半自动车床，这是一种生产效率比较高的设备。它可以完成产品的钻孔、扩孔、挖内槽以及车削内、外圆等多道工序。半自动车床进给装置在加工工件的过程中起到输送工件到加工位置的作用。它的工作过程是：快进→第一次工进→第二次工进→第三次工进→快退。

本任务要求设计半自动车床进给装置的液压控制回路。

图 5-2-1　CB3463 型半自动车床

任务分析

从半自动车床的工作过程中可以看出，它需要完成快进、第一次工进、第二次工进与第三次工进之间的速度换接，并要求换接过程中油路平稳，这样才能保证工件加工时平稳，实现安全操作。模块五任务 1 中已经学习过节流阀可以调节速度，但是节流阀的进、出油口压力随负载变化而变化，影响节流阀流量的均匀性，使执行机构速度不稳定。那么，如何使进、出油口压力差保持不变呢，这时就要使用另一种流量控制阀——调速阀来完成。

相关知识

一、调速阀

根据“流量负反馈”原理设计而成的流量控制阀称为调速阀。调速阀有串联减压式调速阀和溢流节流阀两种主要类型，又可分为普通调速阀和温度补偿型调速阀两种结构。调速阀和节流阀在液压系统中的应用基本相同，主要与定量泵、溢流阀组成节流调速系统。节流阀适用于一般的节流调速系统，而调速阀适用于执行元件负载变化大而运动速度要求稳定的系统中，也可用于容积节流调速回路中。

1．串联减压式调速阀的工作原理

图 5-2-2 所示为采用“压差法”测量流量的串联减压式调速阀，它是由定差减压阀 2 和节流阀 4 串联而成的组合阀。节流阀 4 充当流量传感器，节流阀口不变时，定差减压阀 2 作为流量补偿阀口，通过流量负反馈，自动稳定节流阀前后的压差，保持其流量不变。因节流阀（流量传感器）前后压差基本不变，调节节流阀口面积时，又可以人为地改变流量大小。

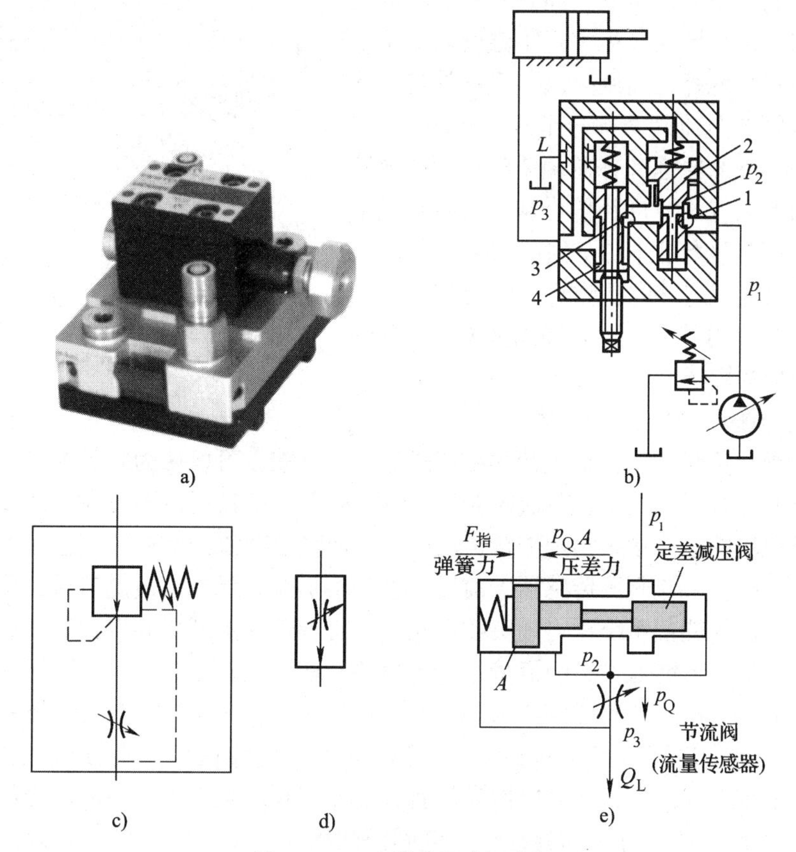

图 5-2-2　串联减压式调速阀

a）实物图　b）结构原理图　c）一般符号　d）简化符号　e）反馈原理图

1、3- 调速阀　2- 定差减压阀　4- 节流阀

设减压阀的进口压力为 p_1，负载串接在调速阀的出口处（压力为 p_3）。节流阀（流量 - 压差传感器）前、后的压力差（p_2-p_3）代表着负载流量的大小，p_2 和 p_3 作为流量反馈信号分别引到减压阀阀芯两端（压差 - 力传感器）的测压活塞上，并与定差减压阀芯一端的弹簧（充当指令元件）力相平衡，减压阀芯平衡在某一位置。减压阀芯两端的测压活塞做得比阀口处的阀芯更粗的原因是为了增大反馈力以克服液动力和摩擦力的不利影响。

当负载压力 p_3 增大引起负载流量和节流阀的压差（p_2-p_3）变小时，作用在减压阀芯右（下）端的压力差也随之减小，阀芯右（下）移，减压口加大，压降减小，使 p_2 也增大，从而使节流阀的压差（p_2-p_3）保持不变；反之亦然。这样就使调速阀的流量恒定不变（不受负载影响）。

上述调速阀是先减压后节流的结构，也可以设计成先节流后减压的结构，两者的工作原理基本相同。

2. 温度补偿调速阀

普通调速阀的流量虽然已能基本上不受外部载荷变化的影响，但是当流量较小时，节流口的通流面积较小，这时节流孔的长度与通流断面的水力半径的比值相对增大，因而油的黏度变化对流量变化的影响也增大，所以当油温升高后油的黏度变小时，流量仍会增大。为了减小温度对流量的影响，常采用带温度补偿的调速阀。温度补偿调速阀也是由减压阀和节流阀两部分组成，如图 5-2-3 所示。减压阀部分的原理和普通调速阀相同，节流阀部分在结构上采取了温度补偿措施，其特点是节流阀的芯杆（即温度补偿杆 2）由热膨胀系数较大的材料（如聚氯乙烯塑料）制成，当油温升高时，芯杆热膨胀使节流阀口关小，正好能抵消由于黏性降低使流量增加的影响。

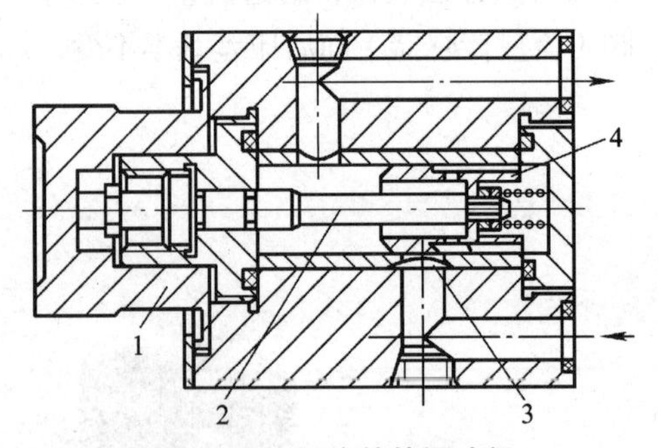

图 5-2-3 温度补偿调速阀

1- 手柄 2- 温度补偿杆

3- 节流口 4- 节流阀芯

3. 溢流节流阀

溢流节流阀与负载并联，采用并联溢流式流量负反馈，可以认为它是由定差溢流阀和节流阀并联组成的组合阀。其中，节流阀充当流量传感器，节流阀口不变时，通过自动调节起定差作用的溢流口的溢流量来实现流量负反馈，从而稳定节流阀前后的压差，保持其流量不变。与调速阀一样，节流阀（传感器）前后压差基本不变，调节节流阀口时，可以改变流量的大小。溢流节流阀能使系统压力随负载变化，没有调速阀中减压阀口的压差损失，功率损失小，是一种较好的节能元件，但流量稳定性略差一些，尤其在小流量工况下更为明显。因此，溢流节流阀一般用于对速度稳定性要求相对较高，而且功率较大的进油路节流调速系统中。

图 5-2-4 所示为溢流节流阀的工作原理和图形符号。溢流节流阀有一个进油口、一个出油口和一个溢流口 T，因而有时也称为三通流量控制阀。来自液压泵的压力油 p_1，一部分经节流阀进入执行元件，另一部分则经溢流阀回油箱。节流阀的出口压力为 p_2，p_1 和 p_2 分别作用于溢流阀阀芯的两端，与上端的弹簧力相平衡。节流阀口前后压差即为溢流阀阀芯两端的压差，溢流阀阀芯在液压作用力和弹簧力的作用下处于某一平衡位置。当执行元件负载增大时，溢流节流阀的出口压力 p_2 增加，于是作用在溢流阀阀芯上端的液压力增大，使阀

芯下移，溢流口减小，溢流阻力增大，导致液压泵出口压力 p_1 增大，即作用于溢流阀阀芯下端的液压力随之增大，从而使溢流阀阀芯两端受力恢复平衡，节流阀口前后压差（p_1-p_2）基本保持不变，通过节流阀进入执行元件的流量可保持稳定，而不受负载变化的影响。这种溢流节流阀上还附有安全阀，以免系统过载。

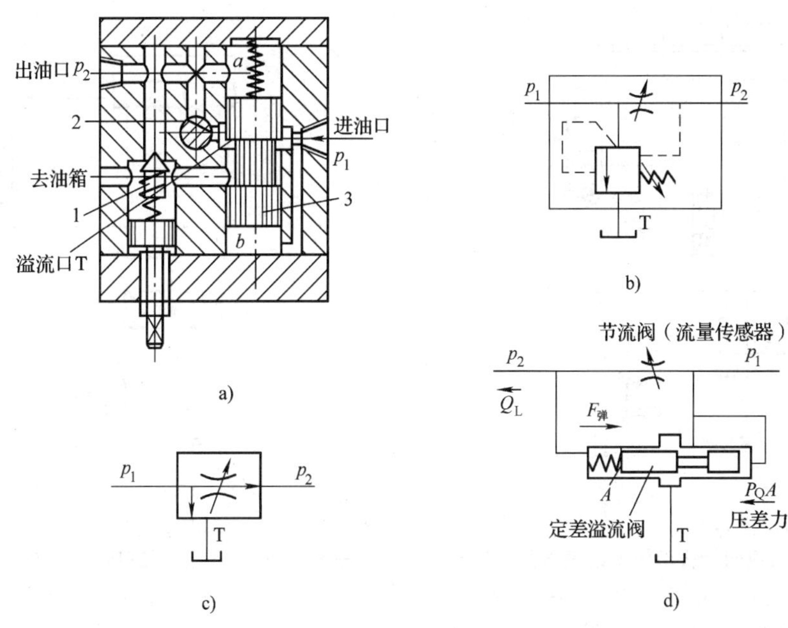

图 5-2-4 溢流节流阀

a）结构图 b）详细符号 c）简化符号 d）反馈原理图

1- 安全阀 2- 节流阀 3- 溢流阀

二、速度换接回路

速度换接回路用来实现运动速度的变换，即在原来设计或调节好的几种运动速度中，从一种速度换成另一种速度。对这种回路的要求是速度换接要平稳，即不允许在速度变换的过程中有前冲（速度突然增加）现象。下面介绍几种速度换接回路的换接方法及特点。

1. 快速运动和工作进给运动的速度换接回路

图 5-2-5 所示为用单向行程节流阀换接快速运动（简称快进）和工作进给运动（简称工进）的速度换接回路。在图示位置液压缸 3 右腔的回油可经行程阀 4 和换向阀 2 流回油箱，使活塞快速向右运动。当快速运动到达所需位置时，活塞上的挡块压下行程阀 4，将其通路关闭，这时液压缸 3 右腔的回油就必须经过调速阀 6 流回油箱，活塞的运动转换为工进。当操纵换向阀 2 使活塞换向后，压力油可经换向阀 2 和单向阀 5 进入液压缸 3 的右腔，使活塞快速向左退回。

在这种速度换接回路中，因为行程阀的通油路是由液压缸活塞的行程控制阀芯移动而逐渐关闭的，所以换接时的位置精度高，冲出量小，运动速度的变换也比较平稳。这种回路在机床液压系统中应用较多，它的缺点是行程阀的安装位置受一定限制（要由挡块压下），所以有时管路连接较为复杂。行程阀也可以用电磁换向阀来代替，这时电磁阀的安装位置不受限制（挡块只需要压下行程开关即可），但其换接精度及速度变换的平稳性较差。

图 5-2-6 所示为利用液压缸本身的管路连接实现的速度换接回路。在图示位置时，活塞快速向右移动，液压缸右腔的回油经油路 1 和换向阀 5 流回油箱。当活塞运动到将油路 1 封闭后，液压缸右腔的回油须经调速阀 3 流回油箱，活塞则由快速运动变换为工作进给运动。

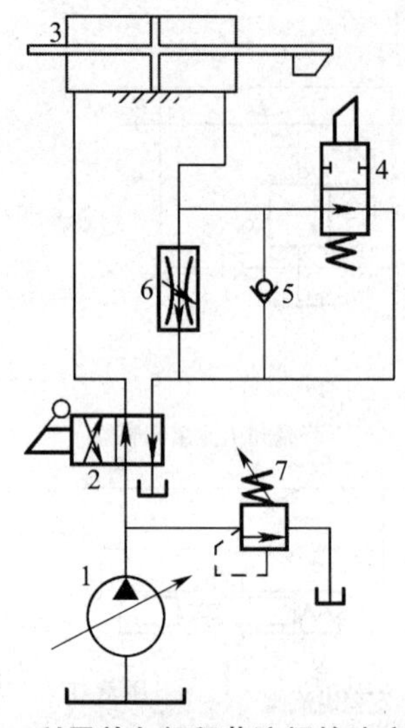

图 5-2-5　利用单向行程节流阀的速度换接回路

1- 液压泵　2- 换向阀　3- 液压缸　4- 行程阀
5- 单向阀　6- 调速阀　7- 溢流阀

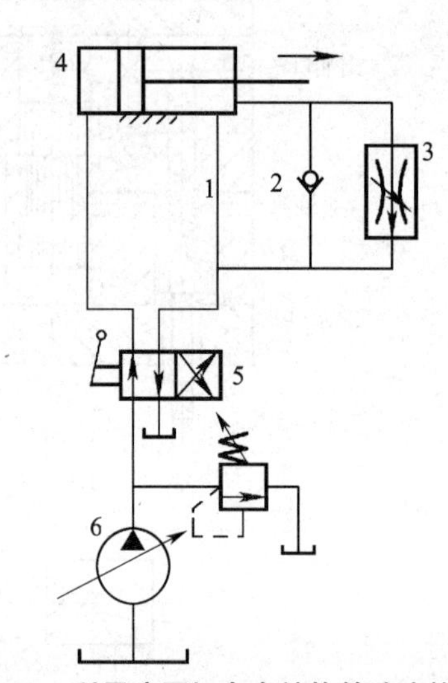

图 5-2-6　利用液压缸自身结构的速度换接回路

1- 油路　2- 单向阀　3- 调速阀　4- 液压缸
5- 换向阀　6- 液压泵

这种速度换接回路方法简单，换接较可靠，但速度换接的位置不能调整，工作行程也不能过长以免活塞过宽，所以仅适用于工作情况固定的场合。这种回路也常用作活塞运动到达端部时的缓冲制动回路。

2. 两种工作进给速度的换接回路

对于某些自动机床、注塑机等，需要在自动工作循环中变换两种以上的工作进给速度，这时需要采用两种（或多种）工作进给速度的换接回路。

图 5-2-7 所示为两个调速阀并联以实现两种工作进给速度换接的回路。在图 5-2-7a 中，液压泵输出的压力油经调速阀 3 和电磁阀 5 进入液压缸。当需要第二种工作进给速度时，电磁阀 5 通电，其右位接入回路，液压泵输出的压力油经调速阀 4 和电磁阀 5 进入液压缸。这种回路中两个调速阀的节流口可以单独调节，互不影响，即第一种工作进给速度和第二种工作进给速度之间没有什么限制。但一个调速阀工作时，另一个调速阀中没有油液通过，它的减压阀则处于完全打开的位置，在速度换接开始的瞬间不能起减压作用，容易出现部件突然前冲的现象。

图 5-2-7b 所示为另一种调速阀并联的速度换接回路。在这个回路中，两个调速阀始终处于工作状态，在由一种工作进给速度转换为另一种工作进给速度时，不会出现工作部件突然前冲的现象，因而工作可靠。但是液压系统在工作中总有一定量的油液通过不起调速作用的那个调速阀流回油箱，造成能量损失，使系统发热。

图 5-2-8 所示为两个调速阀串联的速度换接回路。图中液压泵输出的压力油经调速阀 3

和电磁阀5进入液压缸，这时的流量由调速阀3控制。当需要第二种工作进给速度时，阀5通电，其右位接入回路，则液压泵输出的压力油先经调速阀3，再经调速阀4进入液压缸，这时的流量应由调速阀4控制，所以这种两个调速阀串联式回路中调速阀4的节流口应调得比调速阀3小，否则调速阀4的速度换接回路将不起作用。这种回路在工作时调速阀3一直工作，它限制着进入液压缸或调速阀4的流量，因此，在速度换接时不会使液压缸产生前冲现象，换接平稳性较好。在调速阀4工作时，油液需经过两个调速阀，故能量损失较大，系统发热也较大，但却比图5-2-7b所示的回路要小。

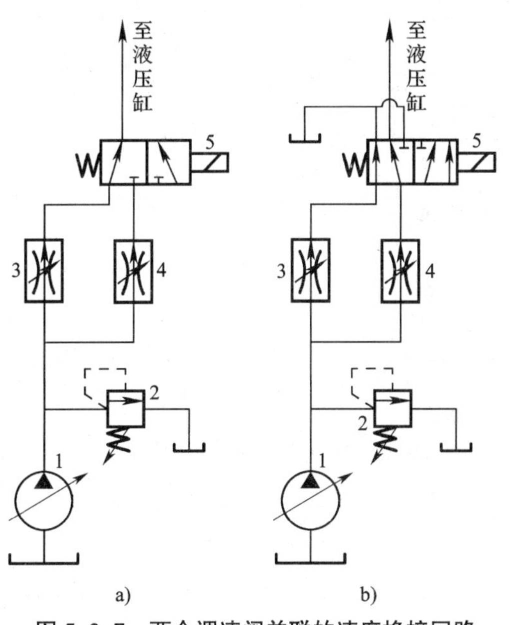

图5-2-7 两个调速阀并联的速度换接回路

1-液压泵 2-溢流阀 3、4-调速阀 5-电磁阀

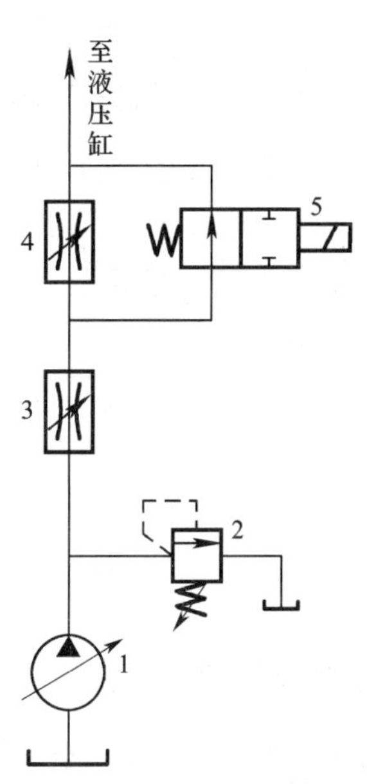

图5-2-8 两个调速阀串联的速度换接回路

1-液压泵 2-溢流阀 3、4-调速阀 5-电磁阀

任务实施

下面来设计半自动车床进给控制回路。

一、三种工进速度换接的设计

因为调速阀适用于执行元件负载变化大而运动速度要求稳定的系统中，半自动车床要求在加工过程中实现三种工进速度，针对这样的要求，选用调速阀来进行控制。

如图5-2-9所示，选用三个调速阀并联来实现速度换接，三个调速阀分别实现三次工作进给速度。当电磁换向阀7分别处于右、中、左位时，调速阀4、5、6分别起作用。

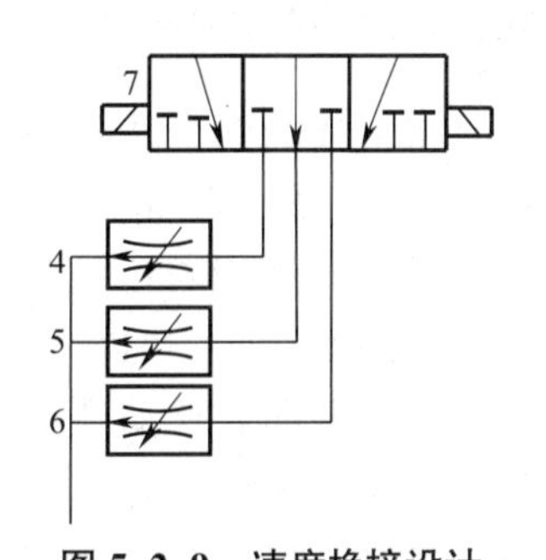

图5-2-9 速度换接设计

4、5、6-调速阀 7-电磁换向阀

二、速度调节回路的设计

半自动车床是种加工效率较高的设备，根据工作要求，要

对工作进给速度进行调节，因而选用旁油路节流调速回路，将图 5–2–9 的元件组合放在旁路上，如图 5–2–10 所示。

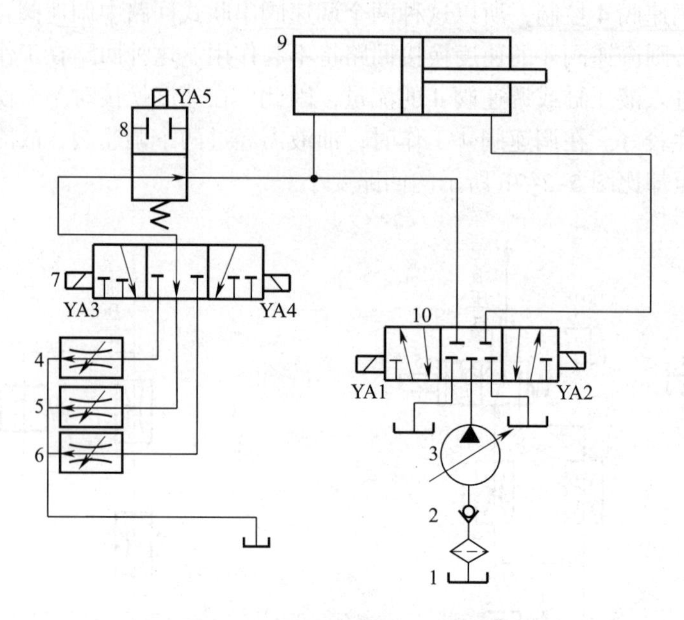

图 5–2–10　速度调节回路设计

1– 油箱　2– 单向阀　3– 液压泵　4、5、6– 调速阀　7、10– 电磁换向阀　8– 行程阀　9– 液压缸

三、油路冲击的解决方法

从图 5–2–10 所示的回路图中，基本可以完成半自动车床的工作要求，但是，这样的回路在实际的工作过程中，在刀具刚穿透工件的一瞬间，由于刀架工作负荷的骤减，在压力油的作用下，整个刀架会产生冲击。这样会大大影响产品质量，也会增加刀具损耗。另外在快退过程中，由于惯性力存在也会产生明显冲击。

为了解决冲击问题，还需进一步对此回路加以改进。在此回路中分别增加两个减压阀来进行减速，防止在液压缸停止时产生机械冲击，减压阀如图 5–2–11 所示。

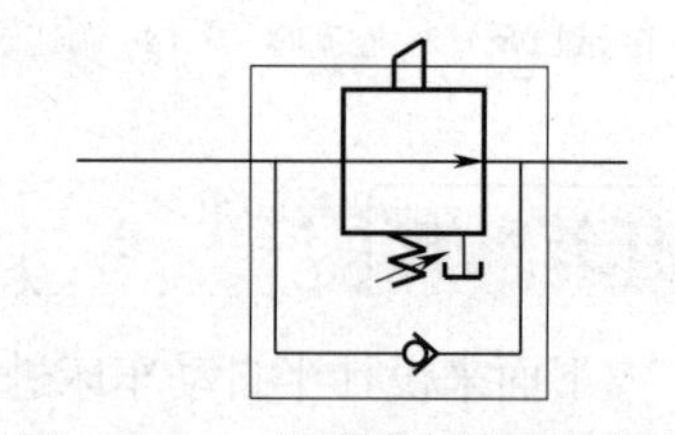

图 5–2–11　油路冲击的解决方法

四、半自动车床进给装置速度控制回路设计

将上述的两个减压阀加至图 5–2–10 中，组合成如图 5–2–12 所示的完整的半自动车床进给装置的控制回路图。

从图中可以看出：当 YA1、YA5 得电时，阀 10 左位接入系统，液压缸活塞杆向右伸出，开始实现向右快进过程，液压缸右腔的油液经过减压阀 11，再通过阀 10 流回至油箱。

当活塞向右移动到预定的工件开始加工位置时，YA5 失电，阀 8 弹簧复位，这时液压油从液压泵输出，流经阀 10，一部分油液进入液压缸左腔，另一部分则经过阀 8、阀 7 的中位，再经过阀 5，实现对油液的流量控制，进而来控制液压缸活塞的移动速度。最后流经减压阀 12 流回至油箱，实现第一次工进。

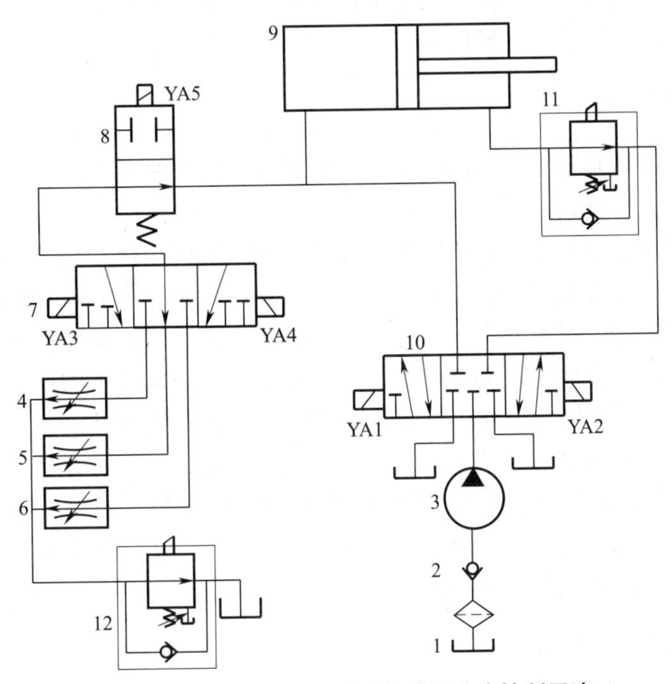

图 5–2–12 半自动车床的进给装置速度控制回路

1– 油箱 2– 单向阀 3– 液压泵 4、5、6– 调速阀 7、10– 电磁换向阀
8– 行程阀 9– 液压缸 11、12– 减压阀

当 YA3 得电，阀 7 的左位接入系统，阀 6 开始工作，开始第二次工进过程。同样当 YA4 得电，阀 7 的右位接入系统，阀 4 开始工作，开始第三次工作进给，这样就实现了三次工进过程间的速度换接。

值得注意的是：当第三次工进即将结束时，即当刀具即将穿透工件时，安装在床鞍上的撞块已与减压阀上的滚轮接触（两个减压阀都安装在机床的床身上），从而产生比原来三种速度中的任何一种都要慢的速度（这种速度可利用增加或减少撞块垫片的厚度来调节），这样就基本上消除了工进时的冲击现象。

当 YA2、YA5 得电，YA1、YA3、YA4 均不得电时，油液从液压泵输出，流经阀 11 中的单向阀进入液压缸的右腔，推动活塞向右移动，而左腔的液压油则经过阀 10 的右位直接流回油箱，实现了进给装置的快退过程。

经过分析，图 5–2–12 所示的控制回路能满足半自动车床进给装置的速度换接要求。

知识链接

快速运动回路

在一些液压传动的机械设备中，为了提高生产效率，工作部件常常要求实现空行程（或空载）的快速运动。这时要求液压系统流量大而压力低，这和工件运动时一般需要的流量较小和压力较高的情况正好相反。对快速运动回路的要求主要是在快速运动时，尽量减小需要液压泵输出的流量，或者在加大液压泵的输出流量后，尽量减小工件运动时的能量消耗。下面介绍几种机床上常用的快速运动回路。

一、差动连接回路

这是在不增加液压泵输出流量的情况下，来提高工作部件运动速度的一种快速回路，其实质是改变了液压缸的有效作用面积。

机床运动时经常要进行快、慢速转换，其中快速运动采用差动连接回路，如图 5–2–13 所示。当换向阀 3 左端的电磁铁通电时，阀 3 左位进入系统，液压泵 1 输出的压力油与缸右腔的油一起经阀 3 左位、阀 5 下位（此时外控顺序阀 7 关闭）也进入液压缸 4 的左腔，实现了差动连接，使活塞快速向右运动。当快速运动结束，工作部件上的挡块压下机动换向阀 5 时，泵的压力升高，阀 7 打开，液压缸 4 右腔的回油只能经调速阀 6 流回油箱，这时是工作进给。当换向阀 3 右端的电磁铁通电时，活塞向左快速退回（非差动连接）。采用差动连接的快速回路方法简单，较经济，但快、慢速度的换接不够平稳。必须注意，差动油路的换向阀和油管通道应按差动时的流量选择，不然流动液阻过大，会使液压泵的部分油从溢流阀流回油箱，速度减慢，甚至起不到差动作用。

二、双泵供油的快速运动回路

这种回路是利用低压大流量泵和高压小流量泵并联的方法为系统供油，如图 5–2–14 所示。图中，1 为高压小流量泵，用以实现工作进给运动，2 为低压大流量泵，用以实现快速运动。在快速运动时，液压泵 2 输出的油经单向阀 4 和液压泵 1 输出的油共同向系统供油。在工作进给时，系统压力升高，打开卸荷阀 3（液控顺序阀）使液压泵 2 卸荷，此时单向阀 4 关闭，由液压泵 1 单独向系统供油。溢流阀 5 控制液压泵 1 的供油压力，该压力是根据系

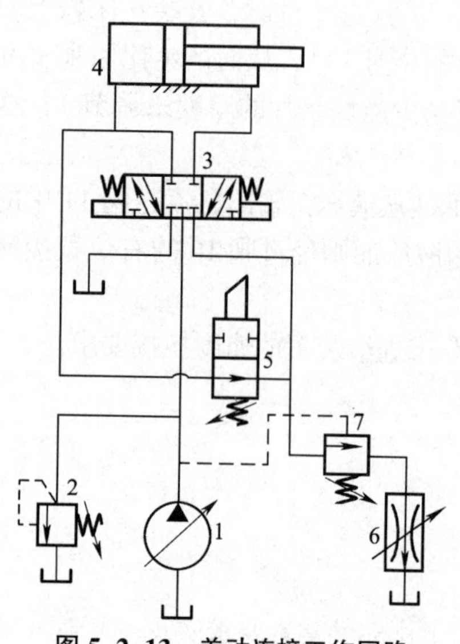

图 5–2–13　差动连接工作回路

1– 液压泵　2– 溢流阀　3– 换向阀　4– 液压缸
5– 机动换向阀　6– 调速阀　7– 外控顺序阀

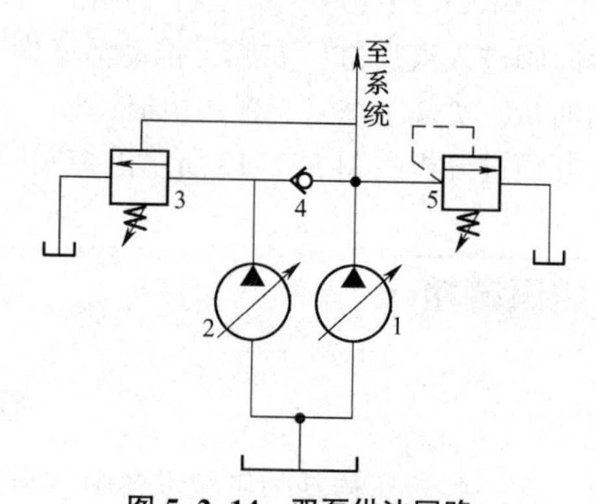

图 5–2–14　双泵供油回路

1、2– 液压泵　3– 卸荷阀　4– 单向阀　5– 溢流阀

统所需最大工作压力来调节的，而卸荷阀 3 使液压泵 2 在快速运动时供油，在工作进给时则卸荷，因此，它的调整压力应比快速运动时系统所需的压力要高，但比溢流阀 5 的调整压力低。

双泵供油回路功率利用合理、效率高，并且速度换接较平稳，在快、慢速度相差较大的机床中应用很广泛，缺点是要用一个双联泵，油路系统也较为复杂。

思考与应用

1．液压传动系统中，实现流量控制的方式有哪几种？采用的关键元件是什么？

2．进油路调速与回油路调速各有什么特点？当液压缸固定并采用垂直安装方式安装时，应采用何种调速方式比较好，为什么？

3．调速阀为什么能够使执行机构的运动速度稳定？

4．节流阀与调速阀有何异同点？

模块六

液压系统的分析与维护

任务1　YA32-200型四柱万能液压机液压系统的分析

教学目标

- 了解阅读液压系统图的步骤
- 掌握液压系统分析的方法
- 能够分析YA32-200型四柱万能液压机液压系统的工作过程

任务引入

如图6-1-1所示是YA32-200型四柱万能液压机外形图，该设备的液压系统采用先进的插装阀或滑阀系统控制，是实行按钮集中操纵的液压机。该液压机配以适当的模具可用作折边机或成型机，用于金属材料压制翻边、弯形、拉伸成形等，因此被广泛应用。其压力、速度和行程可根据工艺需要进行调节。那么，它是如何实现这些工作的呢？本任务要求对该设备液压系统进行分析。

图6-1-1　YA32-200型四柱万能液压机

任务分析

YA32-200型四柱万能液压机主要是用液压系统来控制的，通过分析该机械的液压系统图可以看出其中各个液压元件是如何有机组合，构成相应的液压控制回路来完成动作、速度、压力控制的。正确的分析和识读液压系统图对液压设备的使用、维护和修理有很大的帮助。液压系统分析要掌握一定的步骤和方法，并且能够将复杂的系统图分解为简单部分来识读，了解其回路的工作过程。

相关知识

一、阅读较复杂的液压回路图的步骤

1. 了解液压设备对液压系统的动作要求。

2. 逐步浏览整个系统，了解系统（回路）由哪些元件组成，再以各个执行元件为中心，将系统分成若干个子系统。

3. 对每一执行元件及其有关联的阀件等组成的子系统进行分析，并了解此子系统包含哪些基本回路。然后再根据此执行元件的动作要求，参照电磁线圈的动作顺序表读懂子系统的功用与原理。

4. 根据液压设备中各执行元件间互锁、同步、防干扰等要求，分析各子系统之间的关系，并进一步读懂系统中是如何实现这些要求的。

5. 全面读懂整个系统后，最后归纳总结整个系统有哪些特点。

二、液压系统图的分析

在读懂液压系统图的基础上，还必须进一步对该系统进行分析，这样才能评价液压系统的优缺点，从而确定完善液压系统性能的措施。

液压系统图的分析可考虑以下几个方面：

1. 液压基本回路的确定是否符合主机的动作要求。
2. 各主油路之间、主油路与控制油路之间有无矛盾和干涉现象。
3. 液压元件的代用、变换和合并是否合理、可行。
4. 液压系统性能的改进方向。

任务实施

一、YA32-200型四柱万能液压机液压系统分析

YA32-200型四柱万能液压机系统原理图如图6-1-2所示。该系统中有两个泵，主泵1是高压、大流量恒功率（压力补偿）变量泵，最高工作压力为32 MPa，由远程调压阀5调定。辅助泵2是一个低压小流量的定量泵，主要用以供给电液阀的控制油液，其压力由溢流阀3调定。

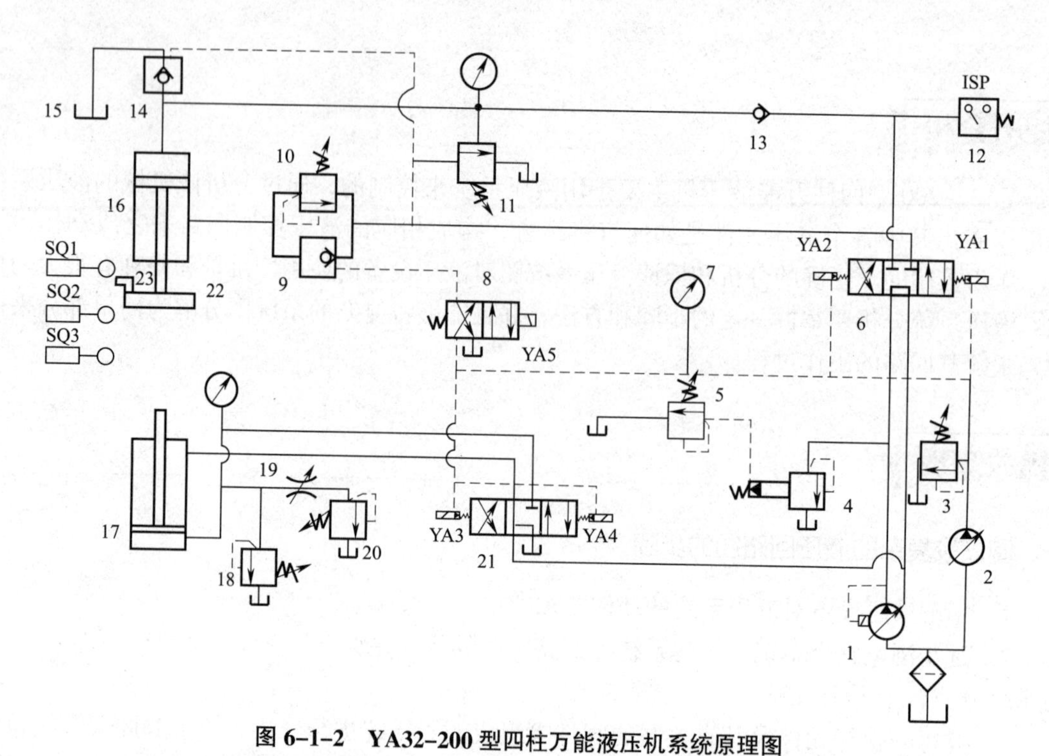

图 6-1-2　YA32-200 型四柱万能液压机系统原理图

1- 恒功率变量泵　2- 定量泵　3、4、18- 溢流阀　5- 远程调压阀　6、21- 电液换向阀　7- 压力表　8- 电磁阀　9- 液控单向阀　10- 顺序阀　11- 卸荷阀（带阻尼孔）　12- 压力继电器　13- 单向阀　14- 液控单向阀（带卸荷阀芯）　15- 充液箱　16- 主缸　17- 顶出缸　19- 节流器　20- 背压阀　22- 滑块　23- 挡块

该液压系统图中有两个执行元件，即主缸和顶出缸，分析系统回路图时，就以这两个执行元件将运动划分成两部分来分析。

1. 主缸运动

液压机主缸运动流程为：快速下行→慢速加压→保压→泄压、快速返程→停止。

（1）快速下行：按下启动按钮，电磁铁 YA1、YA5 通电吸合，低压控制油使电液换向阀 6 切换至右位，同时经阀 8 使液控单向阀 9 打开。泵 1 供油经阀 6 右位、单向阀 13 至主缸 16 上腔，主缸下腔经液控单向阀 9、阀 6 右位、阀 21 中位回油。实际上，此时主缸滑块 22 在自重作用下快速下降，泵 1 全部流量不足以补充主缸上腔空出的容积，上腔形成局部真空，置于液压缸顶部的充液箱 15 内的油液在大气压及油位作用下，经液控单向阀 14（充液阀）进入主缸上腔。

（2）慢速加压：当主缸滑块 22 上的挡铁 23 压下行程开关 SQ2 时，电磁铁 YA5 断电，阀 8 处于常态位，阀 9 关闭。主缸回油经顺序（背压）阀 10、阀 6 右位、阀 21 中位至油箱。由于回油路上有背压力，滑块仅靠自重不能下降，由泵 1 供给的压力油使之下行，速度减慢。这时主缸上腔压力升高，液控单向阀 14（充液阀）关闭。压力油推动活塞使滑块慢速接近工件，当主缸活塞的滑块抵住工件后，阻力急剧增加，上腔油压进一步提高，变量泵 1 的排油量自动减小，主缸活塞的速度变得更慢，以非常慢的速度对工件加压。

（3）保压：当主缸上腔油压达到预定值时，压力继电器 12 发出信号，使电磁铁 YA1 断电，阀 6 回复中位，封闭主缸上、下腔。同时泵 1 流量经阀 6、阀 21 中位卸荷。单向阀 13 保证主缸上腔良好的密封性，使其保持高压。保压时间由压力继电器 12 控制的时间继电器调整。

（4）泄压、回程：保压过程结束后，时间继电器发出信号，使电磁铁 YA2 通电（当定程压制成型时，可由行程开关 SQ3 发信号），主缸处于回程状态。但由于液压机油压高，而主缸的直径大、行程长，缸内液体在加压过程中受到压缩而储存相当大的能量。如果此时上腔立即与回油相通，则系统内液体积蓄的弹性能突然释放出来，会产生液压冲击，造成机器和管路强烈振动，发出很大噪声。因此，保压后必须先泄压然后再回程。

当电液阀 6 切换至左位后，主缸上腔还没泄压，压力很高，卸荷阀 11（带阻尼孔）呈开启状态，主泵 1 的供油经阀 11 中的阻尼孔回油。这时主泵 1 在较低压力下运转，此压力不足以使主缸活塞回程，但能打开液控单向阀 14（充液阀）的卸荷阀芯，主缸上腔的高压油经此卸荷阀阀芯的开口而泄回充液箱 15，这是泄压过程。这一过程持续到主缸上腔压力降低，卸荷阀 11 关闭为止。此时主泵 1 经卸荷阀 11 的循环通路被切断，油压升高并推开液控单向阀 14 的主阀芯，主缸开始快速回程。

（5）停止：当主缸滑块上的挡块 23 压下行程开关 SQ1 时，电磁铁 YA2 断电，M 形的阀 6 将主缸锁紧，主缸活塞停止运动，回程结束。此时泵 1 油液经阀 6、阀 21 回油箱，泵处于卸荷状态。在实际使用中主缸随时可处于停止状态，即原位停止。

2．顶出缸运动

顶出缸 17 只在主缸停止运动时才能动作。由于压力油先经电液换向阀 6 后才进入控制顶出缸运动的电液换向阀 21，即电液换向阀 6 处于中位时才有油通向顶出缸，实现了主缸和顶出缸的运动互锁。

顶出缸的动作流程为顶出→退回→压边。

（1）顶出：按下启动按钮，YA3 通电吸合，压力油由泵 1 经阀 6 中位，阀 21 左位进入顶出缸下腔，上腔油液经阀 21 回油，活塞上升。

（2）退回：YA3 断电，YA4 通电吸合时，油路换向，顶出缸活塞下降。

（3）压边：做薄板拉伸压边时，要求顶出缸既保持一定压力，又能随着主缸滑块的下压而下降。这时 YA3 通电后立即又断电，顶出缸下腔回油经节流器 19 和背压阀 20 流回油箱，从而建立起所需的压边力。图中的溢流阀 18 是当节流器 19 阻塞时起安全保护作用的。

根据上述分析过程，可以将 YA32-200 型四柱万能液压机的电磁铁动作列成图表，见表 6-1-1。

表 6-1-1　　YA32-200 型四柱万能液压机电磁铁动作顺序表

动作 \ 元件		YA1	YA2	YA3	YA4	YA5
主缸	快速下行	+	−	−	−	+
	慢速加压	+	−	−	−	−
	保压	−	−	−	−	−
	泄压、回程	−	+	−	−	−
	停止	−	−	−	−	−
顶出缸	顶出	−	−	+	−	−
	退回	−	−	−	+	−
	压边	+	−	（±）	−	−

二、YA32-200 型四柱万能液压机液压系统的特点

1. 采用高压大流量恒功率变量泵供油，既符合工艺要求，又节省能量，这是液压机液压系统的一个特点。

2. 系统利用管道和油液的弹性变形来实现保压，方法简单，但对单向阀的密封性要求较高。

3. 系统中上、下两缸的动作协调是由两个换向阀互锁来保证的。只有换向阀 6 处于中位主缸不工作时，压力油才能进入阀 21，使顶出缸运动。

4. 为了减少由保压转换为快速回程时的液压冲击，系统中采用卸荷阀 11 和液控单向阀 14 组成泄压回路。

任务 2　SZ-250 型塑料注射成型机液压系统的分析与维护

教学目标

- 分析 SZ-250 型塑料注射成型机液压系统
- 熟悉 SZ-250 型塑料注射成型机的动作原理和系统功能
- 掌握液压系统的日常维护知识

任务引入

塑料注射成型机简称注塑机，如图 6-2-1 所示。它将颗粒状的塑料加热熔化到流动状态，用注射装置快速高压注入模腔，保压一定时间，冷却后成型为塑料制品。它的动作控制基本由液压系统来完成。本任务要求分析注塑机的液压系统，并掌握液压系统的日常维护和保养方法。

图 6-2-1　SZ-250 型注塑机

任务分析

注塑机工作时的工作循环如图 6-2-2 所示。

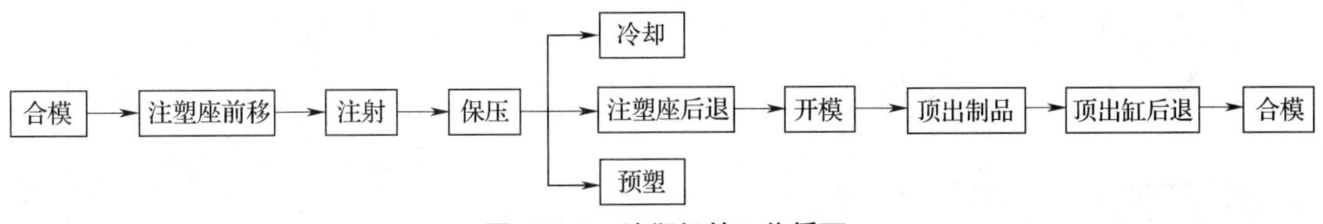

图 6-2-2　注塑机的工作循环

以上动作分别由合模缸、注射座移动缸、预塑液压马达、注射缸、顶出缸来完成。

注塑机在工作过程中要求液压系统有足够的合模力、可调节的合模开模速度、可调节的注射压力和注射速度、保压及可调的保压压力，系统还应设有安全连锁装置。那么，注塑机的液压系统是如何来实现这些工作的呢？平时又该如何做好它的日常维护保养工作，从而使注塑机保持良好的工作状态呢？

任务实施

一、SZ-250 型注塑机液压系统分析

SZ-250 型注塑机属于中小型注塑机，每次最大注射容量为 250 cm^3。要知道注塑机液压系统是如何工作的，就需要运用前面任务中所学的知识，读懂液压系统回路图，从而掌握注塑机液压系统的工作原理。图 6-2-3 所示为注塑机的液压系统原理图，由图中可以看出，注塑机各执行元件的动作循环主要靠切换电磁换向阀的工作位置来实现，电磁铁的动作顺序见表 6-2-1。下面依照注塑机的工作循环依次来分析液压系统的工作原理。

1. 关安全门

为保证操作安全，注塑机都装有安全门。当安全门打开时，行程阀 6 被压下，此时合模缸的电液换向阀 5 将不能换位，合模缸无法工作，只有关上安全门后，行程阀 6 恢复常位，电液换向阀才能换位，合模缸才能动作，开始整个动作循环。

2. 合模

动模板慢速启动、快速前移，接近定模板时，液压系统转为低压、慢速控制。在确认模具内没有异物存在时，系统转为高压使模具闭合。这里采用了液压－机械式合模机构，合模缸通过对称五连杆机构推动模板进行开模和合模，连杆机构具有增力和自锁作用。

（1）慢速合模（$YA2^+$、$YA3^+$）。大流量泵 1 通过电磁溢流阀 3 卸载，小流量泵 2 的压力由溢流阀 4 调定，泵 2 的压力油经电液换向阀 5 右位进入合模缸左腔，推动活塞带动连杆慢速合模，合模缸右腔油液经阀 5 和冷却器回油箱。

（2）快速合模（$YA1^+$、$YA2^+$、$YA3^+$）。慢速合模转为快速合模时，由行程开关发令使 YA1 得电，泵 1 不再卸载，其压力油经单向阀 22 与泵 2 供的油汇合，同时向合模缸供油，实现快速合模，最高压力由阀 4 限定。

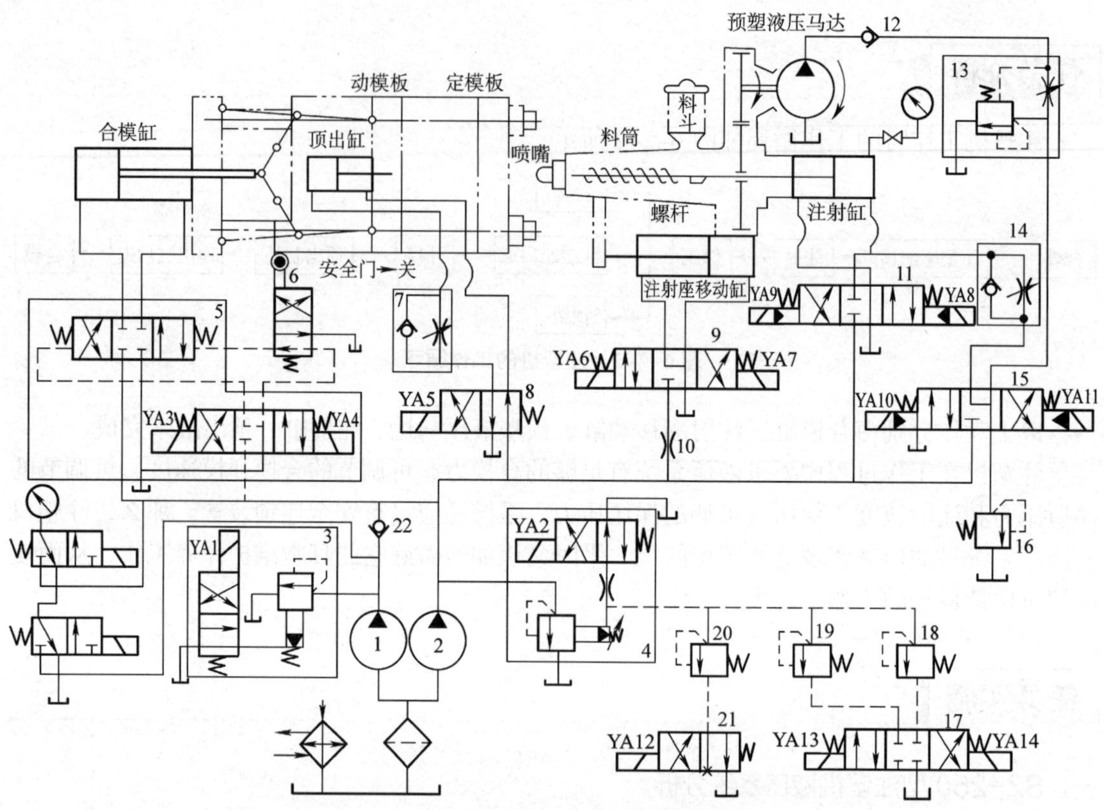

图 6-2-3　SZ-250 型注塑机液压系统原理图

1- 大流量泵　2- 小流量泵　3- 电磁溢流阀　4- 先导式溢流阀　5、11、15- 电液换向阀
6- 行程阀　7、14- 单向节流阀　8、9、17、21- 电磁换向阀　10- 节流阀
12、22- 单向阀　13- 旁通型调速阀　16- 背压阀　18、19、20- 远程调压阀

表 6-2-1　　SZ-250 型注塑机电磁铁动作顺序表

动作循环		YA1	YA2	YA3	YA4	YA5	YA6	YA7	YA8	YA9	YA10	YA11	YA12	YA13	YA14
合模	慢速		+	+											
	快速	+	+	+											
	低压慢速		+	+										+	
	高压		+	+											
注射座前移			+					+							
注射	慢速		+					+			+		+		
	快速	+	+					+	+		+		+		
保压			+					+			+				+
预塑		+	+					+				+			

续表

动作循环		YA1	YA2	YA3	YA4	YA5	YA6	YA7	YA8	YA9	YA10	YA11	YA12	YA13	YA14
防流涎			+					+		+					
注射座后退			+				+								
开模	慢速 1	(+)	+		+										
	快速	+	+		+										
	慢速 2	+	+		+										
顶出	前进		+			+									
	后退		+												
螺杆	螺杆后退		+							+					
	螺杆前进		+						+						

（3）低压合模（YA2⁺、YA3⁺、YA13⁺）。泵 1 卸载，泵 2 的压力由远程调压阀 18 控制。因阀 18 所调压力较低，合模缸推力较小，即使两个模板间有硬质异物，也不致损坏模具表面。

（4）高压合模（YA2⁺、YA3⁺）。泵 1 卸载，泵 2 供油，系统压力由先导式溢流阀 4 控制进行高压合模，并使连杆产生弹性变形，牢固地锁紧模具。

3．注射座前移（YA2⁺、YA7⁺）

泵 2 的压力油经电磁换向阀 9 右位进入注射座移动缸右腔，注射座前移使喷嘴与模具接触，注射座移动缸左腔油液经阀 9 回油箱。

4．注射

注射螺杆以一定的压力和速度将料筒前端的熔料经喷嘴注入模腔。注射分慢速注射和快速注射两种。

（1）慢速注射（YA2⁺、YA7⁺、YA10⁺、YA12⁺）。泵 2 的压力油经电液换向阀 15 左位和单向节流阀 14 进入注射缸右腔，左腔油液经电液换向阀 11 中位回油箱，注射缸活塞带动注射螺杆慢速注射，注射速度由单向节流阀 14 调节，远程调压阀 20 起定压作用。

（2）快速注射（YA1⁺、YA2⁺、YA7⁺、YA8⁺、YA10⁺、YA12⁺）。泵 1 和泵 2 的压力油经电液换向阀 11 右位进入注射缸右腔，左腔油液经阀 11 中位回油箱。由于两个泵同时供油，且不经过单向节流阀 14，注射速度加快。此时，远程调压阀 20 起安全作用。

5．保压（YA2⁺、YA7⁺、YA10⁺、YA14⁺）

由于注射缸对模腔内的熔料实行保压并补塑，只需少量油液，所以泵 1 卸载，泵 2 单独供油，多余的油液经溢流阀 4 溢回油箱，保压压力由远程调压阀 19 调节。

6．预塑（YA1⁺、YA2⁺、YA7⁺、YA11⁺）

保压完毕，从料斗加入的物料随着螺杆的转动被带至料筒前端，进行加热塑化，并建立起一定的压力。当螺杆头部熔料压力到达能克服注射缸活塞退回的阻力时，螺杆开始后退。后退到预定位置，即螺杆头部熔料达到所需注射量时，螺杆停止转动和后退，准备下一次注射。与此同时，在模腔内的制品冷却成型。

螺杆转动由预塑液压马达通过齿轮机构驱动。泵 1 和泵 2 的压力油经电液换向阀 15 右位、旁通型调速阀 13 和单向阀 12 进入马达，马达的转速由旁通型调速阀 13 控制，溢流阀 4 为安全阀。螺杆头部熔料压力迫使注射缸后退时，注射缸右腔油液经单向节流阀 14、电液阀 15 右位和背压阀 16 回油箱，其背压力由阀 16 控制。同时注射缸左腔产生局部真空，油箱的油液在大气压作用下经阀 11 中位进入其内。

7. 防流涎（$YA2^+$、$YA7^+$、$YA9^+$）

采用直通开敞式喷嘴时，预塑加料结束，这时要使螺杆后退一小段距离，减小料筒前端压力，防止喷嘴端部物料流出。泵 1 卸载，泵 2 压力油一方面经阀 9 右位进入注射座移动缸右腔，使喷嘴与模具保持接触，另一方面经阀 11 左位进入注射缸左腔，使螺杆强制后退。注射座移动缸左腔和注射缸右腔油液分别经阀 9 和阀 11 回油箱。

8. 注射座后退（$YA2^+$、$YA6^+$）

保压结束，注射座后退。泵 1 卸载，泵 2 压力油经阀 9 左位使注射座后退。

9. 开模

开模速度一般为“慢 – 快 – 慢”。

（1）慢速开模（$YA2^+$ 或 $YA1^+$、$YA4^+$）。泵 1（或泵 2）卸载，泵 2（或泵 1）压力油经电液换向阀 5 左位进入合模缸右腔，左腔油液经阀 5 回油箱。

（2）快速开模（$YA1^+$、$YA2^+$、$YA4^+$）。泵 1 和泵 2 合流向合模缸右腔供油，开模速度加快。

10. 顶出制品

（1）顶出缸前进（$YA2^+$、$YA5^+$）。泵 1 卸载，泵 2 压力油经电磁换向阀 8 左位、单向节流阀 7 进入顶出缸左腔，推动顶出杆顶出制品，其运动速度由单向节流阀 7 调节，溢流阀 4 为定压阀。

（2）顶出缸后退（$YA2^+$）。泵 2 的压力油经阀 8 常位使顶出缸后退。

11. 螺杆后退和前进（$YA2^+$、$YA9^+$、$YA8^+$）

为了拆卸螺杆，有时需要螺杆后退。这时，电磁铁 YA2、YA9 得电，泵 1 卸载，泵 2 压力油经左位进入注射缸左腔，注射缸活塞携带螺杆后退。当电磁铁 YA2、YA8 得电时，螺杆前进。

二、塑料注射成型机液压系统的特点

1. 因注射缸液压力直接作用在螺杆上，因此，注射压力 p_z 与注射缸的油压 p 的比值为 D^2/d^2（D 为注射活塞直径，d 为螺杆直径）。为满足加工不同塑料对注射压力的要求，一般注塑机都配备三种不同直径的螺杆，在系统压力 p=14 MPa 时，获得注射压力 p_z=40 ~ 150 MPa。

2. 为保证足够的合模力，防止高压注射时模具离缝产生塑料溢边，该注塑机采用了“液压 – 机械”增力合模机构，也可采用增压缸合模装置。

3. 根据塑料注射成型工艺，模具的启闭过程和塑料注射的各阶段速度不一样，而且快慢速度之比可达 50 ~ 100，为此该注塑机采用了双泵供油系统，快速时双泵合流，慢速时泵 2（流量为 48 L/min）供油，泵 1（流量为 194 L/min）卸载，系统功率利用比较合理。有时在多泵分级调速系统中还兼用差动增速或充液增速的方法。

4. 系统所需多级压力由多个并联的远程调压阀控制。如果采用电液比例压力阀来实现多级压力调节，再加上电液比例流量阀调速，不仅减少了元件，降低了压力及速度变换过程中的冲击和噪声，还为实现计算机控制创造了条件。

三、SZ-250 型注塑机液压系统的检查与维护

注塑机液压系统的检查可分日常检查、定期检查、综合检查三个不同阶段进行，这些检查都是保障注塑机液压系统正常工作，延长其工作寿命的重要措施。

1. 日常检查

日常检查是减少注塑机液压系统故障最重要的环节。注塑机正常工作时，每天均应检查。通过检查，可以较早地发现一些异常现象，如外渗漏、压力不稳定、温升较高、声音异常及液压油变色等。同时应对油泵启动前后、运转和停止三种情况进行检查。

2. 定期检查

定期检查可以保证液压系统正常工作，延长其寿命并提高可靠性。

定期检查的内容包括：规定必须做定期维修的基础部件、日常检查中发现的不利现象而又未及时排除者、潜在的故障预兆等。

定期检查通常规定每三个月为一个检查周期。检修的顺序可参照液压传动装置进行，由油泵起，经油箱、冷却器、加热器、滤油器、压力表、压力控制阀、方向控制阀、流量控制阀、油缸（或油马达），直至管件及蓄能器等。具体要求和日常检查一样。

3. 综合检查

综合检查内容比较全面。部件、元件、管件及其他辅助装置等，都要一一拆卸，分解检查，分别鉴定各元件的磨损情况、精度及性能，重新估算寿命。根据拆检和鉴定，进行必要的修理或更换。修理时，要特别注意易损件或容易产生故障的部位（如易渗漏部位的密封圈、节流孔口及滤油器的滤芯等）。

知识链接

注塑机液压系统的故障检修流程

随着使用时间的增长，注塑机在使用过程中液压系统会出现各种各样的故障，这些故障产生的原因有很多。可以根据出现的故障现象，结合注塑机液压系统的工作原理，对故障进行仔细的分析，诊断出引起故障的主要原因。

在通常情况下，注塑机液压系统产生故障前都会出现工作不正常的征兆，可以通过望、闻、问、摸等方法及时发现这些征兆并初步确定故障部位，可以按如下步骤做进一步的诊断和维护工作。

1. 了解注塑机的液压系统

了解液压系统，就是要熟悉有关技术资料、报告，掌握注塑机液压系统的工作原理，掌握各种元器件的基本结构和在系统中的具体功能，并记录液压系统的必要技术数据，如工作速度、压力、流量、循环时间等。

2．询问注塑机的操作人员

注塑机操作人员是发现注塑机液压系统故障的第一人，认真、仔细地询问和记录操作人员的回答，对快速而正确地诊断出故障点有事半功倍的作用。通常可以从如下几方面进行询问：

（1）询问该设备的特性及功能特征。

（2）询问该设备出现故障时的基本现象，如液压泵是否能启动，系统油温是否过高，系统的噪声是否太大，液压缸是否能带动负载等。

3．核实信息

对操作者提出的现象，通过观察仪表读数、工作速度，监听声响，检查油液及执行元件是否有误动作等手段来进一步核实。然后按系统内液流流程从油箱依次沿回路仔细查找，按时记录观察结果。要仔细检查油箱内的油液，确定是否有污垢进入系统，影响系统各元器件的正常工作；用手摸，检查进油管及高压油管有无脯化、软化、泄漏和破损；检查各控制元件的管接头以及壳体的安装螺钉有无松动；最后检查油泵及液压缸的活塞杆。在每步检查中应注意有无操作或保养不当的现象，以发现由此而产生的故障原因。

4．制定维修方案

根据了解、询问、核实、检查所得到的资料列出可能的故障原因表，按“先易后难”的原则，排出检查顺序。先选择那些经简单检查核实或修理即可使设备恢复正常的元器件，以便在最短时间内完成检查工作。

5．排除故障

根据制定的维修方案，找出注塑机产生故障的原因后开始着手排除故障。在寻找和排除故障的过程中，应该认真、仔细、慎重，力求准确，避免盲目地拆卸零部件，或用不妥当的方法处理故障，以免由此而引起新的损坏。除必要时，不得轻易拆卸各液压元器件，因为不必要和过早的拆装会降低这些元器件的使用寿命。

思考与应用

1．阅读液压系统图的步骤是什么？

2．SZ-250 型注射机采用哪种方式来控制系统的多级压力？

3．分析 SZ-250 型注射机慢速合模工作异常的原因。

第二篇　气 动 技 术

模块七

气压传动系统的认知

任务 1　气压传动系统组成的认知

教学目标

- 认识气动系统的组成
- 掌握气动系统各组成部分的作用
- 了解气动设备安全文明生产规程

任务引入

气压传动常简称为气动。如图 7–1–1 所示，数控铣床加工时常用气动平口钳作为夹紧装置，这样可以提高加工效率，减轻工人的劳动强度。气动平口钳是通过气动系统来控制的。

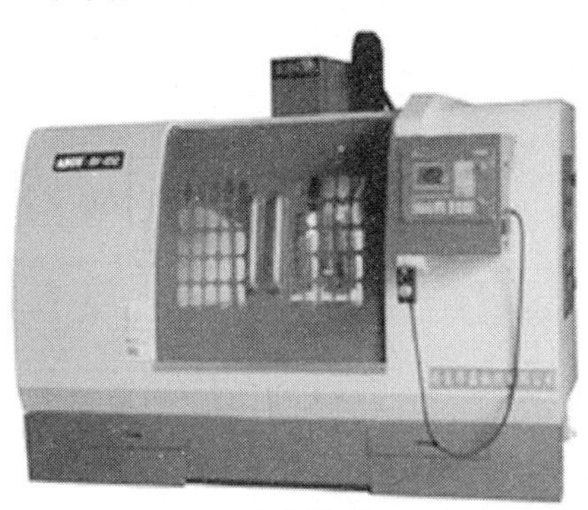

数控铣床

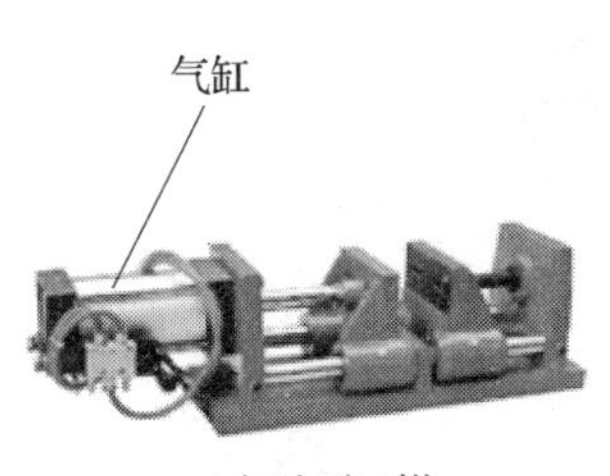

气动平口钳

图 7–1–1　数控铣床气动平口钳

本任务要求通过气动平口钳来认识气动系统的组成及其各组成部分的作用。

任务分析

气动系统与液压传动系统颇为相似，气动平口钳是通过气缸驱动的，气缸活塞杆伸出则平口钳夹紧，气缸活塞杆缩回则平口钳松开。

气缸只是气动系统的一个组成部件，就像液压传动系统中的液压缸一样，除此之外，气动系统还包括哪些组成部分呢？

任务实施

图 7–1–2 所示为气动平口钳的气动系统。气动平口钳的工作过程如下：由气源装置输出压缩空气作为气动系统的工作介质（类似于液压油），在气动系统中提供动力。当按下按钮后，按钮的左端接通回路（见图 7–1–2b），将压缩空气通往末端控制元件（方向控制阀），使方向控制阀的左端接通回路，这时，气缸左端进入空气，活塞杆伸出，平口钳夹紧；当松开按钮后，气动系统给气缸一个反向的动力，使方向控制阀右端接通回路，这时，气缸右端进入空气，活塞杆缩回，平口钳松开。在此过程中，按钮控制的是气缸中气体的流动方向，而动力是由压缩空气作用在气缸上产生的。

综上所述，气动平口钳的气动系统要完成气缸夹紧及松开的动作，必须包括以下几个部

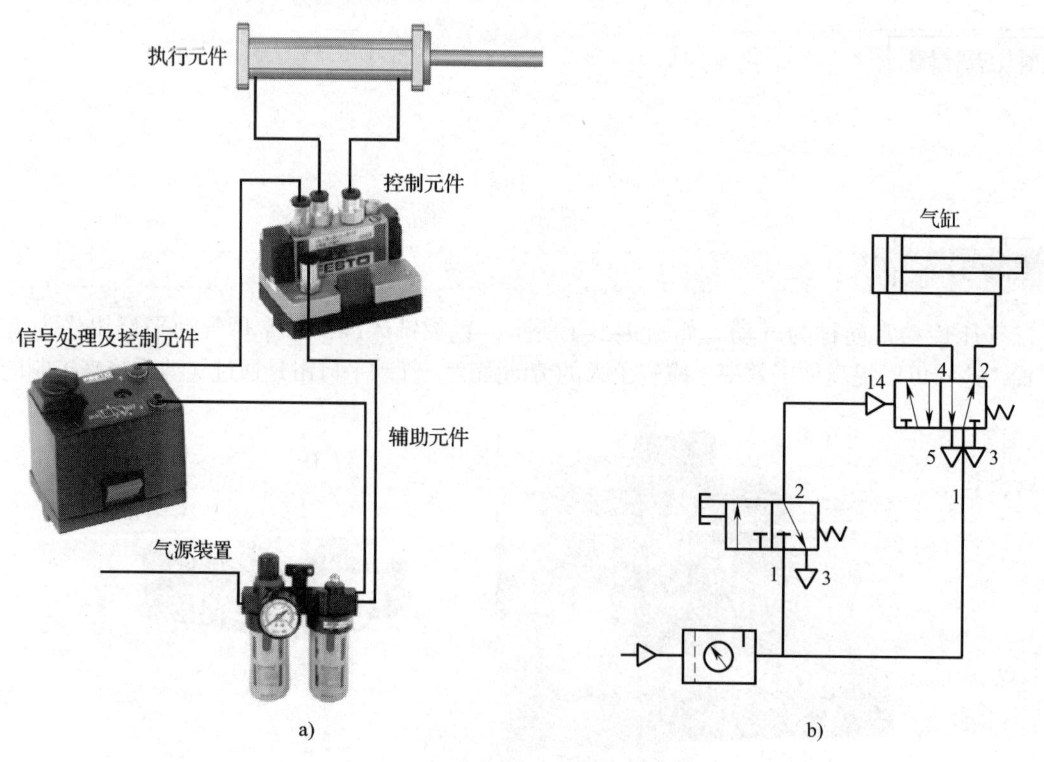

图 7–1–2　气动平口钳的气动系统
a）气动平口钳的组成　b）气动回路图

分：传递整个运动的控制介质（压缩空气），产生机械能的元器件（气缸——气动执行元件）、控制气缸伸出和缩回的元器件（按钮和方向控制阀——气动控制元件）、提供运动介质的元器件等（气源装置）以及它们之间的通路（气管——气动辅助元件）。

由气动平口钳的气动系统组成可以看出，气动系统主要是由气源装置、执行元件、控制元件、辅助元件和压缩空气组成，其各组成部分的常用元件、功能和作用见表 7–1–1。

表 7–1–1　　气动系统各组成部分常用元件、功能和作用

组成部分	常用元件	功能和作用
气源装置	气泵、气站、三联件等	主要是把空气压缩到原来体积的 1/7 左右形成压缩空气，并对压缩空气进行处理，最终可以向系统供应干净、干燥的压缩空气
执行元件	气缸、摆动缸、气马达等	利用压缩空气实现不同的动作，来驱动不同的机械装置。可以实现往复直线运动、旋转运动及摆动等
控制元件	换向阀、顺序阀、压力控制阀、调速阀等	气动控制元件有主控元件及信号处理及控制元件组成，其中主控元件主要控制执行元件的运动方向；信号处理及控制元件主要控制执行元件的运动速度、时间、顺序、行程及系统压力等
辅助元件	气管、过滤器、油雾器、消音器等	连接元件或对系统进行过滤、冷却、消音等
压缩空气	空气	工作介质

知识链接

气动系统安全文明生产规程

气动工具或设备使用的动力源为压缩空气，使用前需了解相关安全规范，疏忽或不正确使用，可能导致人身伤害或财产损失。

1. 使用气动工具或设备时请勿超过最大操作压力，经常使气动工具在超过操作压力的环境下工作将大大降低工具或设备的使用寿命。

2. 更换配件时应先将气动工具或设备从气源处拆除。

3. 操作时尽可能戴上护目镜、耳塞、口罩以维护自身安全。

4. 操作时勿穿着宽松的衣物、围巾、领带或首饰，以免被移动或转动的零件卷入而造成危险。

5. 使用前，检查空压管是否有较脆弱或破损之处，若发现上述状况，应立即更新以维护安全。

6. 如设备需润滑的，按设备润滑图表规定注油，检查油标油量，油路是否畅通，保持润滑系统清洁。

7. 开动前，必须检查气动元件、气管连接是否紧固，气缸传动装置是否松动，检查有无漏气、安全防护是否齐全。

8. 工作结束时，必须关闭气源方可离开。

9. 设备在使用过程若有异常声响，应立即停机，并请维修人员检修至正常后方可使用。

思考与应用

想一想在现实生活中有哪些气动技术的应用，它们各有什么特点？

任务2　气源及其调节装置的认知

教学目标

- 掌握气源装置的组成及各部分的作用
- 掌握空气压缩机的工作原理
- 掌握气源调节装置的组成及各部分的作用、图形符号
- 了解气动技术的特点

任务引入

气动系统中动力是依靠系统中的压缩空气来传递的，而产生压缩空气由气动系统中的气源装置完成。那么，什么是气源装置，气源装置又是如何产生出系统工作所需的压缩空气的呢？

任务分析

气动系统工作时，压缩空气作为工作介质起着传动能量的作用。同时，压缩空气还是气动系统能量的提供者。压缩空气的压力、压缩空气中的水分和固体颗粒杂质等都会影响气动系统的正常工作，这就需要对空气进行压缩、净化。向各个设备提供干净、干燥的压缩空气的装置称为压缩空气站或气源装置。要了解气源装置是如何提供洁净、干燥的压缩空气的，就需要学习气源装置的组成及工作原理。

相关知识

一、气源装置

1. 气源装置的组成

气源装置为气动系统提供满足一定质量要求的压缩空气，它是气动系统的一个重要组成部分，气动系统对压缩空气的要求主要有：具有一定压力和流量，并具有一定的净化程度。

气源装置一般由以下四个部分组成：

（1）气压发生装置；

（2）净化、存贮压缩空气的装置和设备；

（3）传输压缩空气的管道系统；

（4）气动三大件（过滤器、减压阀和油雾器）。

往往将（1）（2）部分设备布置在压缩空气站内，作为工厂或车间统一的气源，如图 7–2–1 所示。空气压缩机 1 用以产生压缩空气，一般由电动机带动。其吸气口装有空气过滤器，以减少进入空气压缩机内气体的杂质。冷却器 2 用以冷却压缩空气，使汽化的水、油凝结出来。油水分离器 3 用以分离并排除冷却凝结的水滴、油滴、杂质等。储气罐 4 和 7 用以储存压缩空气，稳定压缩空气的压力，并除去部分油分和水分。空气干燥器 5 用以进一步吸收和排除压缩空气中的水分和油分，使之变成干燥空气。过滤器 6 用以进一步过滤压缩空气中的灰尘、杂质。储气罐 4 输出的压缩空气可用于一般要求的气压传动系统，储气罐 7 输出的压缩空气可用于要求较高的气动系统（如气动仪表及射流元件组成的控制回路等）。气源装置主要组成部分的职能符号、功能和作用见表 7–2–1。

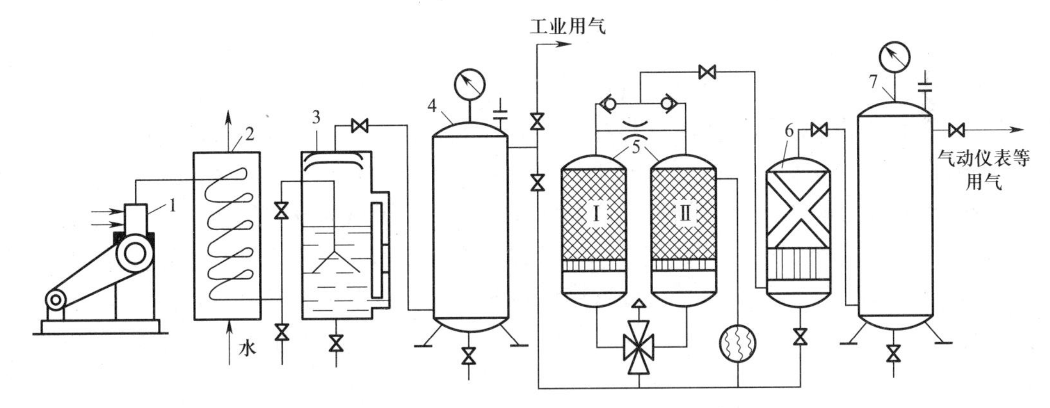

图 7–2–1　气源装置组成及工作流程示意图

1– 空气压缩机　2– 冷却器　3– 油水分离器　4、7– 储气罐　5– 空气干燥器　6– 过滤器

表 7–2–1　　气源装置主要组成部分的职能符号、功能和作用

组成部分	职能符号	功能和作用
气泵 （空气压缩机）		对空气进行压缩形成压缩空气
冷却器		将空气压缩机出口的压缩空气冷却至 40 ℃以下，使其中的大部分的水汽和变质油雾冷凝成液态水滴和油滴
油水分离器	（手动） （自动）	将经后冷却器降温析出的水滴、油滴等杂质从压缩空气中分离出来

续表

组成部分	职能符号	功能和作用
储气罐		储存压缩空气，消除压力脉动，以保证供气的连续性、稳定性
过滤器		清除压缩空气中的油污和粉尘，以提高下游干燥器的工作效率
干燥器		去除压缩空气中的水、油和灰尘

2. 空气压缩机

（1）工作原理

空气压缩机简称空压机，是将空气压缩成压缩空气，是将电动机传出的机械能转化成压缩空气的压力能的装置。其工作原理与容积式液压泵的工作原理相同。如图 7–2–2 所示，当活塞 3 向右运动时，左腔压力低于大气压力，吸气阀 9 被打开，空气在大气压力作用下进入气缸 2 内，这个过程称为吸气过程。当活塞向左移动时，吸气阀 9 在缸内压缩气体的作用下关闭，缸内气体被压缩，这个过程称为压缩过程。当气缸内空气压力增高到略高于输气管内压力后，排气阀 1 被打开，压缩空气进入输气管道，这个过程称为排气过程。

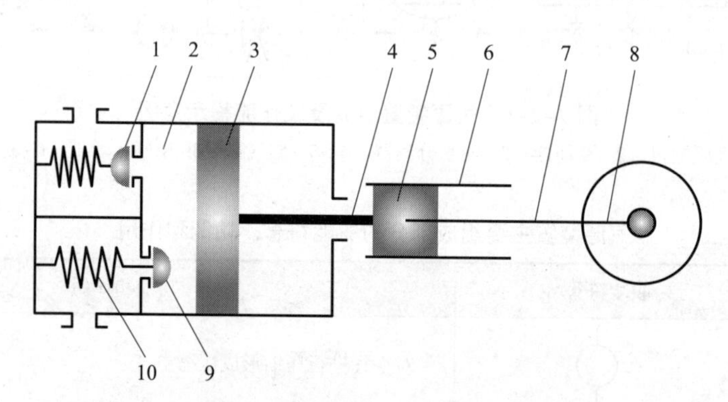

图 7–2–2　往复活塞式空气压缩机工作原理

1– 排气阀　2– 气缸　3– 活塞　4– 活塞杆　5– 十字头　6– 滑道

7– 连杆　8– 曲柄　9– 吸气阀　10– 弹簧

（2）空气压缩机的分类和选用

空气压缩机的分类见表 7–2–2。通过缩小气体的体积来提高气体的压力的方法称为容积型。通过提高气体的速度来提高气体压力的方法称为速度型。常用的空气压缩机以容积型活塞式的居多。

选用空气压缩机的依据是气动系统所需的工作压力、流量和一些特殊的工作要求。目前，气动系统常用的工作压力为 0.1 ~ 0.8 MPa，可直接选用额定压力为 1 MPa 的低压空气压缩机，特殊需要也可选用中、高压的空气压缩机。如图 7–2–3 所示为常用的空气压缩机。

表 7–2–2　　空气压缩机的分类

<table>
<tr><th>分类方法</th><th>类型</th><th>分类方法</th><th colspan="3">类型</th></tr>
<tr><td rowspan="6">按压力高低分</td><td rowspan="2">低压型
（0.2 ~ 1.0 MPa）</td><td rowspan="6">按工作原理分</td><td rowspan="4">容积型</td><td rowspan="2">往复式</td><td>活塞式</td></tr>
<tr><td>膜片式</td></tr>
<tr><td rowspan="2">中压型
（1.0 ~ 10 MPa）</td><td rowspan="2">旋转式</td><td>滑片式</td></tr>
<tr><td>螺杆式</td></tr>
<tr><td rowspan="2">高压型
（>10 MPa）</td><td rowspan="2">速度型</td><td colspan="2">离心式</td></tr>
<tr><td colspan="2">轴流式</td></tr>
</table>

a)

b)

图 7–2–3　常用的空气压缩机

a）活塞式　b）螺杆式

3．气源调节装置

在实际应用中，从气源装置输出的压缩空气常常不能完全满足气动元件对气源质量的要求，而需要在压缩空气进入气动系统前安装气源调节装置。

（1）气源调节装置的组成

气源调节装置由过滤器、减压阀和油雾器三部分组成，常被称为三大件，如图 7–2–4 所示。三大件依次无管化连接而成的组件称为三联件，是多数气动设备中必不可少的气源装置。

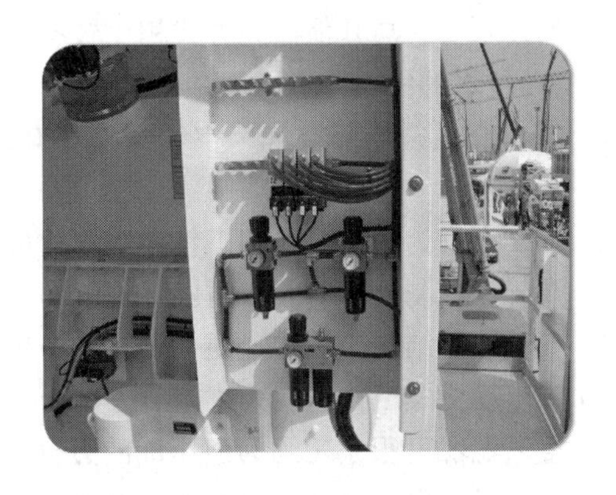

图 7–2–4　气源调节装置实物图

过滤器用于从压缩空气中进一步除去水分和固体杂质等；减压阀用于将进气压力调节至系统所需的压力，起到降压、稳压的作用；有些应用场合要求压缩空气能对气动元件进行润滑，用于完成这个功能的控制元件即为油雾器。油雾器可以使油滴雾化，随压缩空气一起进入气动系统中，进而对气动元件进行润滑。但由于一般气动系统的空气都是直接排入大气中，含有一定油量的空气对人体是有伤害的，特别是一些特殊行业中不允许压缩空气中含有润滑油，随着科学技术的进步，一些新技术新工艺的应用，现在一些气动元件已不需要在压缩空气中用润滑油润滑，因此气源调节装置只有过滤器和减压阀组成，被称为二联件。

（2）气源调节装置图形符号

图 7–2–5 所示为三联件和二联件的图形符号。

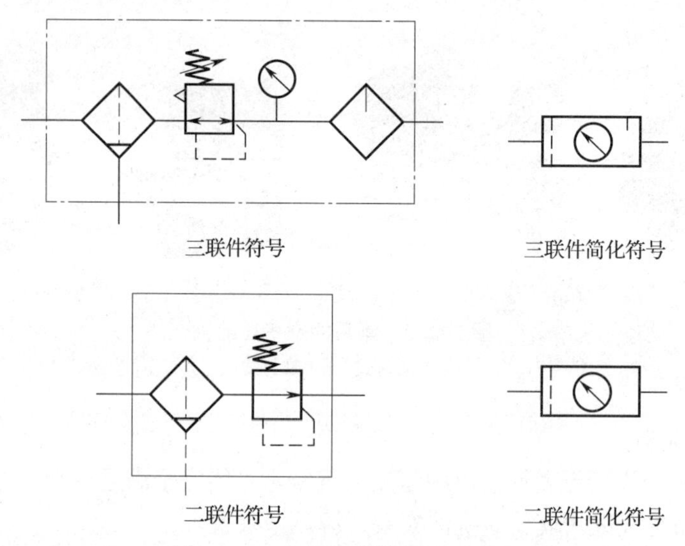

图 7–2–5　气源调节装置图形符号

二、气动技术的特点

气压传动与控制技术简称气动技术，它是以空气为工作介质，进行能量传递或信号传递、控制的技术。它与其他控制方式相比较有以下一些特点。

1. 气动技术的优点

（1）工作介质是压缩空气，空气到处都有，用量不受限制，排气处理简单，不污染环境。

（2）压缩空气为快速流动的工作介质，故可获得较高的工作速度。

（3）全气动控制具有防火、防爆、耐潮的特性。

（4）气动装置结构简单、轻便，安装维护较容易。

（5）输出动力及工作速度大小调节方便。

（6）空气的黏度很小（约为液压油的万分之一），所以流动阻力小，在管道中流动的压力损失较小，可实现集中供气和远距离输送。

2. 气动技术的缺点

（1）空气具有可压缩性，不易实现准确定位和速度控制。

（2）气缸输出的动力能满足许多应用场合，但其可输出的最大动力较小（一般小于 30 kN）。

（3）气动装置中的信号传递速度比光、电控制速度慢，所以不宜用于信号传递速度要求十分高的复杂线路中。同时实现生产过程的遥控也比较困难。

知识链接

空气压缩机的日常维护及保养

1. 储气罐的放水阀应每日打开一次，以排出油和水。在湿气较重的地方，应每四小时打开一次。

2. 润滑油位应每天检查一次，以确保空气压缩机正常运行。

3. 过滤器应 15 天清理或更换一次。

4. 不定期地检查各部位螺钉的松紧程度。

5. 润滑油最初运转 50 h 或一周后应换新油，以后每 300 h 换新油一次（使用环境较差者应 150 h 换一次油），每运转 36 h 加油一次。

6. 使用 500 h（或半年）后应将气阀拆出清洗。

7. 每年应将机器各部件清洗一次。

8. 应定期检查空气压缩机的压力释放装置、停车保护装置、压力表及安全阀，确保空气压缩机处于正常工作状态。

9. 应定期检查受高温的元器件，如气缸盖、排气管道等，清除附着在元器件内壁上的油垢和积碳。

思考与应用

1. 空气压缩机使用时应当注意哪些问题？如何正确选用空气压缩机？

2. 在气动系统运行过程中，如回路工作压力不稳，并逐渐下降，应如何排除系统的压力故障？

3. 用符号表示气源装置的连接示意图，并说明各部分在气源装置中的作用。

模块八

单缸控制回路的设计

任务1　送料装置控制回路的设计

教学目标

- 了解方向控制阀的结构及工作原理
- 掌握方向控制阀的职能符号及表示方法
- 能根据动作要求设计出送料装置的控制回路
- 掌握气路回路的分析及连接方法

任务引入

图 8-1-1 所示为送料装置的工作示意图。该装置的工作要求为：当工件加工完成后，按下按钮，送料气缸伸出，把未加工的工件送至加工位置；松开按扭，气缸收回，以待把下一个未加工工件送到加工位置。试根据上述要求，设计送料装置的气动控制回路。

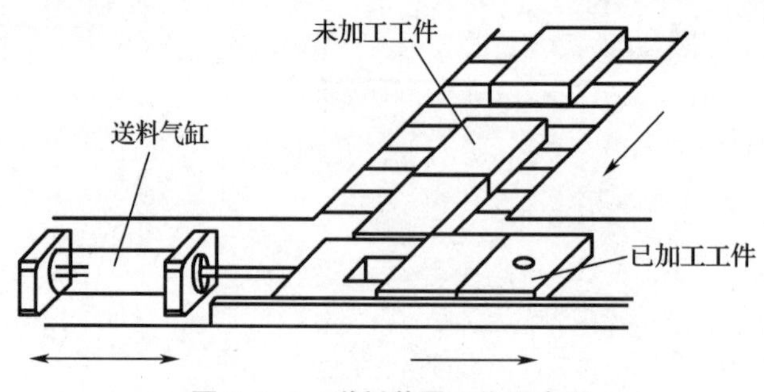

图 8-1-1　送料装置工作示意图

任务分析

从送料装置的工作要求可以看出，其气动控制回路比较简单，主要是应用方向控制阀对气缸实行简单的方向控制。因而要完成送料装置的控制回路设计必须对方向控制阀的控制方法、职能符号等有全面的了解。

相关知识

一、方向控制阀

图 8–1–2 所示为常见的方向控制阀。方向控制阀用以控制压缩空气所流过的路径，控制气流的通、断或流动方向，它是气动系统中应用最多的一种控制元件。

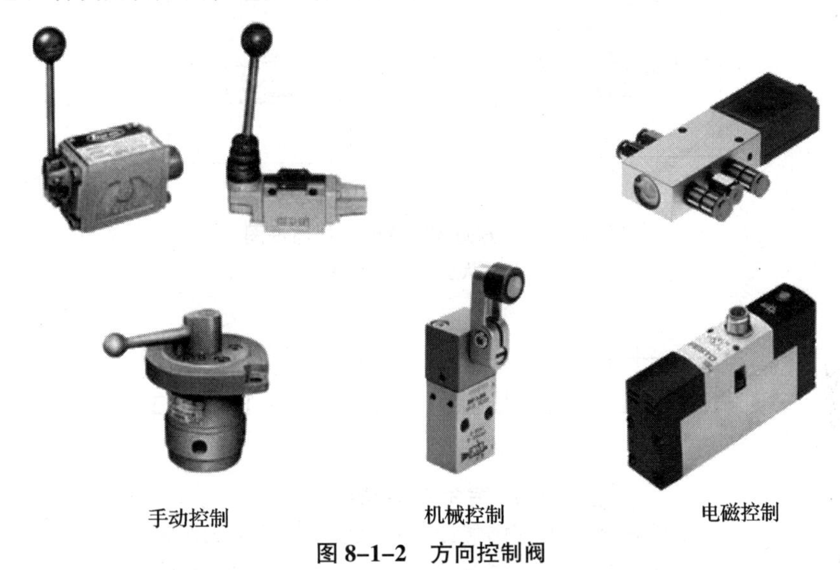

手动控制　　机械控制　　电磁控制

图 8–1–2　方向控制阀

二、方向控制阀的工作原理

图 8–1–3 所示为方向控制阀的工作原理图，它有进气口、工作口和排气口。初始状态如图 8–1–3a 所示，阀芯把进气口与工作口之间的通道关闭，两口不相通，而工作口与排气口相通，压缩空气可以通过排气口排入大气中。如图 8–1–3b 所示，当按下阀芯，方向控制阀进入工作状态，这时进气口与工作口相通，压缩空气通过进气口进入，从工作口输出，而排气口关闭。

三、方向控制阀的职能符号

1. 方向控制阀的表示方法

方向控制阀可以用其控制的接口数目来表示，每一个位置对应一个单独的方块。图 8–1–4 所示为方向控制阀的表示方法，其中图 8–1–4a 所示的阀有两个位置，也就是二位阀，在一个位置上有两个接口数目，称为二通，该方向控制阀就称为二位二通阀，也可写作 2/2 阀（其中分母表示阀芯位置数，分子表示每个位置上的接口数）。方块外面的短线表示阀芯的初始位置，在初始位置上压缩空气气流路径是切断的，不能流通，像这样在初始位置流通路径被断开的阀称为常断型；反之，如图 8-1-4b 所示，在初始位置流通路径接通的阀称为常通型二位二通方向控制阀。同理，图 8-1-4c 所示为常断型二位三通（3/2 阀）方向控制阀，图 8-1-4d 所示为常通型二位三通方向控制阀。

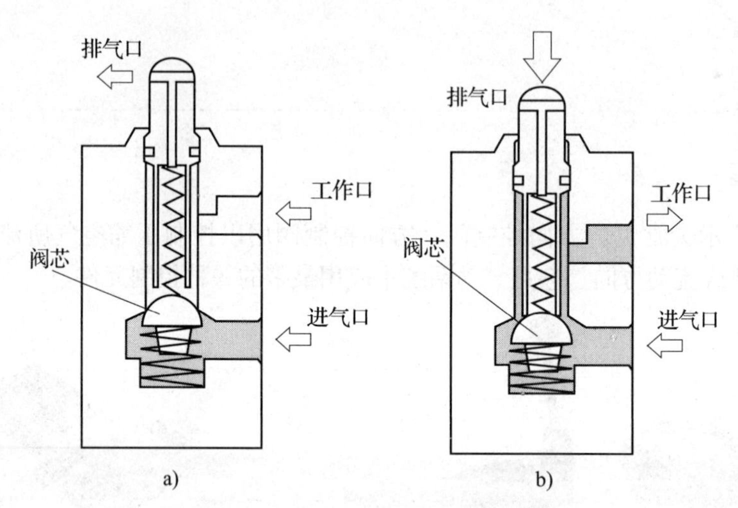

图 8-1-3 方向控制阀的工作原理图

a）初始状态 b）工作状态

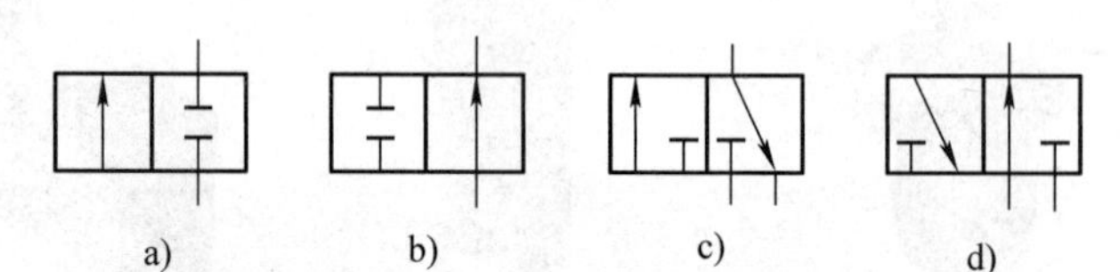

图 8-1-4 方向控制阀的表示方法

a）常断型二位二通方向控制阀 b）常通型二位二通方向控制阀
c）常断型二位三通方向控制阀 d）常通型二位三通方向控制阀

2．阀门的控制方式

当使用方向控制阀时，用什么方式对阀进行控制，如何复位，这也是选择阀的一个重要依据。阀门的控制方式一般画在阀符号的两侧，有的阀还可能有附加操作方式，具体见表 8-1-1。

3．方向控制阀接口的表示方法

为了说明在实际系统中阀门的位置并保证线路连接的正确性，明确控制回路和所用元件的关系，规定了阀的接口及控制接口用一定的方法表示。现在常用的表示方法有数字符号和字母符号两种，见表 8-1-2。

图 8-1-5 所示为方向控制阀接口表示方法的具体示例。在用字母符号表示时，一般用 Y 表示左边控制口，而 Z 表示右边控制口。在实际应用中一般多以数字符号表示。有了这些符号，在分析、连接系统回路时就比较方便，不易出差错。

表 8-1-1　　　　阀门的控制方式

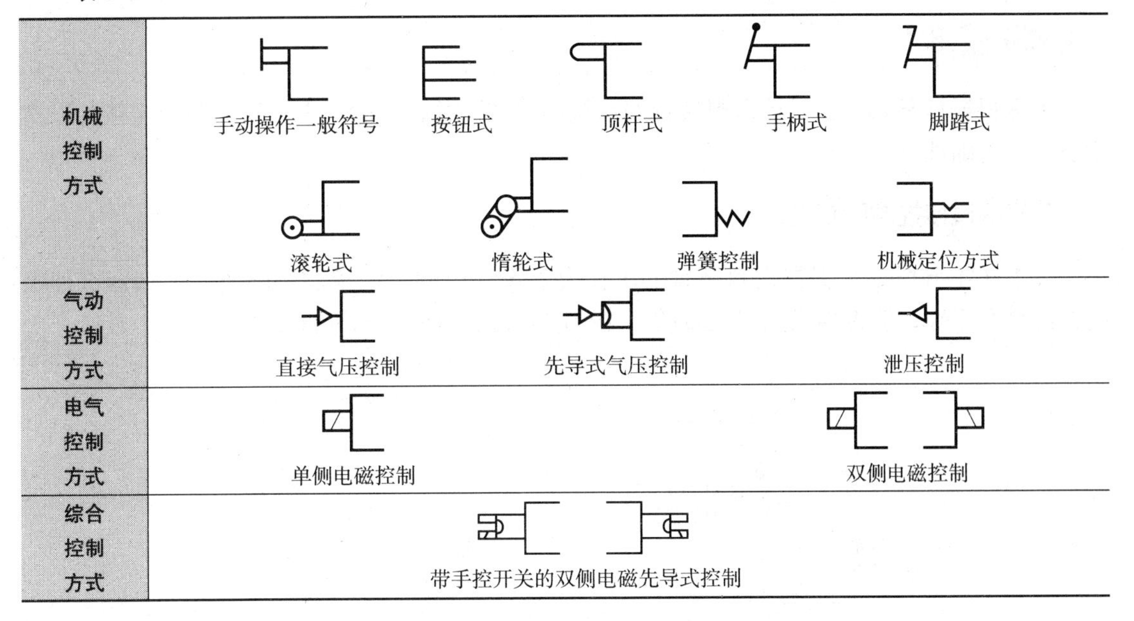

控制方式	符号
机械控制方式	手动操作一般符号、按钮式、顶杆式、手柄式、脚踏式、滚轮式、惰轮式、弹簧控制、机械定位方式
气动控制方式	直接气压控制、先导式气压控制、泄压控制
电气控制方式	单侧电磁控制、双侧电磁控制
综合控制方式	带手控开关的双侧电磁先导式控制

表 8-1-2　　　　方向控制阀接口的表示方法

接口	字母表示方法	数字表示方法
压缩空气输入口	*P*	1
排气口	*R*、*S*	3、5
压缩空气输出口	*A*、*B*	2、4
使 1→2、1→4 导通的控制接口	*Z*、*Y*	12、14
使阀门关闭的接口	*Z*、*Y*	10
辅助控制管路	*Pz*	81、91

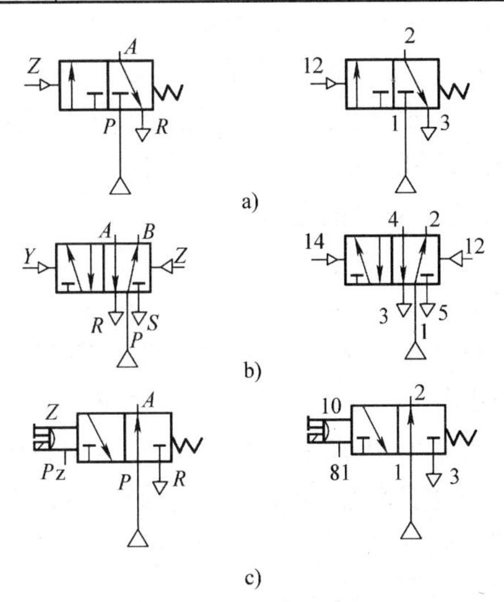

图 8-1-5　方向控制阀接口的表示方法

a）3/2 单气控制阀字母及数字表示方法　b）5/2 双气控制阀字母及数字表示方法
c）3/2 电磁先导式控制阀字母及数字表示方法

任务实施

下面根据任务要求，设计送料装置的系统回路图，并在实验台上完成回路的连接，以检验设计的正确性。

一、气缸的直接控制回路设计

如图 8–1–6 所示是根据送料装置的工作要求设计出的系统控制回路图。那么，这种控制方法是否正确，能否满足送料装置的工作要求，还要对回路图进行分析。

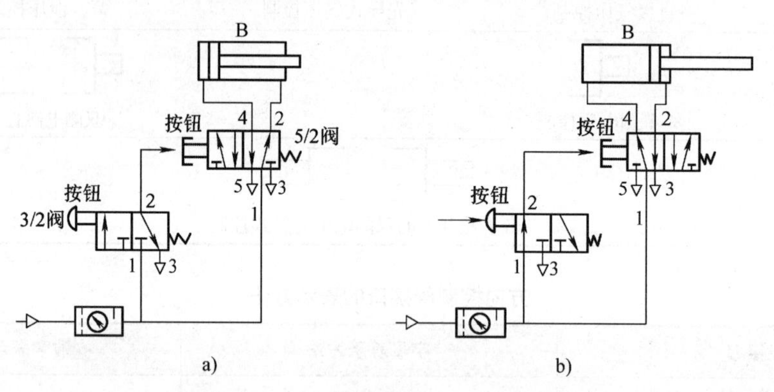

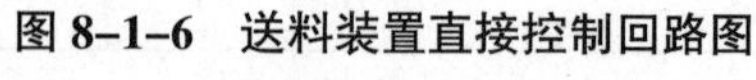
图 8–1–6　送料装置直接控制回路图

a）右位接入　b）左位接入

如图 8–1–6a 所示，在初始位置时，在弹簧力的作用下，5/2 阀的右位接入系统，压缩空气经阀的进气口 1 到达工作口 2，进入气缸的右腔，活塞收回，气缸在初始位置；当按下按钮，如图 8–1–6b 所示，5/2 阀左位接入系统，压缩空气从阀的进气口 1 到达工作口 4，压缩空气进入气缸的左腔，使活塞杆伸出，气缸伸出将工件送到加工位置；当释放按钮，在弹簧力的作用下，5/2 阀右位接入系统，使活塞杆收回，气缸回到初始位置。

通过分析可以看出，图 8–1–6 所示的控制方法可以满足送料装置的工作要求，像这种由一个阀直接控制气缸动作的控制方法称为直接控制法，一般用于驱动气缸所需的气流较小，控制阀的尺寸及所需操作力也较小的场合。

二、气缸的间接控制回路设计

如图 8–1–7 所示的控制回路也能满足送料装置的工作要求。在初始位置，5/2 阀右位接入系统，压缩空气经阀的进气口 1 到达工作口 2，进入气缸的右腔，活塞收回，气缸在初始位置；当按下按钮，如图 8–1–7b 所示，压缩空气经 3/2 阀的左位作用在 5/2 阀上，使 5/2 阀左位接入系统，压缩空气进入气缸的左腔，使活塞杆伸出，气缸伸出将工件送到加工位置；当释放按钮，在弹簧力的作用下，5/2 阀的右位接入系统，使活塞杆又回到初始位置。

如图 8–1–7 所示的控制方法称为间接控制法。间接控制法一般用一个较小的控制元件（3/2 阀）作为操作控制元件，而利用压缩空气来克服口径大、流量大的主控元件（5/2）的开启阻力，一般用于控制高速或大口径的气缸。这种控制方法可以用一个较小的操作力得到较大的开启力，容易实现远程控制。

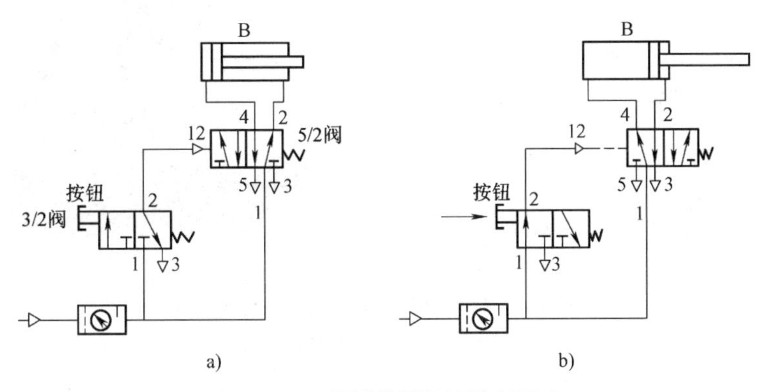

图 8–1–7　送料装置间接控制回路

a）初始位置　b）按下气动按钮后

注意

在气动控制中，一般要求一个执行元件对应一个方向控制阀来控制其运动方向，这个方向控制阀称为主控阀或末级控制元件。

三、回路连接

1．根据图 8–1–6、图 8–1–7 所示的回路图，找出所需的气动元件。

2．在操作实验台上完成两种控制方法的连接并加以检验。

以图 8–1–8 所示送料装置间接控制回路的连接为例。首先找出相关的元器件放在操作台上合理分布，如图 8–1–8a 所示。根据图 8–1–8b 所示的管子连接方法，完成间接回路的连接，连接完成的回路如图 8–1–8c 所示。管子的拆卸方法如图 8–1–8d 所示，先将管接头上的卡口轻轻按下，然后拔出连接的管子。

3．试分析，如果将按钮按下一个极短暂的时间，然后立即释放，气缸会发生什么情况？

在连接气动回路时，都是用这种即插即用的方法把各个元器件连接起来的，只要按照气动回路的顺序连接即可。所以，在后面的任务中，不再叙述回路的连接方法，请读者参考本任务的方法，自行连接。

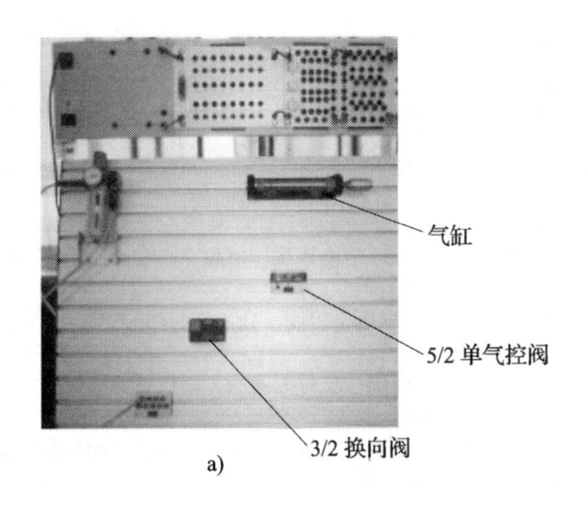

a)

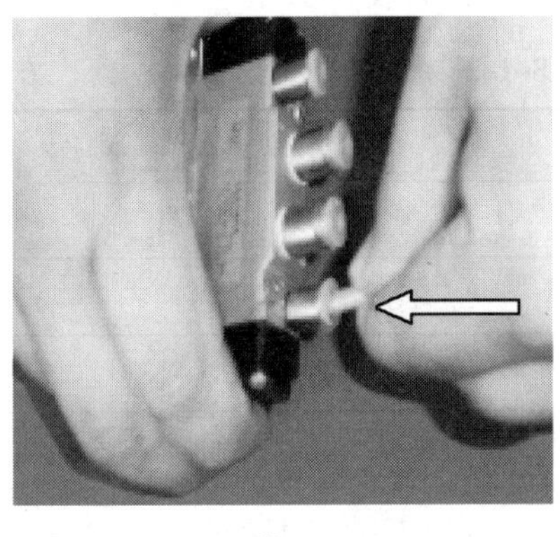

b)

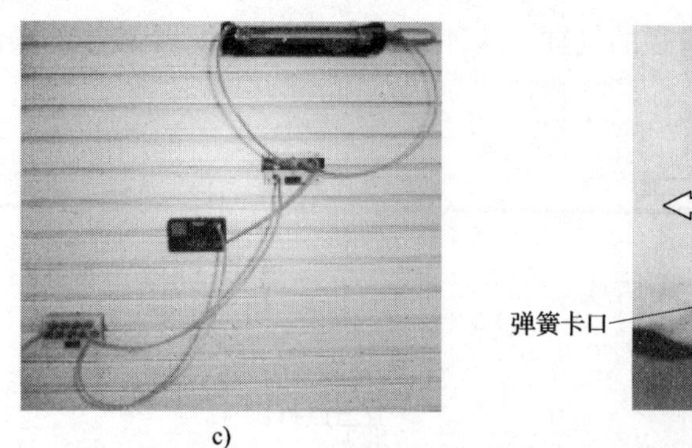

c)

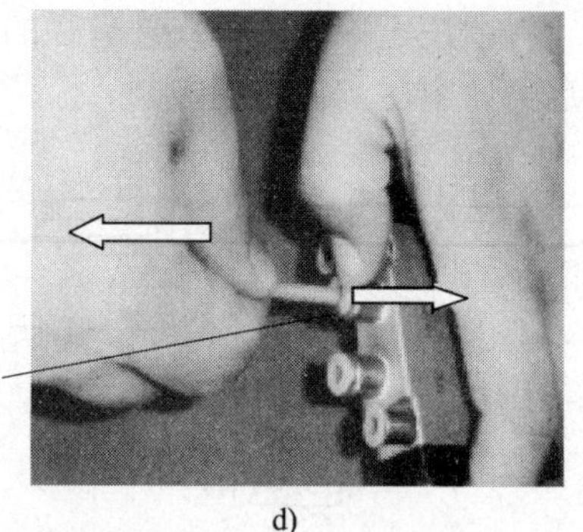

d)

图 8–1–8　间接控制回路的连接方法

a）放置元器件　b）管子的连接方法　c）连接完的回路　d）管子的拆卸方法

评分标准

学号：　　　　　　　　　　　　　　姓名：　　　　　　　　　　　　　　总得分：

序号	评分标准	配分	得分	备注
1	元器件的选择正解、合理	15		
2	系统布局合理	15		
3	管子连接正确、可靠	40		
4	安全、文明操作	30		

知识链接

一、方向控制阀的分类

方向控制阀的品种规格较多，了解其分类就比较容易掌握它们的特征，以便于选用。根据方向控制阀的功能、控制方式、结构形式、阀内气流的方向及密封形式等，可对方向控制阀进行分类，见表 8–1–3。

表 8–1–3　　　　方向控制阀的分类

分类方式	类别
按阀内气体的流动方向	单向阀、换向阀
按阀芯的结构形式	截止阀、滑阀
按阀的密封形式	硬质密封阀、软质密封阀
按阀的工作位数及通路数	二位三通阀、二位五通阀、三位五通阀等
按阀的控制方式	气压控制阀、电磁控制阀、机械控制阀、手动控制阀等

二、手动控制换向阀的工作原理

手动控制换向阀是以人力为动力切换气阀，使气路换向或通断的阀。如图 8-1-9 所示为 3/2 机械式换向阀，下面以它为例，介绍手动控制阀的工作原理。

如图 8-1-9a 所示，当在常态时，即顶杆没有受到力的作用，阀芯在弹簧的作用下处于左端位置，使阀口 1 与 2 相通，工作口 2 有压缩空气输出。当顶杆受到力的作用时，如图 8-1-9b 所示，阀芯克服弹簧力右移，使阀口 1 与 2 断开，而阀口 2 与 3 接通，压缩空气经阀口 3 排入大气。

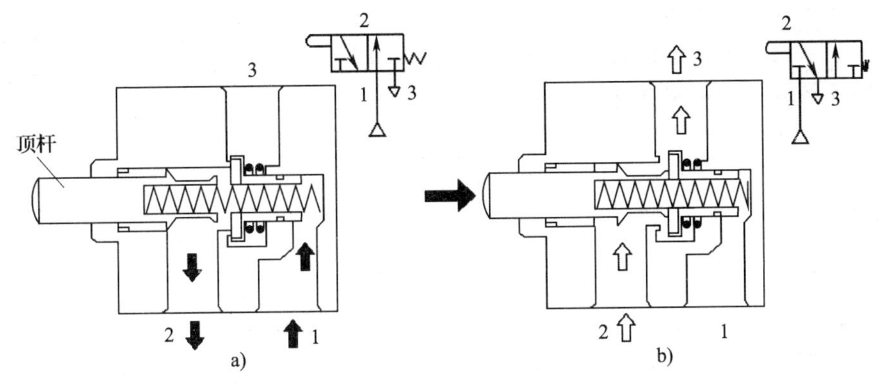

图 8-1-9 机械式 3/2 换向阀的工作原理

a）常态 b）工作态

三、气动控制换向阀的工作原理

气动控制换向阀是以压缩空气为动力推动阀芯，使气路换向或通断的阀。图 8-1-10 所示为单气控 3/2 换向阀的工作原理。当在常态时，即气控接口 12 没有压缩空气进入时，阀芯在弹簧的作用下处于右端位置，如图 8-1-10a 所示，使阀口 2 与 3 相通，阀口 3 排气。当气控接口 12 有压缩空气进入时，如图 8-1-10b 所示，在压缩空气的作用下，阀芯克服弹簧力左移，使阀口 2 与 3 断开，使进气口 1 与工作口 2 接通，阀口 2 有压缩气体输出。

气动控制换向阀结构简单、紧凑、密封可靠，多用于组成全气阀控制的气动传动系统，或易燃、易爆以及需要高净化的场合等。

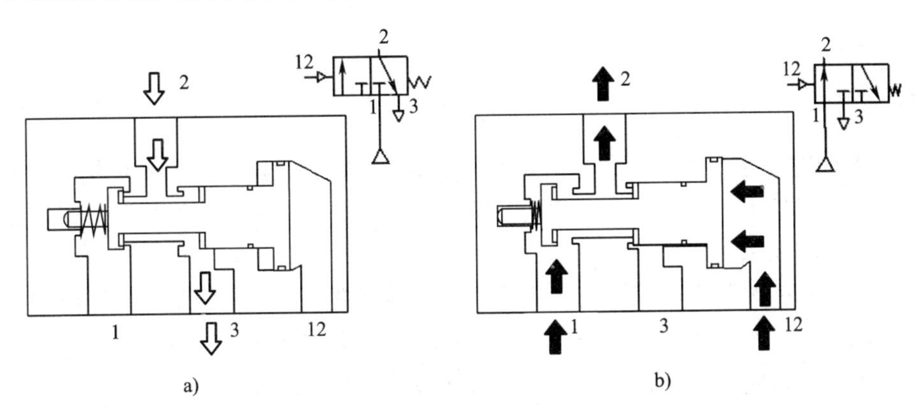

图 8-1-10 单气控 3/2 换向阀的工作原理

a）常态 b）工作态

任务 2　分料装置控制回路的设计

教学目标

- 掌握双气控、双电控换向阀的工作原理及工作特性
- 了解常用低压控制电器的功能及性能
- 掌握设计气动回路的一般方法
- 掌握电－气控制回路的设计方法
- 掌握回路编号的基本方法

任务引入

如图 8–2–1 所示为分料装置的工作示意图，它的工作要求为：当按下启动按钮后，气缸往复移动，把储料器中的工件分别分配到出口 A 和出口 B，直至松开按钮，气缸回到初始位置。本任务要求设计该分料装置的控制回路。

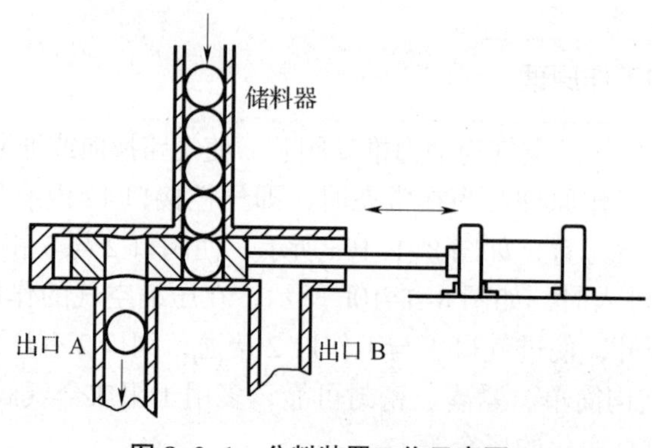

图 8–2–1　分料装置工作示意图

任务分析

要设计出如图 8–2–1 所示分料装置的控制回路，必须掌握气动控制回路的一般设计方法以及一些相关元件（如双气控阀）的工作原理和使用方法，这样才能更好地利用好各个元件，设计出合理的控制回路。

气动控制回路的控制方法除了纯气动控制外，还有电－气综合控制，所以要完成分料装置的控制回路设计，还必须掌握一些低压电器的控制方法和元器件（如电磁换向阀、按钮、行程开关等）的结构原理，以及电－气综合控制的设计方法。

相关知识

一、双气控阀的记忆特性

双气控阀具有“记忆”特性，如图 8-2-2a 所示，当控制口 12 有压缩空气输入，口 1 与口 2 相连，使口 2 有压缩空气输出，此后，控制口 12 的压缩空气断开后，如图 8-2-2b 所示，它仍保持口 2 有压缩空气输出，也就是当前的位置被“记忆”了下来，直到控制口 14 有压缩空气输入，位置才发生变化，如图 8-2-2c 所示。图 8-2-2d 所示为双气控阀的实物图及职能符号。

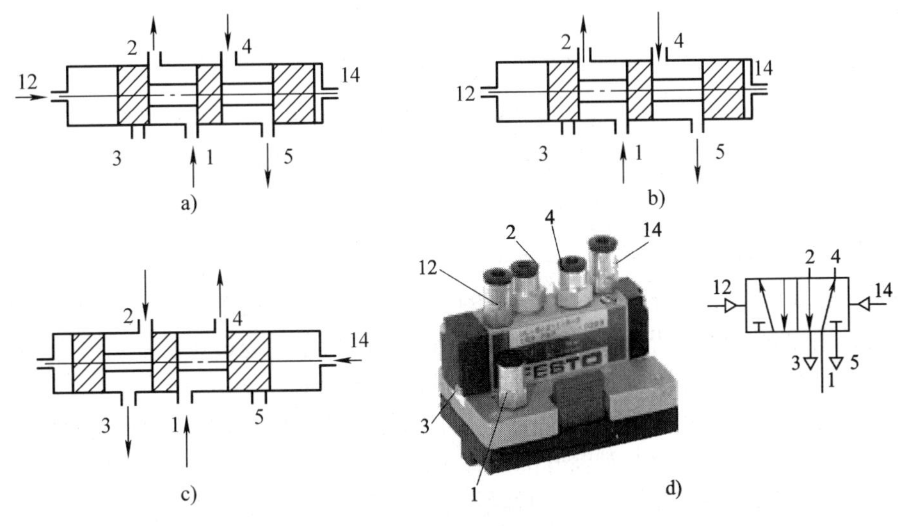

图 8-2-2 双气控阀

在任务引入中，分料装置的气缸需要记住出口 A 和出口 B 的位置，并且在控制信号断开后，还需要在 A、B 位置保持一段时间以确保工件顺利落下，这时选用双气控阀比较符合要求。

二、电磁换向阀的工作原理

由电磁铁的动铁芯直接推动阀芯换向的气阀称为直动式电磁换向阀。

如图 8-2-3 所示是双电控直动式 5/2 电磁换向阀。当电磁铁 YA1 通电，YA2 断电时，如图 8-2-3a 所示，阀芯被推到右边，即左位接通，压缩空气从阀口 1 进入，阀口 2 有压缩空气输出；当电磁铁 YA2 通电时，如图 8-2-3b 所示，阀芯被推到左边，即右位接通，压缩空气从阀口 1 进入，阀口 4 有压缩空气输出。若这时电磁铁 YA2 也断电，则阀芯不动作，压缩空气的通路保持原位不变。

注意

电磁铁线圈的符号标记用 YA（或 Y）加数字标号表示，双电控电磁换向阀的两边线圈绝不能同时通电。

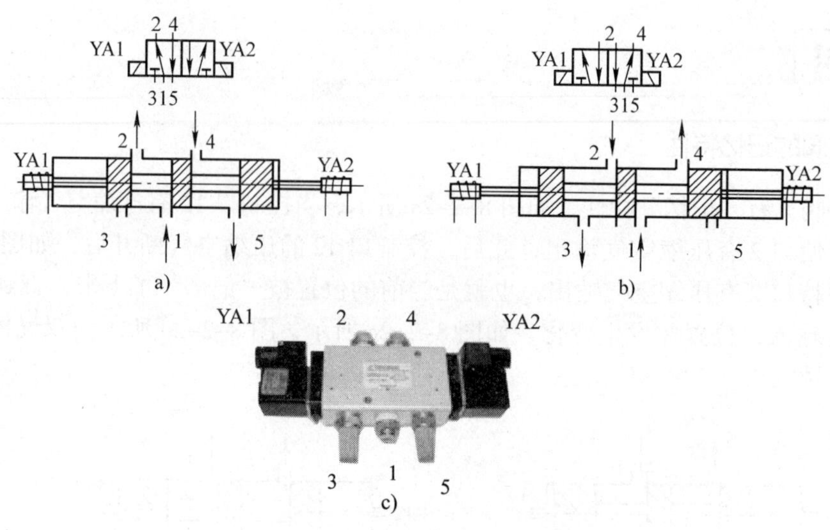

图 8-2-3　直动式 5/2 电磁换向阀

a）左位接通　b）右位接通　c）实物图

三、按钮

按钮是一种短时接通或分断小电流电路的控制电器，结构简单，应用广泛。一般情况下它不直接操纵用电设备的通断，而是在控制电路中发出指令，通过接触器、继电器等电器去控制用电设备。按钮的外形结构及图形符号如图 8-2-4 所示。

按钮按触点结构不同可分为常开按钮、常闭按钮和复合按钮，其图形符号如图 8-2-4b 所示。常开按钮未按下时，触点是断开的，按下时触点闭合，松开后按钮自动复位断开；常闭按钮未按下时，触点是闭合的，按下时触点断开，松开后按钮自动复位闭合；复合按钮将常开和常闭按钮组合为一体，但两对触点的变化有先后次序，按下复合按钮时，其常闭触点先断开，然后常开触点再闭合，松开时常开触点先复位，然后常闭触点再复位。常开按钮一般用作启动按钮，而常闭按钮常用作停止按钮。

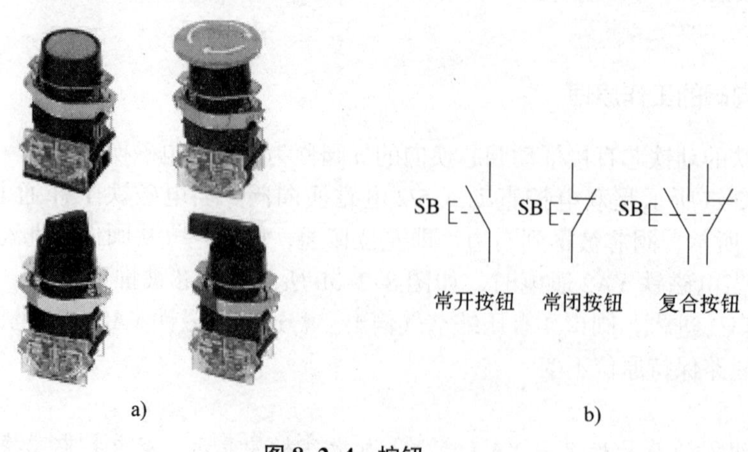

图 8-2-4　按钮

a）实物图　b）图形符号

注意

在实际工作中，为避免误操作，经常在按钮上用不同标记或颜色来加以区分，一般红色表示停止按钮，绿色表示启动按钮，急停按钮多用红色蘑菇形按钮。

四、行程开关

行程开关（又称位置开关或限位开关）是一种将机械信号转换为电气信号，以控制运动部件位置或行程的自动控制电器。它的作用与按钮相同，区别在于它不是靠手动操作，而是利用生产机械运动部件上的挡块与位置开关碰撞，来接通或断开电路，以实现对生产机械运动部件的位置或行程的自动控制。图 8–2–5a 所示为行程开关的实物图，图 8–2–5b 所示为行程开关的图形符号。

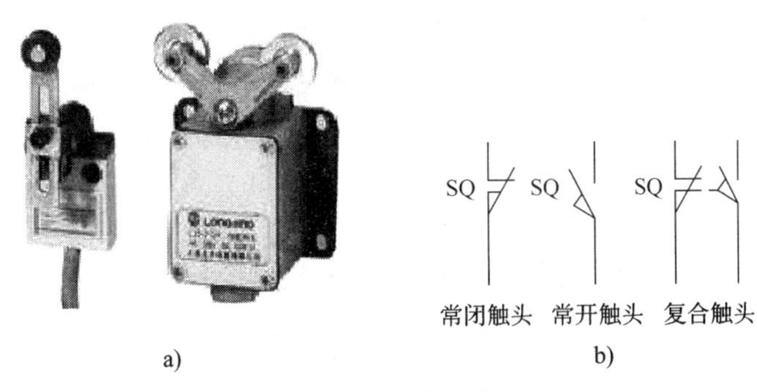

图 8–2–5 行程开关

a）实物图 b）图形符号

任务实施

分料装置控制回路设计的步骤如下：绘制分料装置的功能图→绘制控制信号与执行元件的关系图→纯气动控制回路的设计→电－气综合控制回路的设计。

一、绘制分料装置的功能图

为了要清楚控制信号与执行元件的变化规律，在设计控制回路前一般需先画出控制回路的功能图，以清楚所需的控制信号，以控制信号来确定所需的执行元件。

功能图有系统运动－步骤图、运动－时间图或运动－步骤－时间图等形式，具体采用哪种形式的功能图一般由控制系统本身所决定，而分料装置控制信号没有时间控制，所以只需设计运动－步骤功能图即可，具体的设计方法如图 8–2–6 所示。

首先画出如图 8–2–6 所示的运动－步骤功能图，在执行元件一栏中，执行元件名称是气缸（可以填写气缸的具体名称或代号），“+”表示气缸活塞杆的伸出，而“–”表示气缸活塞杆的收回。在运动步骤部分，要分析气缸有几个运动步骤才能完成一个循环，分料装置气缸的初始状态是活塞杆收回，工作时活塞杆伸出，再收回就回到初始状态，所以分料装置的运动步骤就是两步，第一步活塞杆伸出，第二步活塞杆收回，因而运动步骤部分就是两步，其中第二步结束又回到初始位置用“2=0”表示，而用粗实线表示活塞杆的伸出或收回的状态过程。

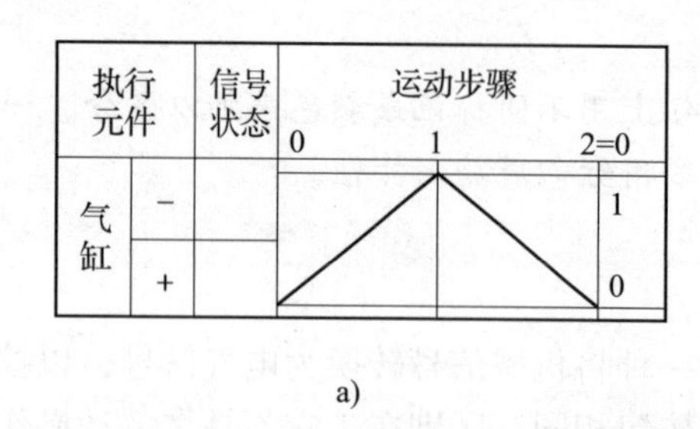

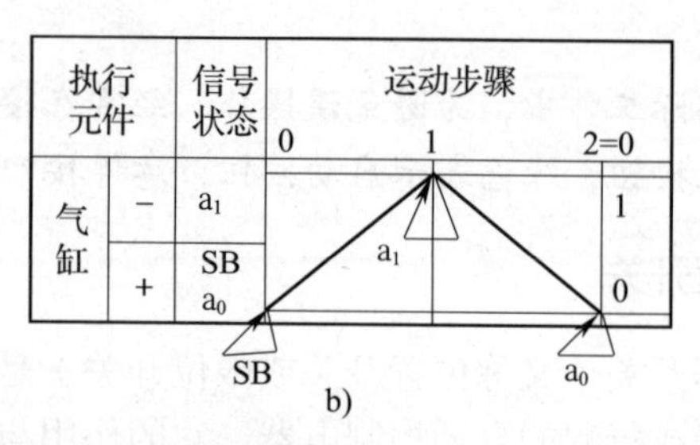

图 8–2–6 分料装置的运动－步骤功能图

a）动作步骤 b）动作信号

画出运动－步骤功能图后，再分析运动步骤与控制信号的关系。要使活塞杆伸出必须有一个启动信号（一般启动信号用 SB 表示），这样在运动开始就必须有一个启动信号 SB；活塞杆伸到位后必须有一个使其返回的信号，这样又需要一个 a_1 信号；活塞杆退到位后又需要一个控制信号，说明其已退回到初始位置，可以进行下一个循环，这样又需要一个信号 a_0。因此，要控制活塞杆的一个运动循环需要三个控制信号，分别用细实线将控制信号画在活塞杆运动状态的具体位置，这样就得到了如图 8–2–6b 所示的功能图。

注意

在功能图中一般用小写字母带下标的数字表示控制信号，用带箭头的细实线表示控制信号线。

二、绘制控制信号与执行元件的关系图

从带信号的运动－步骤功能图可以清楚地看出，执行元件完成位移动作首先是活塞杆先伸出，再收回，完成一个动作循环只有两个动作步骤。其中，当按下按钮 SB 发出一个信号，使活塞杆伸出；当活塞杆伸出触动行程阀（开关）得到使活塞杆退回的控制信号 a_1，活塞杆开始退回；当活塞杆退回触动行程阀（开关）得到控制信号 a_0，也就是退回已经到位，一个循环结束，若这时再按下按钮 SB 执行元件将再次伸出以完成下一个动作循环。从这里也可以看出，活塞杆前伸的条件有两个，一个就是按下气动按钮，一个就是活塞杆退回到位，两者缺一不可。

通过上述的分析就可以设计出分料装置的控制关系图，如图 8–2–7 所示。

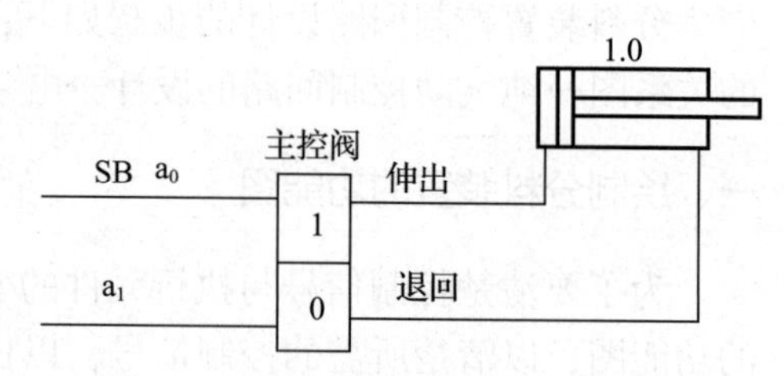

图 8–2–7 控制信号与执行元件的关系图

三、纯气动控制回路的设计

1. 确定主控制回路

选择 5/2 双气控阀作为主控阀，这样就得到如图 8–2–8a 所示的主控制回路图。当有控制信号 SB 及 a_0 时，主控阀左位接通，活塞杆前伸，工件到达出口 A；当有控制信号 a_1 时，主控阀右位接通，活塞杆退回，工件到达出口 B。

2. 确定信号控制回路

选择按钮式 3/2 阀作为启动按钮，选择两个滚轮式 3/2 阀来触发控制信号 a_0 和 a_1，并根

据控制要求分别安装在所需的位置。另外 SB、a_0 信号必须同时满足，所以把两个阀进行串接，这样就得到如图 8-2-8b 所示的信号控制回路图。为了检查系统回路的正确性，必须对设计完成的系统回路图进行分析和验证，但从图 8-2-8b 的回路中可以看出整个系统回路没有一定的序号，而相同的阀没办法表达清楚，因而为了清楚地表达各个元器件，需对回路中的各个元器件按一定的规律加以编号。

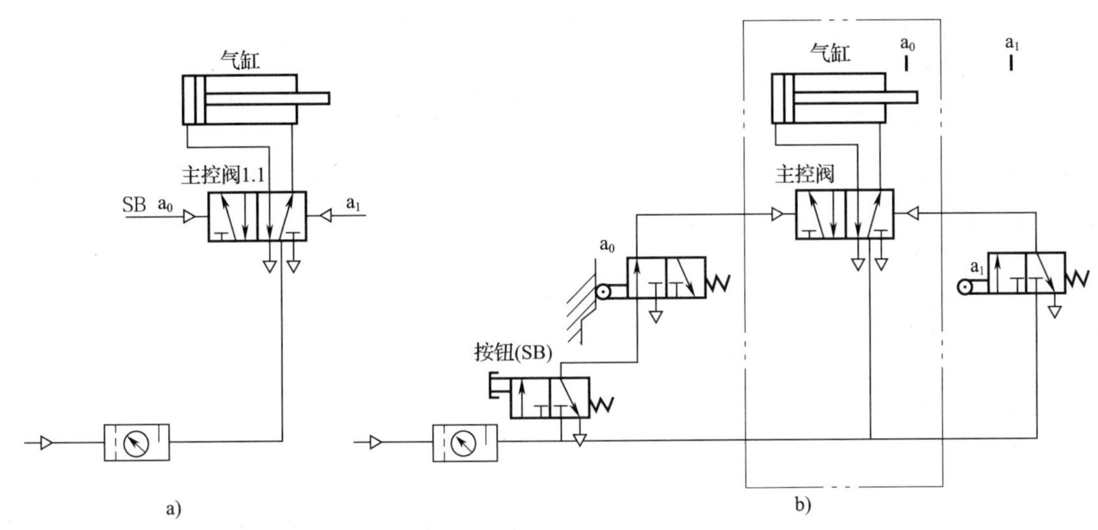

图 8-2-8 纯气动控制回路设计

a）主控制回路图 b）信号控制回路图

3．元器件的编号方法

目前，在气动传动技术中对元器件编号的方式有多种，没有统一的标准。表 8-2-1 为系统回路中元器件的编号方法，使用该编号方法，不但能清楚地表示各个元器件，而且能表示出各个元器件在系统中的作用及对应关系。

表 8-2-1 气动系统回路中元器件的编号方法

数字符号	表示含义及规定
1.0、2.0、3.0…	表示各个执行元件
1.1、2.1、3.1…	表示各个执行元件的末级控制元件（主控阀）
1.2、1.4、1.6… 2.2、2.4、2.6… 3.2、3.4、3.6… …	表示控制各个执行元件前伸的控制元件
1.3、1.5、1.7… 2.3、2.5、2.7… 3.3、3.5、3.7… …	表示控制各个执行元件回缩的控制元件

续表

数字符号	表示含义及规定
1.02、1.04、1.06… 2.02、2.04、2.06… 3.02、3.04、3.06… …	表示各个主控阀与执行元件之间的控制执行元件前伸的控制元件
1.01、1.03、1.05… 2.01、2.03、2.05… 3.01、3.03、3.05… …	表示各主控阀与执行元件之间的控制执行元件回缩的控制元件
0.1、0.2、0.3…	表示气源系统的各个元件

4．分析回路

按照元器件的编号方法对图 8-2-8b 进行编号，则得到图 8-2-9 所示的控制回路。在初始位置时，压缩空气经主控阀 1.1 右位进入气缸的无杆腔，使活塞杆处于回缩状态，这时活塞杆上的撞块把行程阀 1.4 压下，使气缸左位接入系统。

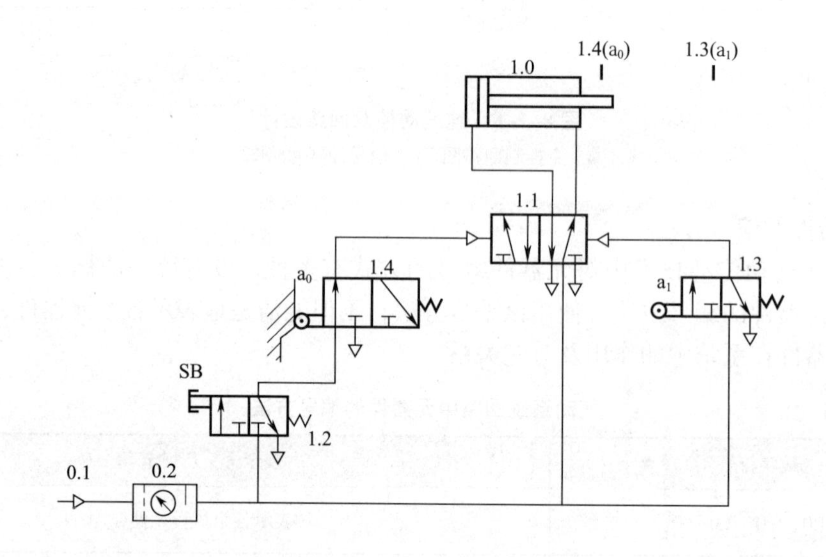

图 8-2-9　编号后的控制回路图

当按下启动按钮 SB 后，压缩空气经 1.2、1.4（a_0）左位使主控阀 1.1 的左位接入系统，压缩空气进入气缸的无杆腔，活塞杆前伸，同时当撞块离开行程阀 1.4 后，在弹簧力的作用下，行程复位，阀 1.1 左位没有控制信号，但由于 5/2 双气控阀具有记忆功能，使得阀 1.1 仍保持左位接入系统，活塞杆断续前伸。

当撞块压下行程阀 1.3（a_1）后，压缩空气经阀 1.3 左位使阀 1.1 右位接入系统，活塞杆回缩，同时当撞块离开阀 1.3 的滚轮，在弹簧力的作用下复位，使阀 1.1 右位没有控制信号，但阀仍保持右位接通，直到活塞杆回缩到尽头撞块压下行程阀 1.4，回到初始状态。

如果一直按下启动按钮，活塞杆一直这样往复运动，直到松开按钮为止，所以通过分析可知，该控制回路完全符合分料装置的工作要求。

四、电－气综合控制回路的设计

前面相关知识中学到了电磁换向阀，实际上分料装置的控制还可以通过电－气综合控制的方式来完成。

电－气综合控制的设计方法与纯气动控制相同，先设计主控回路再设计信号控制回路，但在电－气综合控制中，主控制回路是纯气动控制，而信号控制回路由电气控制。

1．确定主控制回路

在选用主控阀时用 5/2 双电控阀作为主控阀，其余与纯气动控制相同，如图 8-2-10a 所示。

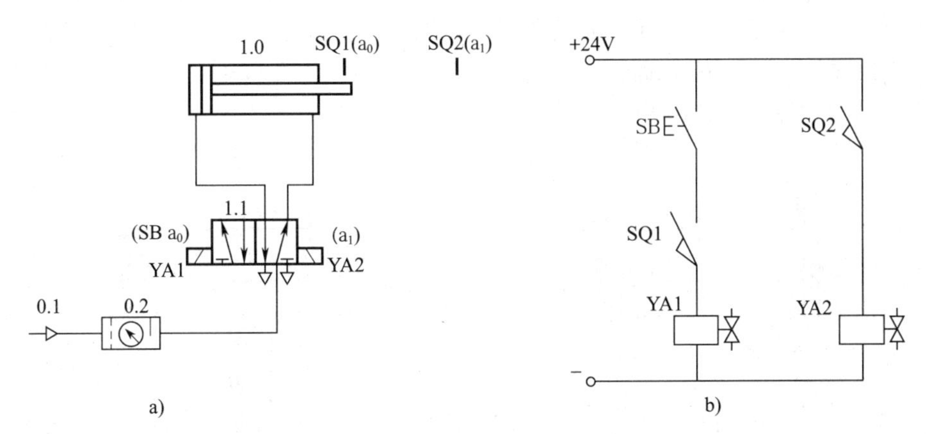

图 8-2-10 电－气综合控制回路设计

a）气动控制主控制回路图 b）电气控制信号回路图

2．确定信号控制回路

选择两行程开关来触发信号 a_0、a_1，当然这里得到的是电信号，把它们分别安装在所需的位置，同样要把按钮 SB 与行程开关 SQ1 进行串连，这样就得到如图 8-2-10b 所示的信号控制回路图。

3．分析回路

如图 8-2-10 所示，在初始位置时，压缩空气经主控阀 1.1 右位进入气缸的无杆腔，使活塞杆处于回缩状态，这时活塞杆上的撞块把行程开关 SQ1 压合。

当按下启动按钮 SB 后，主控阀 1.1 的左边电磁铁 YA1 通电，使阀 1.1 左位接通，活塞杆前伸，当撞块离开行程开关 SQ1 后，在弹簧力的作用下，行程开关 SQ1 断开，使 YA1 断电，但由于 5/2 双电控阀也具有记忆功能，所以阀 1.1 保持左位接入系统，活塞杆继续前伸，分料装置气缸将工件送到出口 A。

当撞块压合行程开关 SQ2 后，电磁铁 YA2 通电，使阀 1.1 右位接入系统，活塞杆回缩，同时 SQ2 在弹簧力的作用下断开，使 YA2 断电，而阀仍保持右位接通，直到活塞杆回缩到尽头，撞块压下行程开并 SQ1，回到初始状态。

如果一直按下启动按钮，活塞杆一直这样往复运动，直到松开按钮为止，所以通过分析可知，该控制回路完全符合分料装置的要求。

知识链接

一、先导式电磁阀的工作原理

先导式电磁阀是由电磁铁首先控制气路，产生先导压力，再由先导压力推动主阀阀芯使其换向。先导式电磁阀一般用于大口径或高压力的场合。

图 8–2–11 所示为单电控先导式电磁阀的工作原理。当电磁先导阀 YA 断电时，如图 8–2–11a 所示，先导阀处于排气状态，主控阀在弹簧力的作用下，阀口 2 和阀口 3 接通，阀口 1 断开；当先导阀的线圈 YA 通电时，如图 8–2–11b 所示，在电磁力的作用下，先导阀处于进气状态，压缩空气经先导阀的进气口，作用于主控阀的阀芯左端，使阀芯左移，阀口 1 和阀口 2 相通，阀口 2 有压缩空气输出。图 8–2–11c 所示是单电控先导式 3/2 电磁换向阀的详细图形符号，图 8–2–11d 所示是其简化图形符号。

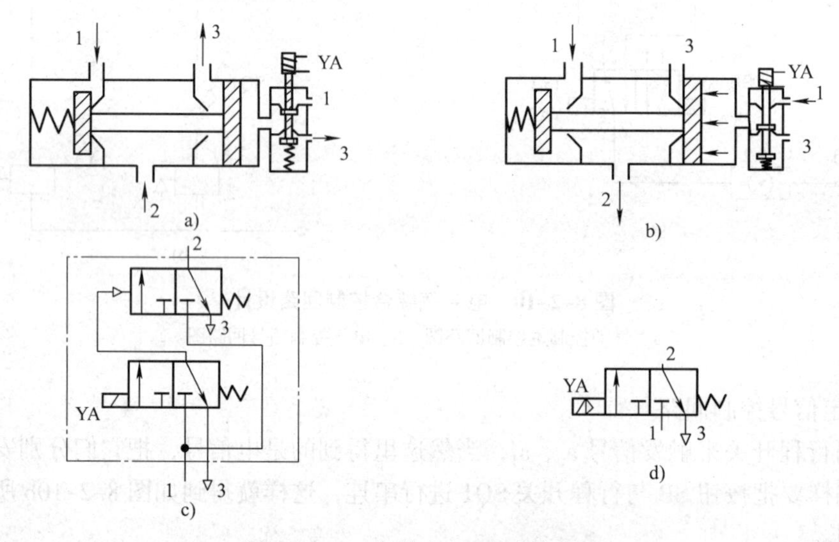

图 8–2–11　先导式 3/2 电磁换向阀

a）YA 断电　b）YA 通电　c）详细图形符号　d）简化图形符号

二、消声器

在气动传动系统中，气缸、气阀等元件工作时，排气速度较高，气体体积急剧膨胀，会产生刺耳的噪声。噪声的强弱随排气的速度、排量和空气通道的形状而变化。排气的速度和功率越大，噪声也越大，一般可达 100 ~ 120 dB。长期在噪声环境下工作会使人感到疲劳，工作效率低下，降低人的听力，影响人体健康，因而必须采用在排气口装消声器等方式来降低噪声。图 8–2–12 所示为消声器的实物图及其应用方法。

1．消声器的工作原理及种类

消声器是通过阻尼或增加排气面积来降低排气速度和功率，从而降低噪声的。

气动元件使用的消声器一般有三种类型：吸收型消声器、膨胀干涉型消声器和膨胀干涉吸收型消声器。常用的是吸收型消声器，如图 8-2-13 所示是吸收型消声器的结构简图及消声器的职能符号。这种消声器主要依靠吸声材料消声。消声套为多孔的吸声材料，一般用聚苯乙烯或铜珠烧结而成。当消声器的通径小于 20 mm 时，多用聚苯乙烯作消声材料制成消声套；当消声器的通径大于 20 mm 时，消声套多用铜珠烧结，以增加强度。其消声原理是：当有压气体通过消声套时，气流受到阻力，声能量被部分吸收而转化为热能，从而降低了噪声强度。

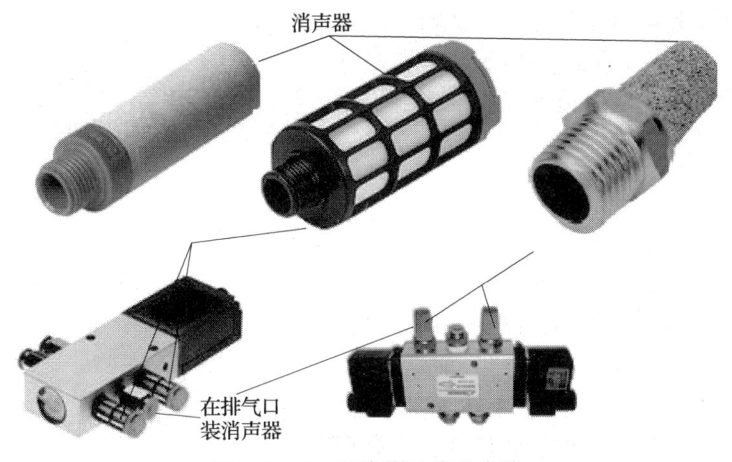

图 8-2-12　消声器及应用方法

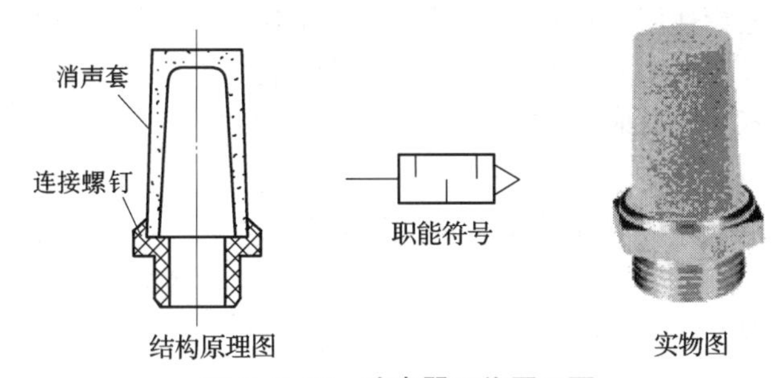

图 8-2-13　消声器工作原理图

2. 消声器的选择

吸收型消声器结构简单，具有良好的消除中、高频噪声的性能，消声效果大于 20 dB。在气动传动系统中，排气噪声主要是中、高频噪声，尤其是高频噪声，所以采用这种消声器是合适的。在主要是中、低频噪声的场合，应使用膨胀干涉消声器。膨胀干涉吸收型消声器是吸收型及膨胀干涉型两种消声器的结合，它对低频噪声可降低 20 dB 左右，对高频噪声可降低 40 dB 左右，消声效果比较好，一般用于对消声要求较高或特殊要求的场合。

任务3　压装装置控制回路的设计

教学目标

- 了解压力控制阀的种类及工作原理
- 掌握速度控制回路的基本设计方法
- 掌握延时阀及压力顺序阀的正确使用方法
- 能够设计压装装置的控制回路

任务引入

图 8–3–1 所示为全自动包装机中压装装置的工作示意图，它的工作要求为：当按下启动按钮后，气缸对物品进行压装，当压实后，停留 3.5 s 左右气缸快速收回，再进行第二次压装，一直如此循环，直到按下停止按钮，气缸才停止动作。为了保证在压装过程中活塞杆运行平稳，要求下压运行速度可以调节。另外，在工作位置上没有物品时，压装到 a_1 位置后，气缸也要快速收回。由于压装物品的不同，有时还需要对系统的压力进行调整。

试根据上述工作要求完成对压装装置控制回路的设计。

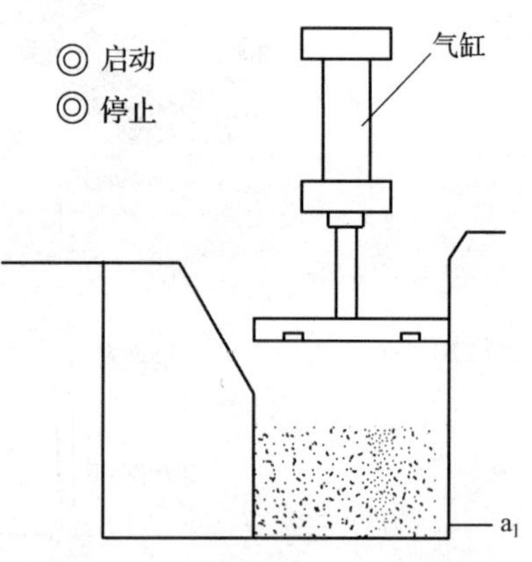

图 8–3–1　压装装置的工作示意图

任务分析

从压装装置的工作要求可以看出，它需要完成时间（延时）控制、压力达到所需要求（压实与调压）的压力控制、运动的速度（可调与快退）控制、没有物品时的位置控制、启动按钮时的自锁控制，还要注意压力控制与位置控制的联系。这些控制可以借助调压阀、快速排气阀、单向节流阀、延时阀、压力顺序阀、梭阀等元器件来完成，因此需要对这些元器件的工作原理、特点、职能符号等有较全面的了解和掌握。

相关知识

一、调压阀

调压阀也称为减压阀。在气动系统中，一般由空气压缩机先将空气压缩、储存在储气罐内，然后经管路输送给各个气动装置使用。而储气罐的空气压力往往比各台设备实际所需要的压力高些，同时其压力波动值也较大。因此需要用调压阀（减压阀）将其压力减到每台装置所需的压力，并使减压后的压力稳定在所需压力值上。

调压阀调节的是出口压力，使其低于进口压力，并能保持出口压力的稳定。图 8-3-2a 所示为调压阀的工作原理图，压缩空气经左端输入，经阀口节流减压后从右端输出。输出气流的一部分由阻尼孔进入膜片气室，在膜片的下方产生一个向上的推力，这个推力总是企图把阀口开度关小，使其输出压力下降。当作用于膜片上的推力与弹簧力相平衡后，调压阀的输出压力便保持一定。

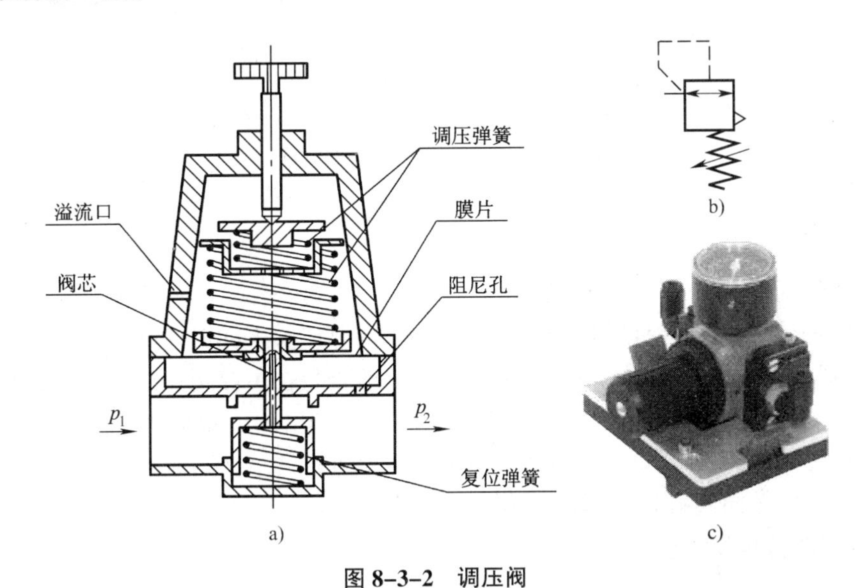

图 8-3-2 调压阀

a）工作原理图 b）职能符号 c）带表压式减压阀实物图

当输入压力发生波动时（如输入压力瞬时升高，输出压力也随之升高），作用于膜片上的气体推力也随之增大，破坏了原来的力的平衡，使膜片向上移动，有少量气体经溢流口排出。在膜片上移的同时，因复位弹簧的作用，使节流口减小，输出压力下降，直到新的平衡为止。重新平衡后的输出压力又基本上恢复至原值。反之，输出压力瞬时下降，膜片下移，进气节流口开度增大，节流作用减小，输出压力又基本上回升至原值。所以，调压阀总能使输出的压力保持一个基本稳定值。

注意

在气动系统中，二联件或者三联件中就有调压阀。调压阀很少单独使用，系统的压力由二联件或三联件调节控制。

二、快速排气阀

快速排气阀是为了使气缸快速排气，加快气缸的运动速度而设置的，一般安装在换向阀和气缸之间，属于方向控制阀中的派生阀。

图 8-3-3a 所示为快速排气阀的工作原理图，当进气口 1 进入压缩空气，使密封活塞上移，封住排气口 3，这时工作口 2 有压缩空气输出；当工作口有气体需要排出时，密封活塞

下移，封住进气口 1，而使工作口 2 与排气口 3 相连，气体快速排出。图 8-3-3b、c 所示为快速排气阀的职能符号及实物图。

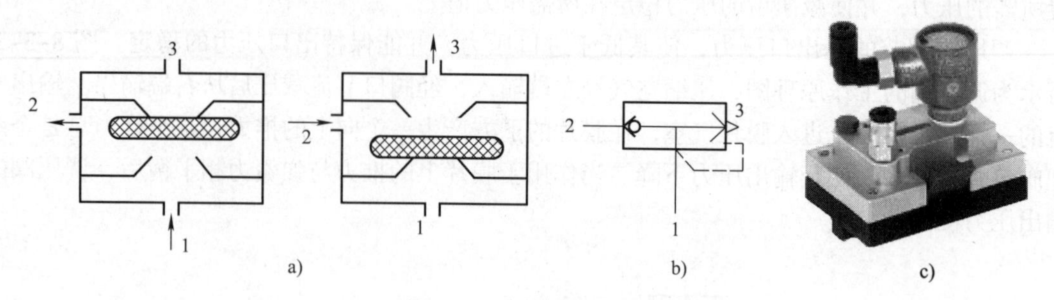

图 8-3-3　快速排气阀

a）工作原理图　b）职能符号　c）实物图

1- 进气口　2- 工作口　3- 排气口

三、单向节流阀

1．单向节流阀

在压装装置中，执行元件的压装速度可以用单向节流阀来加以控制。单向节流阀是由单向阀和节流阀并联而成的组合式流量控制阀，它一般安装在主控阀和执行元件之间进行速度控制。如图 8-3-4a 所示，当压缩空气从接口 1 流向接口 2 时，单向阀关闭，压缩空气经节流阀节流通过，节流口的开口大小可以通过调节手柄进行调节；当压缩空气反向流通时，如图 8-3-4b 所示，单向阀打开，不经节流阀节流快速从接口 1 排出。图 8-3-4c、d 所示为单向节流阀的职能符号和实物图。

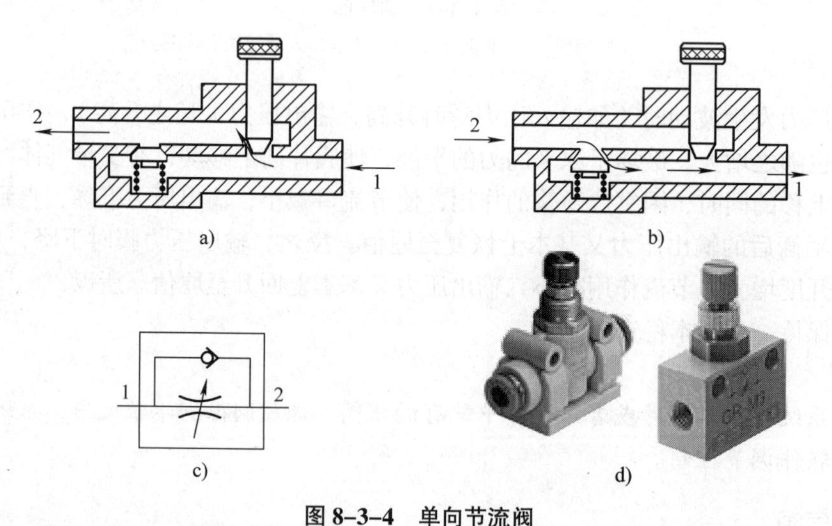

图 8-3-4　单向节流阀

a）节流进气　b）快速排气　c）职能符号　d）实物图

2．速度回路的控制方式

在速度控制回路中，常用供气节流和排气节流两种方式来控制执行元件的速度。

（1）供气节流方式

图 8-3-5a 所示为供气节流控制，即单向节流阀对气缸进气进行节流。排出气流则可以通过阀内的单向阀从换向阀的排气口排出。这种控制方法可以防止气缸启动时的“冲出”现象，而且调速的效果较好，一般用于要求启动平稳、单作用气缸或小容积气缸的情况。

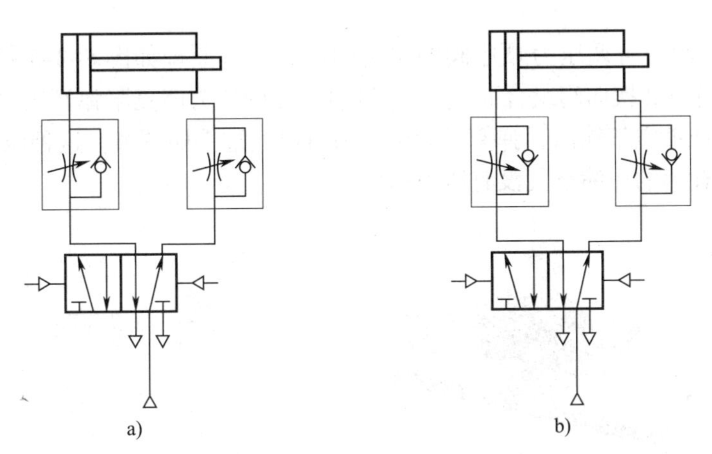

图 8-3-5 节流回路控制方式

a）供气节流 b）排气节流

（2）排气节流方式

图 8-3-5b 所示为排气节流控制，即对气缸供气是畅通无阻的，而对空气的排放进行节流控制。在此情况下，活塞承受一个由被单向流量控制节流的待排放空气形成的一个缓冲气流，这大大改善了气缸的进给性能，并能得到较好的低速平稳性，因此，在实际应用中，大多采用排气节流的方式。

四、延时阀

不同控制类型的元件可以组合成一个整体的具有多重特性、多重结构的组合式阀，称为组合阀。延时阀是由 3/2 阀、单向节流阀和储气室组合而成的。图 8-3-6a 所示为延时阀的工作原理图，当控制口 12 有压缩空气进入，经节流阀进入储气室，单位时间内流入储气室的空气流量的大小由节流阀调节，当储气室充满压缩空气达到一定程度时，即能克服弹簧的压力，使 3/2 阀的阀芯移动，使工作口 2 有压缩空气输出。图 8-3-6b、c 所示为延时阀的职能符号及实物图。

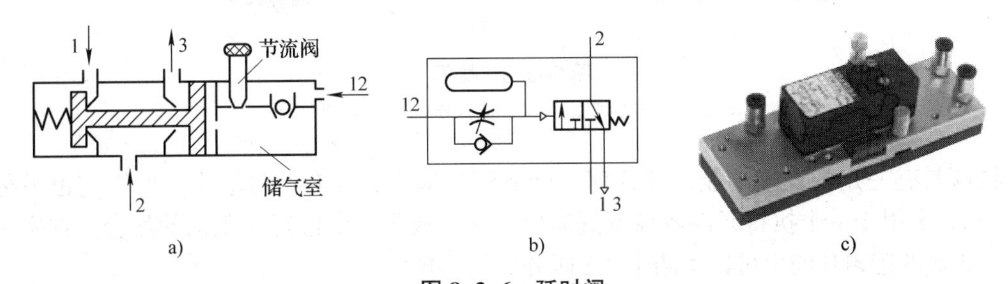

图 8-3-6 延时阀

a）工作原理图 b）职能符号 c）实物图

有的延时阀不设储气室，所以延时时间较短，一般只有 0 ~ 30 s，有了储气室则延时时间较长。在时间控制上，若空气洁净，而且压力相对稳定，可以保证准确的切换时间。

五、压力顺序阀

图 8-3-7a 所示为可调压力顺序阀的实物图，其工作原理如图 8-3-7b 所示。它由一个压力顺序阀与一个 3/2 换向阀组合而成。当控制口 12 的压力能克服弹簧压力，使 3/2 阀换向时，输出口 2 有压缩空气输出，弹簧的设定压力可以通过手柄调节。这种压力顺序阀动作可靠，而且工作口输出的压缩空气没有压力损失。

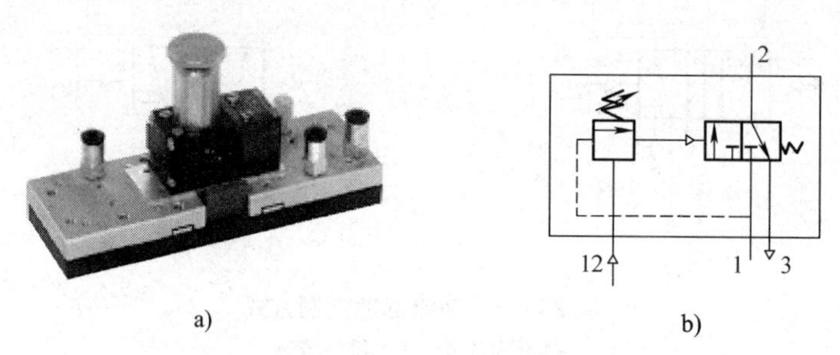

图 8-3-7　可调压力顺序阀

a）实物图　b）工作原理图

六、梭阀

梭阀相当于两个单向阀的组合阀，有两个进气口和一个工作口。图 8-3-8a 所示为梭阀的工作原理图，不管压缩空气从哪一个进气口进入，阀芯都将另一个进气口封闭，使工作口 2 有压缩空气输出。若两端进气口的压力不等，则高压口的通道打开，低压口被封闭，高压进气口与工作口相连，工作口 2 输出高压的压缩空气。图 8-3-8b、c 所示为梭阀的职能符号及实物图。

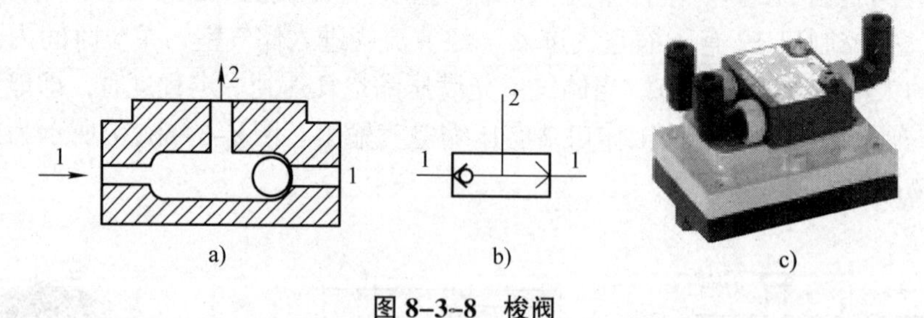

图 8-3-8　梭阀

a）工作原理图　b）职能符号　c）实物图

梭阀具有一定的逻辑功能，即任何一端有信号输入，就有信号输出，所以它也被称为“或”阀，多用于一个执行元件或控制阀需要从两个或更多的位置来驱动的场合。在实际操作中，梭阀的逻辑功能也可以用两个 3/2 阀并联来实现。

七、继电器

继电器是根据某种输入信号的变化，接通或断开控制电路，实现自动控制并保护电力装置的自动电器。继电器的种类很多，按输入信号的性质分为电压继电器、电流继电器、时间继电器、温度继电器、速度继电器、压力继电器等。图 8–3–9a 所示为常用继电器的实物图，图 8–3–9b 所示为继电器的职能符号。

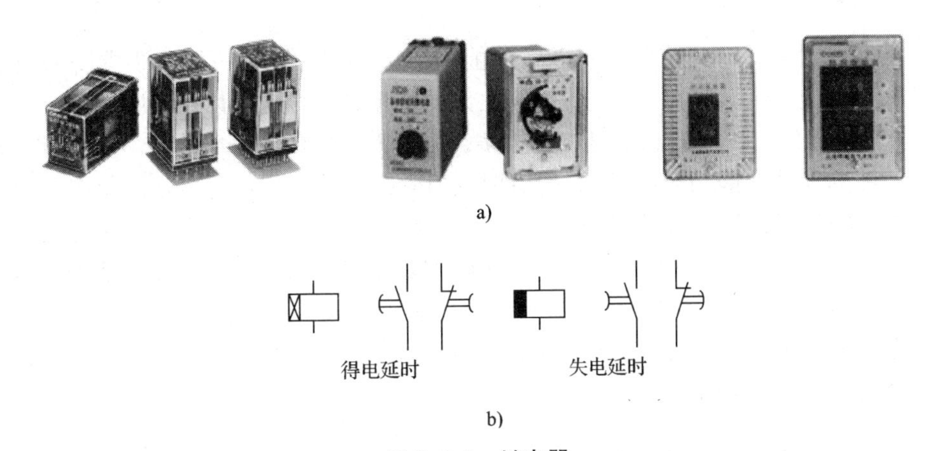

图 8–3–9　继电器

a）实物图　b）时间继电器（KT）职能符号

时间继电器有得电延时和失电延时之分，得电延时指常开触点在线圈得电后延时闭合，而常闭触点延时断开；失电延时是指当线圈失电后，常开触点延时断开，而常闭触点延时闭合。

八、压力开关

气压力达到预置设定值，电气触点便接通或断开的元件称为压力开关，也叫压力继电器。它可用于检测压力的大小或有无，并能发出电信号反馈给控制电路。

压力开关按输入气压是否可调分为固定式和可调式。固定式压力开关用于检测某一固定气压力是否达到。可调式压力开关的设定压力是可调的，当达到设定压力时，电触点才接通或断开。图 8–3–10a 所示为可调式压力开关的实物图，图 8–3–10b 所示为可调式压力开关的职能符号。

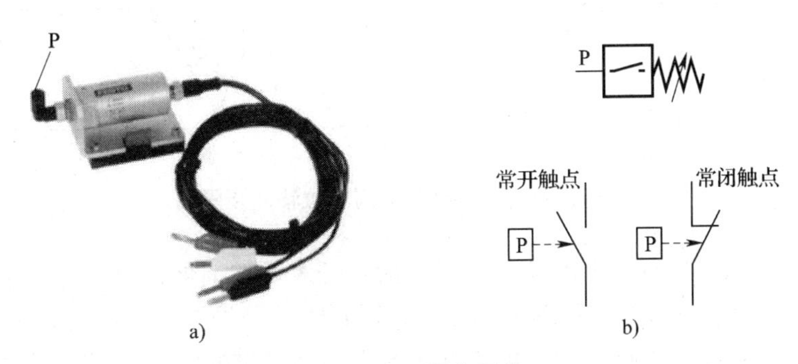

图 8–3–10　压力开关

a）实物图　b）职能符号

任务实施

压装装置控制回路的设计步骤如下：绘制压装装置的时间－位移－步骤图→绘制控制信号与执行元件的关系图→纯气动控制回路设计→电－气综合控制回路设计。

一、绘制压装装置的时间－位移－步骤图

由于压装装置中有时间控制，所以在功能图中选择用时间－位移－步骤图来表示执行元件的运动状态，并且，为了清楚表示控制关系，把控制信号也设计在图中。

在设计功能图时，由于控制信号相对较多，所以不把控制信号单独列出，在设计时，先画出执行元件的大致功能与时间关系的功能框架图（见图 8–3–11a）。分析动作可知，一种情况就是当有物品时，活塞杆伸出并压实，然后延时保压 3.5 s 后，活塞杆快速退回，这样就得到如图 8–3–11b 所示的功能图；另外一种情况就是当没有物品的时候，活塞杆伸出，到达 a_1 也退回，这样就得到如图 8–3–11c 所示的功能图，为了有所区别，图中用虚线表示第二种情况的动作状态，这样就能很清楚地表示执行元件运动步骤及运动时间的关系，但为了便于分析，还需加上控制信号。

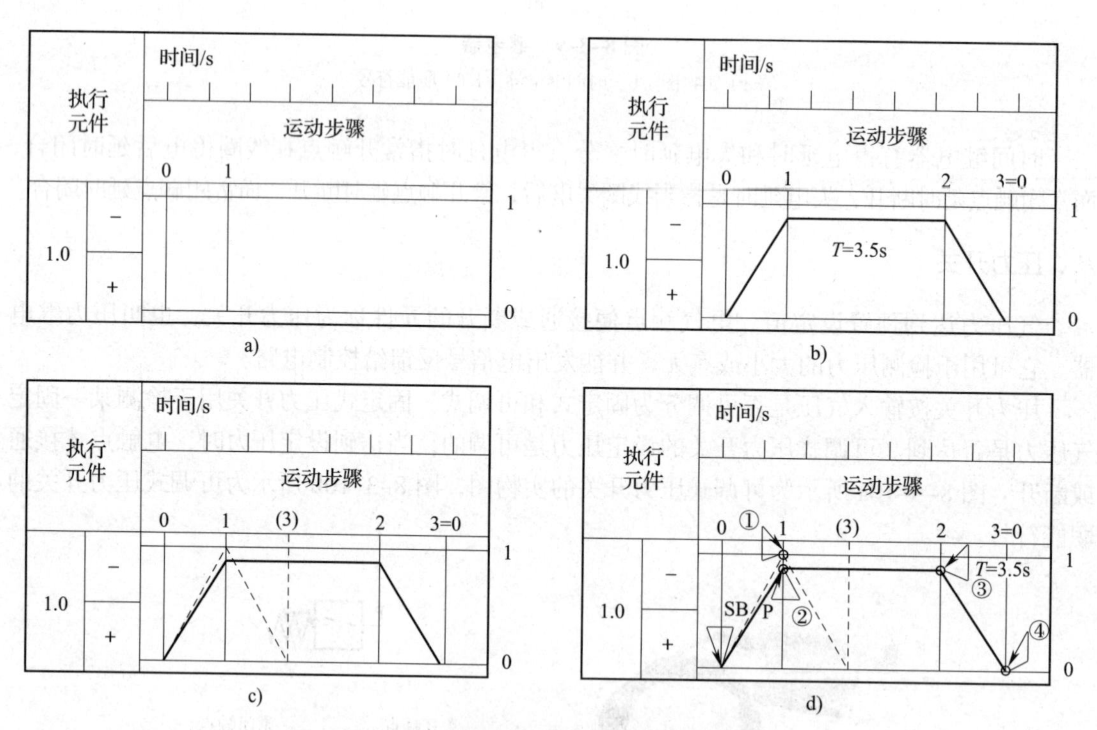

图 8–3–11　压装装置时间－位移－步骤图

由工作要求可知，只有按下启动按钮后，活塞杆才开始前伸，所以有一个启动信号 SB，当没有物品的情况下触发 a_1 使活塞杆退回，这就需要一个控制活塞杆退回的信号①。当有物品的情况下需要对物品进行压实，也就是压力需达到设定的值时延时，所以有一个压力到达的信号②，当延时结束后活塞杆退回，就要有一个延时的结束信号③以控制活塞杆退回，

当活塞杆退回到位后也需要一个信号④加以控制，以便进入下一个循环。这样就设计出如图 8-3-11d 所示的带控制信号的时间 - 位移 - 步骤图。

二、绘制控制信号与执行元件的关系图

分析如图 8-3-11d 所示的带控制信号的功能图就可以知道控制信号与执行元件的动作、步骤的关系，这样就可以设计出如图 8-3-12 所示的关系图。从图中可以很清楚地知道根据信号需要把一些元器件设置在控制回路的什么地方。控制执行元件伸出的启动按钮及活塞杆退回到位的信号④，两者必须同时满足；控制活塞杆退回有两种方法，一种就是信号①也就是行程阀（开关）a_1，另一种是压实并且延时到位后使执行气缸收回，这两者的关系是并列的。从这张关系图中也可以清楚地知道需要在什么位置设置压力控制阀（压力开关），在什么位置设置延时阀和行程阀来加以控制。

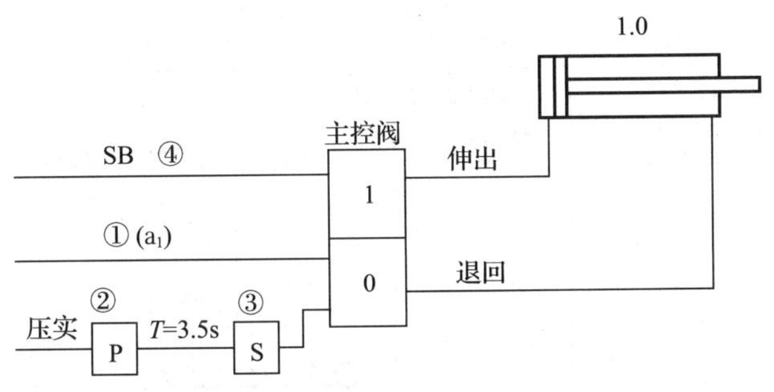

图 8-3-12 控制信号与执行元件的关系图

三、纯气动控制回路设计

1. 主控回路的设计

根据控制信号与执行元件的关系图设计出压装装置的主控制回路图，如图 8-3-13 所示。选用 5/2 双气控阀作为主控阀，执行元件选用带缓冲装置的气缸。在主控阀的右端控制信号是并列的关系，按逻辑来讲是“或”的关系，所以可以用一个梭阀（“或”阀）把两个信号并联起来，以达到控制的要求。

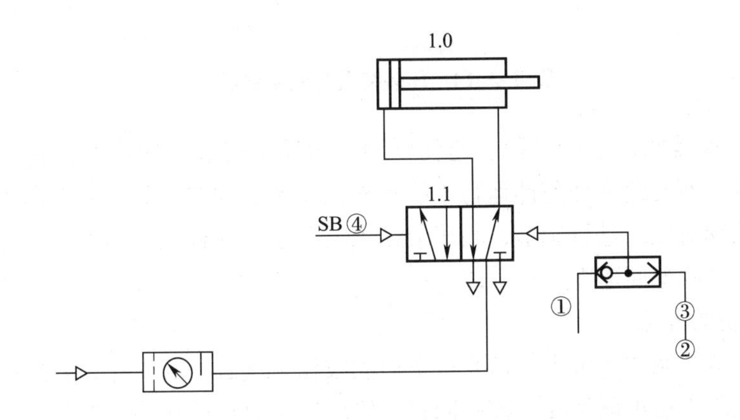

图 8-3-13 主控制回路

2. 控制回路的设计

根据压装装置的时间—位移—步骤图及控制信号与主控阀的关系图，在主控回路上完成信号控制回路的设计。如图 8-3-14 所示，压力顺序阀是检测执行元件无杆腔的压力的，并应与延时阀串联，也就是必须在压力达到后，延时阀才开始工作，延时 3.5 s 后再发出控制信号③。

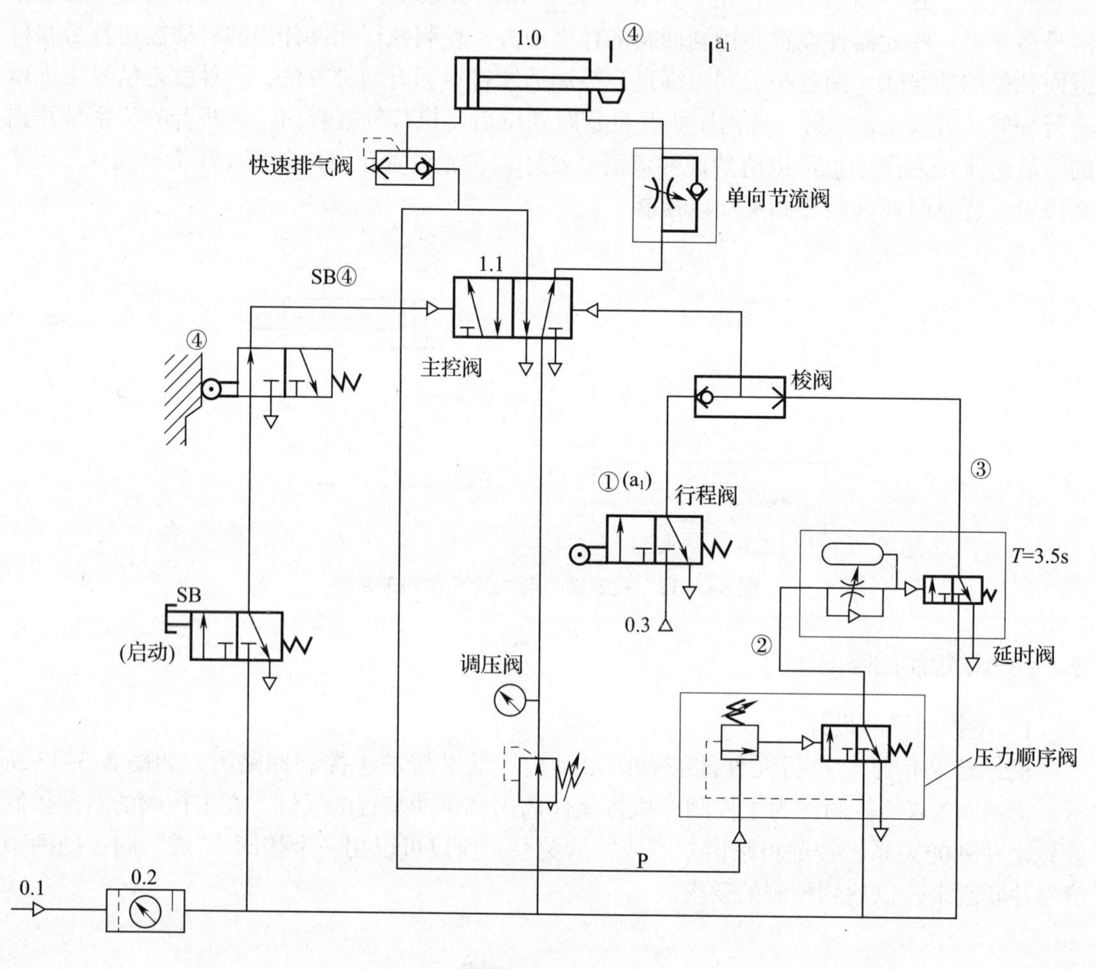

图 8-3-14　压装装置控制回路设计

在压装时要求活塞杆运行平稳、速度可调，选择排气节流的速度控制方式，这样就能形成一定的背压，而使活塞杆前伸运行平稳；根据压装不同的物品需要对压力进行调整，因此，安装了调压阀对压力进行调节；当压装结束后要求活塞杆快速退回，因此，选择快速排气阀来控制活塞杆的退回速度。

3. 自锁控制的方法

在对压装装置控制的要求中，需要按下启动按钮，气缸一直工作，直到按下停止按钮工作停止。这种控制方法也就是要在控制回路中要求按下启动按钮后，控制口需要有信号保持（即自锁），也就是一直要有压缩空气输出。

如图 8–3–15 所示的控制方法能达到这种控制要求。用一个 3/2 常通型阀作为启动按钮，用一个 3/2 常断型阀作为停止按钮。当按下启动按钮后，压缩空气经梭阀 1.2、停止阀的右位使阀 1.4 左位接通，阀 1.4 工作口有压缩空气输出（也就是启动信号）；由于梭阀的一个进气口与阀 1.4 工作口相连，当松开启动按钮后，梭阀的工作口仍有压缩空气输出，使阀 1.4 保持左位接通，阀 1.4 保持有压缩空气输出。

当按下停止按钮时，阀 1.4 在弹簧力的作用下，右位接通，工作口没有信号输出，同时，梭阀的两进气口都没有压缩空气进入，工作口也没有压缩空气输出，所以当松开停止按钮后，阀 1.4 仍保持右位接通，没有压缩空气输出。

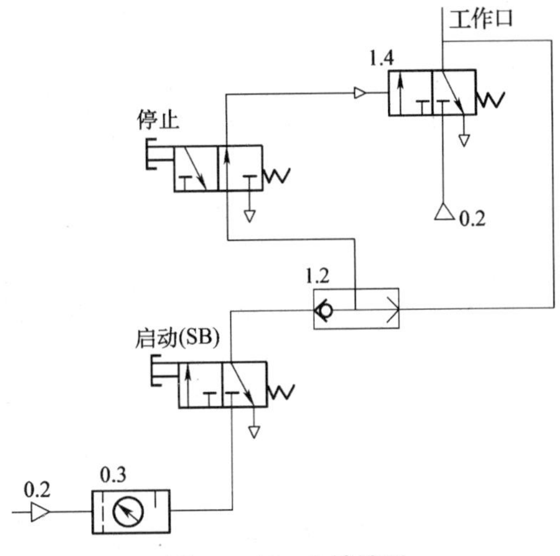

图 8–3–15　自锁控制

这种控制方法称为自锁控制，在实际应用中，可以把它当作一个固定的模块来使用。

4．压装装置纯气动控制回路

把主气控回路和信号控制回路以及自锁回路组合一下，就构成了压装装置的控制回路，并对各个元器件加以编号。图 8–3–16 所示就是压装装置的控制回路图。

分析回路图可以看出，在初始位置，压缩空气进入气缸的右腔，使活塞杆收回，使行程阀 1.2 左位接通。

当按下启动按钮，压缩空气经行程阀 1.2 进入主控阀 1.1 的左端控制口，主控阀左位接入系统，活塞杆前伸，而气缸右腔的空气需经单向节流阀 1.02 的节流口通过，速度受到控制。当活塞杆离开 1.2 的位置后，阀 1.2 在弹簧力的作用下，使右位接入系统，主控阀左端没有控制信号，而由于主控阀 1.1 的“记忆”特性，使活塞杆继续前伸，压实工料。

当活塞杆运行到阀 1.5 的位置（a_1 位置）或在压装过程中压力达到阀 1.9 的位置后（压实后），延时一段时间，阀 1.3 有压缩空气输出，使主控阀 1.1 右位接入系统，活塞杆回缩，气缸无杆腔的压缩空气从快速排气阀 1.01 中排出。同时主控阀 1.1 右端没有控制信号。

当活塞杆回缩到 1.2 的位置，又使活塞杆前伸，一直这样循环工作，直到按下停止按钮，使系统回到初始位置。

压装装置的连续工作是采用自锁回路加以控制，但是自锁回路的特点是按下启动按钮后，就一直有压缩空气输出，这时阀 1.2 也就有一个新的作用，也就是说如果没有行程阀 1.2，主控阀左边的控制口一直有压缩空气，一直有控制信号。那么当梭阀 1.3 有压缩空气输出时，就使主控阀 1.1 两端的控制口都有控制信号，这种现象称为信号重叠，这在控制回路中是不允许的。所以有了行程阀 1.2 后，在初始位置处，行程阀在活塞杆的作用下，使左位接入系统。当活塞杆前伸后，在弹簧力的作用下，阀 1.2 右位接入系统，使主控阀 1.1 的左边没有控制信号，就消除了主控阀信号重叠的问题，所以阀 1.2 就有两个作用，一是消除重叠信号，二是控制行程位置。

分析回路图可以看出，该控制回路能满足压装装置的工作要求。

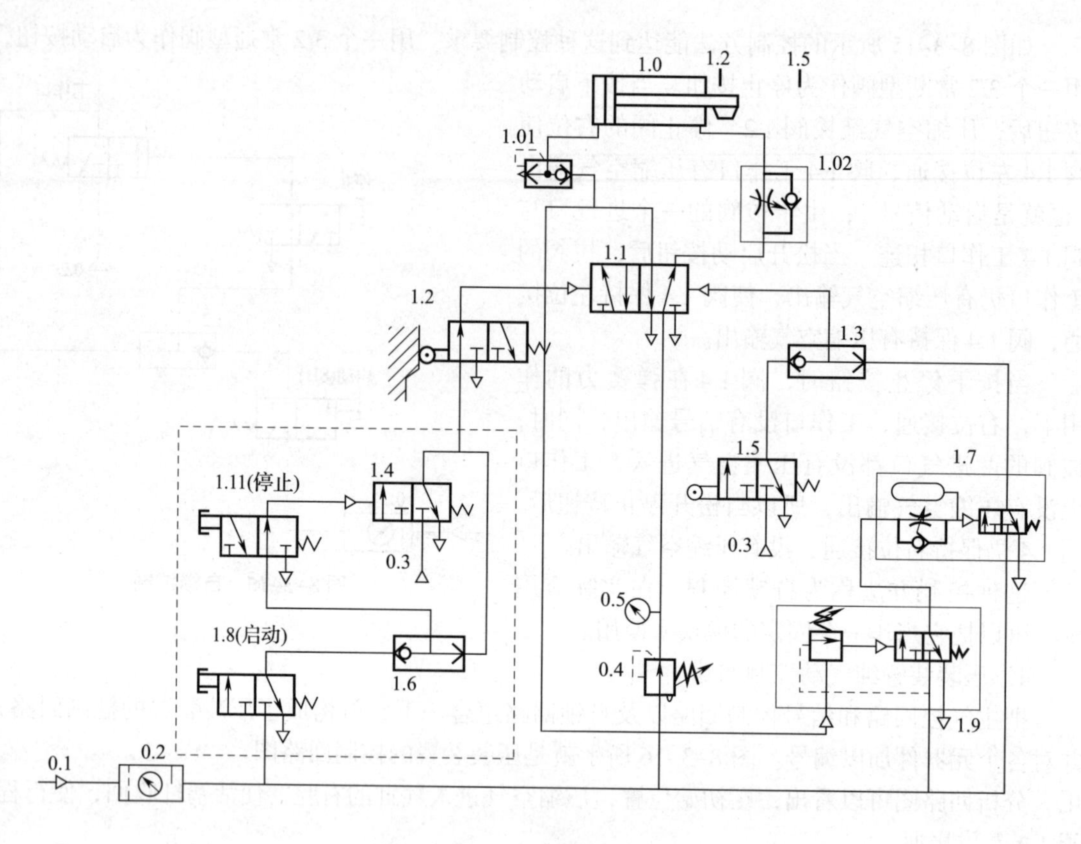

图 8-3-16　压装装置控制回路

四、电 - 气综合控制回路设计

1．主控回路的设计

一般电 - 气综合控制的主回路都差不多，该压装装置的主控制回路也是一样选用 5/2 电磁换向阀作为末级主控元件，为了调速平稳选用回气节流调速回路，气缸的快退也是用快速排气阀来实现，在压紧控制中选用压力开关作为从压力到电信号的转换，具体见图 8-3-17a 所示的主控回路。

2．电气控制回路的设计

在设计电气控制回路时，也是根据时间 - 位移 - 步骤图及控制信号关系图加以设计，信号①和④分别用行程开关 SQ1 和 SQ2 加以控制，压力开关与时间继电器串联，选用得电延时继电器，而 SQ2 与延时开关并联控制 YA2 线圈。自锁控制时用继电器 KA1 的常开触头并按启动按钮 SB1 实行自锁，这也是电气自锁的一般方法，也可以作为模块来使用，这样就得到图 8-3-17b 所示的控制回路。

3．回路分析

如图 8-3-17 所示，在初始位置，压缩空气从阀 1.1 的右位进入气缸 1.0 的有杆腔，使活塞杆回缩，同时压下行程开关 SQ1，使开关 SQ1 闭合。

当按下启动按钮 SB1，线圈 KA1 得电，使触点 KA1 闭合，YA1 得电，主控阀 1.1 左位接入系统，压缩空气进入气缸 1.0 的无杆腔，活塞杆前伸。同时由于触点 KA1 的闭合，使

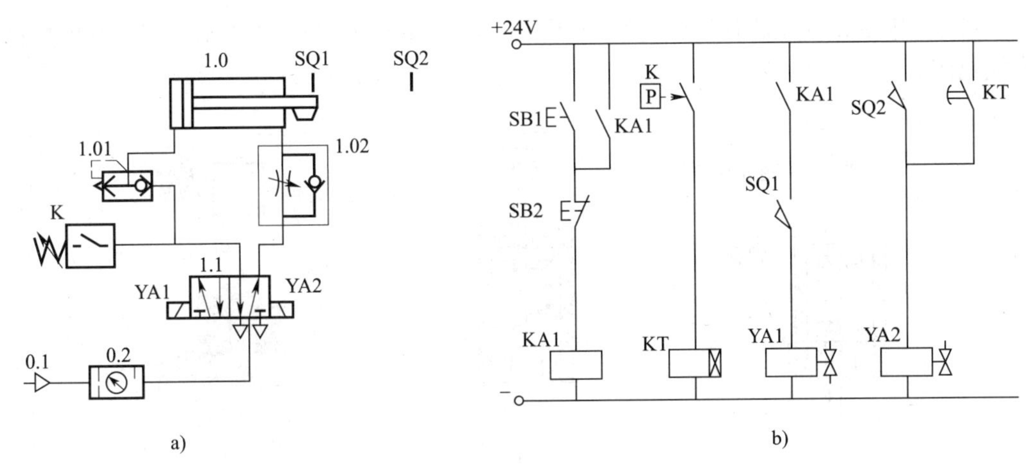

图 8–3–17　压装装置电 – 气控制回路

a）主控回路　b）控制回路

线圈 KA1 保持得电，也就是自锁。当活塞杆前伸中离开行程开关 SQ1，在弹簧力的作用下，SQ1 复位，使线圈 YA1 失电，但在双电磁阀的“记忆”功能下，仍保持左位接通，使活塞杆继续前伸，压实工料。

在压装过程中有物品时，当气缸无杆腔的压力达到压力开关所设定的值后，压力开关 K 闭合，使时间继电器线圈 KT 得电，当达到调定的时间 3.5 s 后触点 KT 闭合，使线圈 YA2 得电，阀 1.1 右位接入系统，压缩空气进入气缸的有杆腔，活塞杆退回，同时压力开关复位，线圈 KT 失电，触点 KT 复位，线圈 YA2 失电，但在双电磁阀的“记忆”功能下，仍保持右位接通，活塞继续后退。

如果压装过程中没有物品时，活塞杆压下行程开关 SQ2，使 YA2 得电，阀 1.1 换位，活塞杆退回，当活塞杆离开 SQ2，开关复位，YA2 失电，但活塞杆继续后退。

当活塞杆压下行程开关 SQ1，由于 KT1 的自锁，使 YA1 得电，活塞杆继续前伸，进入下一个循环，直到按下停止按钮 SB2，使 KT1 失电，活塞回到初始位置，动作停止。

分析回路图可以看出，该电—气综合控制回路能满足压装装置的工作要求。

知识链接

一、压力控制阀的种类及工作原理

在气动控制系统中，控制压缩空气的压力以控制执行元件的输出力或控制执行元件实现顺序动作的阀统称为压力控制阀。它包括调压阀、安全阀、顺序阀及多功能组合阀等。

1. 安全阀

安全阀相当于液压系统中的溢流阀，它在气压系统中限制回路中的最高压力，以防止管路破裂及损坏，起着过载保护作用。

图 8–3–18 所示为安全阀。当系统中气体压力在调定范围内时，作用在阀芯上的压力小于弹簧力，活塞处于关闭状态，如图 8–3–18a 所示。当系统压力升高，作用在阀芯上的压力大于弹簧力时，阀芯向上移动，阀门开启使进气口 1 与排气口 3 相通，如图 8–3–18b 所示。

直到系统压力降到调定范围以下，活塞又重新关闭。图 8-3-18c、d 所示为安全阀的职能符号和实物图。

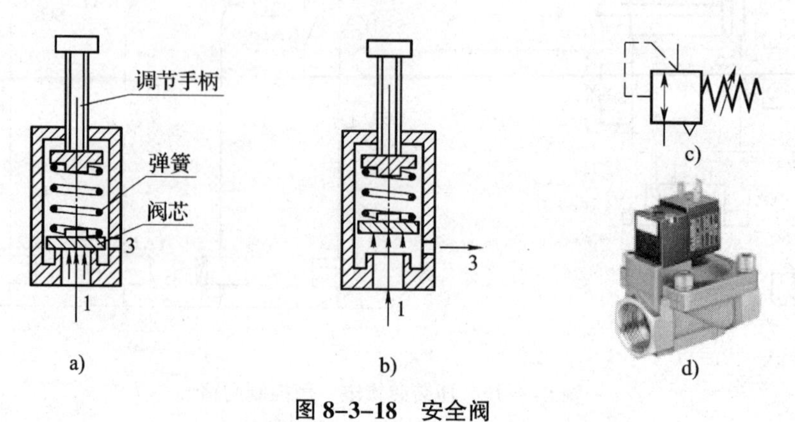

图 8-3-18 安全阀

a）静止状态 b）工作状态 c）职能符号 d）实物图

2. 顺序阀

顺序阀是依靠气路中压力的作用而控制执行元件按顺序动作的压力控制阀，如图 8-3-19 所示，它根据弹簧的预压缩量来控制其开启压力。当输出压力小于弹簧设定压力时，工作口 2 没有输出，如图 8-3-19a 所示；当输入压力达到或超过开启压力时，顶开弹簧，于是工作口 2 有输出，如图 8-3-19b 所示。图 8-3-19c 所示为顺序阀的职能符号。

在实际应用中，顺序阀很少单独使用，如前面所讲的与 3/2 换向阀构成压力顺序阀或与单向阀构成单向顺序阀（见图 8-3-19d），这两种阀都是组合阀。单向顺序阀是由顺序阀和单向阀并联而成，当压缩空气由口 1 输入时就相当于顺序阀的功能；当压缩空气反向流动时，输入口 1 变成排气口，压缩空气由口 2 进入，经口（3）排出。

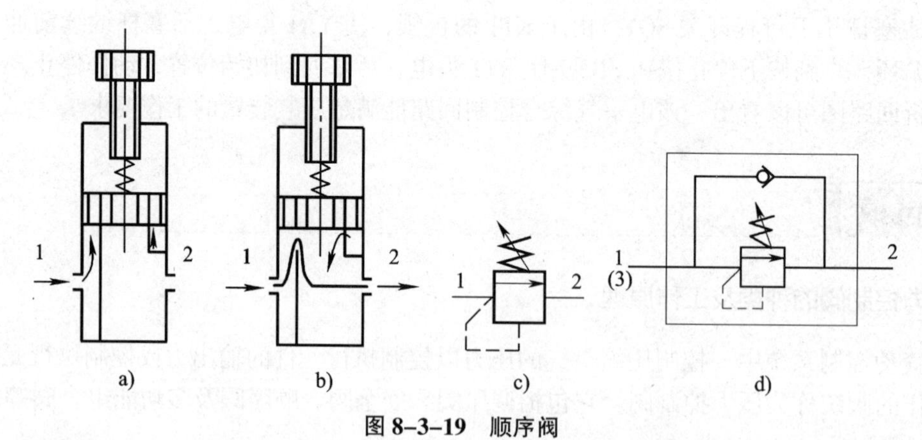

图 8-3-19 顺序阀

a）静止状态 b）工作状态 c）职能符号 d）单向顺序阀

二、流量控制阀

在气压传动系统中，有时需要控制气缸的运动速度，有时需要控制换向阀的切换时间和气动信号的传递速度，这些都需要调节压缩空气的流量来实现。流量控制阀就是通过改变阀的通流截面积来实现流量控制的元件。流量控制阀包括一般节流阀、排气节流阀等。

1. 一般节流阀

一般节流阀是安装在气动回路中，通过调节阀的开度来限制流量的控制阀。图 8-3-20a 所示为一般节流阀的工作原理图。压缩空气由接口 1 进入，经过节流后，由口 2 流出。通过调节手柄可以改变节流口的开度，这样就调节了压缩空气的流量。由于这种节流阀的结构简单、体积小，故应用范围较广。图 8-3-20b、c 所示为一般节流阀的职能符号与实物图。

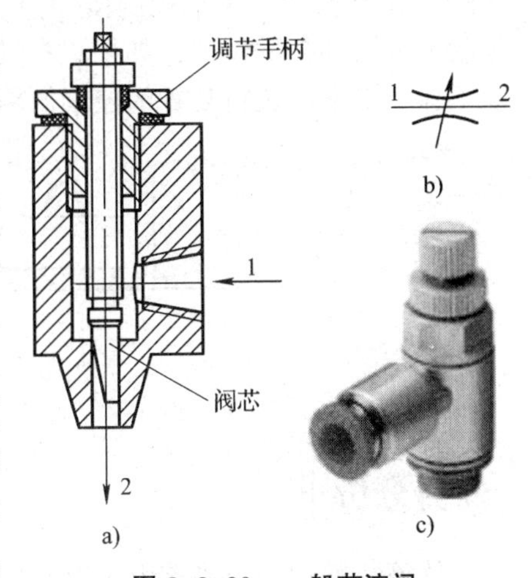

图 8-3-20 一般节流阀

a）工作原理图 b）职能符号 c）实物图

2. 排气节流阀

排气节流阀连接在换向阀的排气口以控制所通过的空气流量，它采用出口节流方式进行速度控制。图 8-3-21a 所示为排气节流阀的工作原理图，其工作原理和节流阀类似，靠调节节流口处的通流面积来调节排气流量，从而调节执行元件的速度。另外，它带有消声套，所以也能起降低排气噪声的作用。图 8-3-21b、c 所示为排气节流阀的职能符号与实物图。

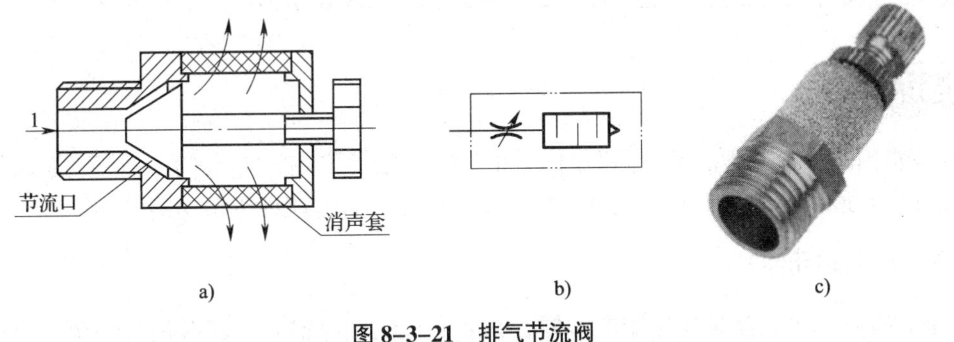

图 8-3-21 排气节流阀

a）工作原理图 b）职能符号 c）实物图

任务 4 选料装置控制回路的设计

教学目标

- 了解气动逻辑元件的种类
- 掌握基本逻辑元件的结构原理及逻辑表达式
- 掌握逻辑回路的真值表达方式
- 能对逻辑式计算并进行简化
- 掌握逻辑回路的设计方法

任务引入

图 8-4-1 所示为选料装置中具有逻辑功能的工作示意图，用三个按钮来控制执行气缸。它的工作要求为：三个控制按钮只要任意两个按钮都有信号发出，气缸就伸出，到 a_1 的位置后，返回到初始位置；如果只有其中一个按钮有信号发出，气缸不动作。本任务要求根据该工作要求设计选料装置的控制回路。

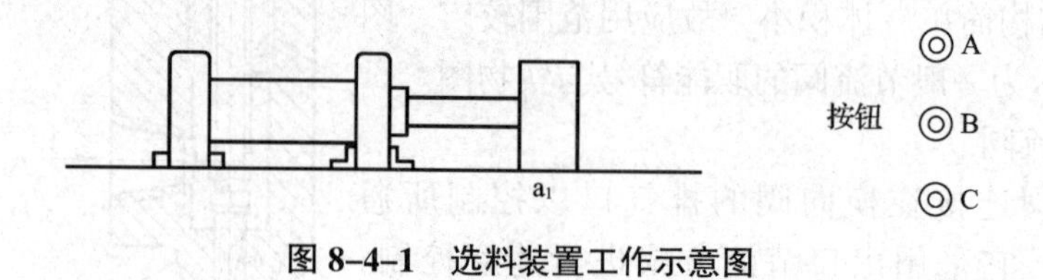

图 8-4-1　选料装置工作示意图

任务分析

从该装置的工作要求中可以看出，需要回路做出一定的分析及判断，来确定气缸是否伸出，像这种根据条件能进行判断的回路称为逻辑回路。要完成这种回路的设计必须掌握基本气动逻辑元件的符号及逻辑功能、逻辑数字的计算方法及逻辑回路的设计方法等相关知识。

相关知识

在逻辑判断中最基本的是“是”门、“非”门、“或”门和“与”门，在气动逻辑控制的基本元件中，最基本的逻辑元件也就是与之相对应的具有这四种逻辑功能的阀。

一、“是”门逻辑元件

“是”的逻辑含义就是在控制的时候，只要有控制信号输入，就有信号输出；当然如果没有控制信号输入，也没有信号输出。在气动控制系统中就是指凡是有控制信号就有压缩空气输出，没有控制信号就没有压缩空气输出。

表 8-4-1 是以常断型 3/2 阀来实现“是”门逻辑元件的表达方式，其中，“A”表示控制信号，“Y”表示输出信号。在逻辑上用“1”和“0”表示两个对立的状态，“1”表示有信号输出，而“0”表示没有信号输出。

表 8-4-1　“是”门逻辑元件

名称	阀职能符号	表达式	逻辑符号	真值表	
				A	Y
“是”门逻辑元件	A　Y	Y=A	A　Y	1	1
				0	0

二、“非”门逻辑元件

“非”的逻辑含义与“是”相反，就是当有控制信号输入时，没有压缩空气输出；当没有控制信号输入时，有压缩空气输出。

表 8–4–2 中的“非”门逻辑元件是常通型 3/2 阀，当有控制信号 A 时，阀左位接入系统，就没有信号 Y 输出；当没有控制信号 A 时，在弹簧力的作用下，阀右位接入系统，有信号 Y 输出。

表 8–4–2　　“非”门逻辑元件

名称	阀职能符号	表达式	逻辑符号	真值表	
				A	Y
“非”门逻辑元件	A Y	$Y=\overline{A}$	A Y	1	0
				0	1

三、“与”门逻辑元件

“与”门逻辑元件有两个输入控制信号和一个输出信号，它的逻辑含义是只有两个控制信号同时输入时，才有信号输出。在实际应用中一般以双压阀来实现“与”的逻辑功能。

1. 双压阀的工作原理

双压阀是单向阀的派生阀，具有一定的逻辑特性，也被称为“与”阀，它的工作原理如图 8–4–2 所示。双压阀有两个进气口 1 和一个工作口 2，当仅有一个进气口进气时（见

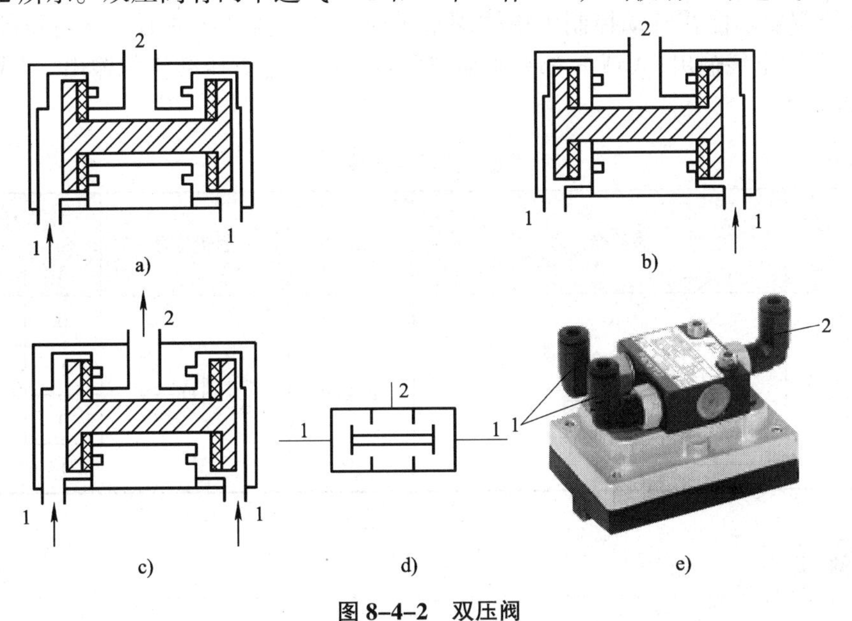

图 8–4–2　双压阀

a)、b）无压缩空气输出　c）有压缩空气输出　d）职能符号　e）实物图

1– 进气口　2– 工作口

图 8–4–2a、图 8–4–2b），压缩空气推动阀芯，封住压缩空气的通道，使工作口 2 没有压缩空气输出；若两个进气口 1 同时有压缩空气输入，且气压相同时，阀芯封住一个通道而总有另一个进气口与工作口相通，使工作口 2 有压缩空气输出，如图 8–4–2c 所示；若两个进气口输入的压缩空气的压力不同，那么其中压力高的那一端推动阀芯移动，使压力低的一端进气口与工作口相连，工作口输出低压力的压缩空气。图 8–4–2d、e 所示为双压阀的职能符号与实物图。

2. 双压阀的逻辑功能

“与”的逻辑功能在气动控制中用双压阀来实现，它只有在控制口 A、B 都有压缩空气输入时，Y 口才有压缩空气输出；而若只有 A 口或 B 口有压缩空气输入时，输出口 Y 都没有压缩空气输出。“与”门逻辑元件见表 8–4–3。

表 8–4–3　　“与”门逻辑元件

名称	阀职能符号	表达式	逻辑符号	真值表		
				A	B	Y
“与”门逻辑元件	Y A B	Y=A · B	A B —·— Y	0	0	0
				1	0	0
				0	1	0
				1	1	1

四、“或”门逻辑元件

“或”门逻辑元件也有两个输入控制信号和一个输出信号，它的逻辑含义是只要有任何一个控制信号输入，就有信号输出。

“或”的逻辑功能在气动控制中用梭阀来实现，当控制口 A 或 B 一端有压缩空气输入时，Y 就有压缩空气输出；A 或 B 都有压缩空气输入时，也有压缩空气输出。“或”门逻辑元件见表 8–4–4。

表 8–4–4　　“或”门逻辑元件

名称	阀职能符号	表达式	逻辑符号	真值表		
				A	B	Y
“或”门逻辑元件	Y A B	Y=A+B	A B —+— Y	0	0	0
				1	0	1
				0	1	1
				1	1	1

任务实施

选料装置具有逻辑控制功能，在设计逻辑回路时，一般先根据动作要求列出逻辑状态表，也就是真值表；再根据真值表写出逻辑表达式；对表达式进行简化；然后根据简化后的表达式设计出逻辑图，根据逻辑图画出气动控制系统图。

一、列出逻辑状态表

选料装置有三个按钮，分别为 A、B、C，输出信号为 Y。有信号输出为“1”，没有信号输出为“0”。根据选料装置的控制要求，列出表 8-4-5 所示的逻辑状态表。

表 8-4-5　选料装置逻辑状态表

A	B	C	Y
0	0	0	0
1	0	0	0
0	1	0	0
0	0	1	0
1	1	0	1
1	0	1	1
0	1	1	1
1	1	1	1

二、根据逻辑状态表写出逻辑表达式

在写逻辑表达式时，取 Y=1 或 Y=0 的各行进行组合，组合时同一行的变量是“与”的逻辑关系。而在确定输入变量时，如对应 Y=1，若输入变量 A 为“1”，则表达式中取原变量为“A”；若输入变量 A 为“0”，则取其反变量“$\overline{A}$”，见表 8-4-6。

表 8-4-6　变量确定的方法

<table>
<tr><td>A</td><td>B</td><td>C</td><td>Y</td><td rowspan="2">表达式为：$Y=A\overline{B}C$</td></tr>
<tr><td>1</td><td>0</td><td>1</td><td>1</td></tr>
</table>

在行与行之间是“或”的逻辑关系，所以由各行组合时，把全取 Y=1 或 Y=0 的各行相加即可，这样表 8-4-5 可以组合为：

$$Y=AB\overline{C}+A\overline{B}C+\overline{A}BC+ABC \tag{8-1}$$

三、根据逻辑代数运算法则简化表达式

根据状态表列出的表达式一般都需要进行简化，下面对式（8-1）进行简化：

$$\begin{aligned}Y&=AB\overline{C}+A\overline{B}C+\overline{A}BC+ABC\\&=AB\overline{C}+A\overline{B}C+\overline{A}BC+ABC+ABC+ABC\\&=AB\overline{C}+ABC+A\overline{B}C+ABC+\overline{A}BC+ABC\\&=AB(\overline{C}+C)+AC(\overline{B}+B)+BC(\overline{A}+A)\\&=AB+AC+BC\end{aligned} \tag{8-2}$$

四、根据逻辑表达式设计控制回路图

从式（8-2）中可以看出，按钮 A 与按钮 B、按钮 A 与按钮 C、按钮 B 与按钮 C 分别进行逻辑“与”运算，再把所得的结果进行逻辑“或”的运算，得到控制信号 Y，根据这个逻辑表达式设计出如图 8-4-3 所示的控制回路图。

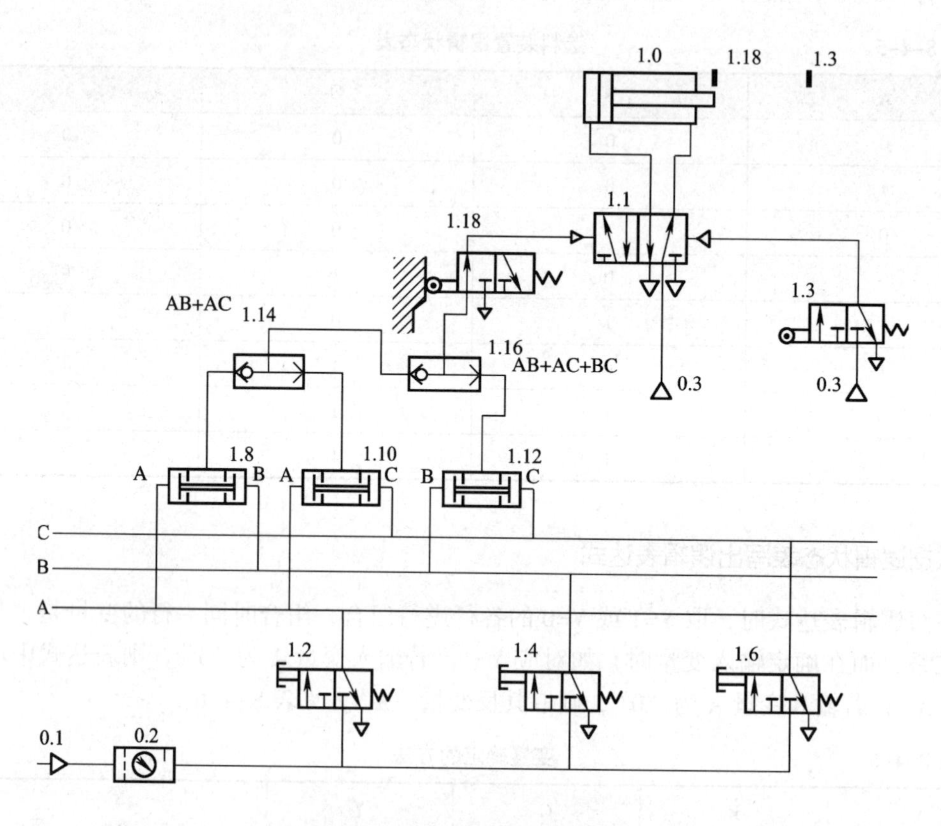

图 8-4-3　选料装置控制回路图

图中 1.2、1.4、1.6 分别表示按钮 A、B、C，根据逻辑表达式，分别用双压阀 1.8、1.10、1.12 把 1.2 与 1.4、1.2 与 1.6、1.4 与 1.6 进行连接，再把双压阀所输出的信号分别用梭阀 1.14、1.16 进行连接，得到最终与表达式一样的控制信号“Y”。

这样，如果按钮 A、B 同时按下，则阀 1.8 有压缩空气输出，阀 1.16 就有压缩空气输出，使主控阀 1.1 左位接通，气缸左腔进气，活塞杆伸出。当活塞杆压下行程阀 1.3 后，主控阀右位接通，活塞杆回到初始位置，完成一个循环。同样，同时按下按钮 A、C 或按钮 B、C 都完成同样的动作。经分析，该回路图满足选料装置的控制要求。

知识链接

一、逻辑元件的种类

气动逻辑元件是指在控制回路中能实现一定的逻辑功能的元器件，它一般属于开关元件。

逻辑元件抗污染能力强，对气源净化要求低，通常元件在完成动作后，具有关断能力，所以耗气量小。从结构上讲逻辑元件主要由两部分组成，一是开关部分，其功能是改变气体流动的通断；二是控制部分，其功能是当控制信号状态改变时，使开关部分完成一定的动作。

气动逻辑元件的种类较多，按逻辑功能可以把气动元件分为“是”门元件、“非”门元件、“或”门元件、“与”门元件、“禁”门元件和“双稳”元件。

二、常用逻辑元件

在常用逻辑元件中，除了基本的“是”“非”“与”和“或”以外，还有“禁门”和“双稳”元件。

1. 禁门元件

如图 8–4–4 所示为禁门元件的原理图，其中 A 是 B 的禁止信号。当无禁止信号 A 时，信号 B 可通过，此时，输出端有信号输出。当有禁止信号 A 时，膜片在压缩空气的作用下使阀芯右移，B 端进气口被堵住，也就是信号 B 被禁止通过，输出端无信号输出。

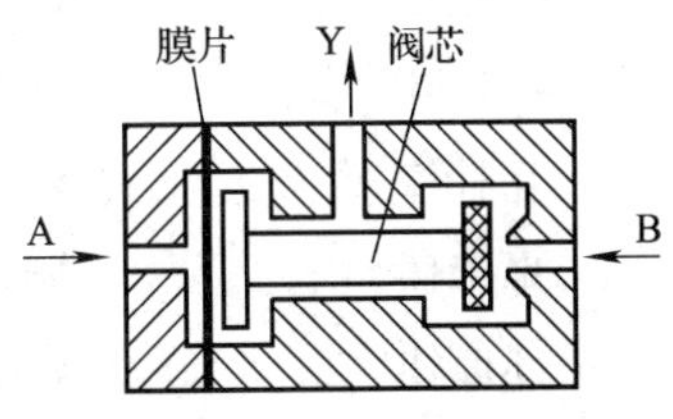

图 8–4–4 禁门元件原理图

在实际应用中也可以用常通型单气控 3/2 阀来实现禁门元件的逻辑功能。“禁”门逻辑元件的表达方式见表 8–4–7。

表 8–4–7 “禁”门逻辑元件

名称	阀职能符号	表达式	逻辑符号	真值表		
				A	B	Y
“禁”门逻辑元件		$Y=\overline{A}B$		0	0	0
				1	0	0
				0	1	1
				1	1	0

2. 双稳元件

双稳元件也称为记忆元件，其原理图如图 8–4–5 所示，当加入控制信号 A 时，阀芯右移，使进气口与输出口 Y_1 相通，而 Y_2 与排气口相通，Y_1 处于输出状态，此时若撤销控制信号 A，则元件仍保持原输出状态不变。只有加入控制信号 B 后，推动阀芯左移，使进气口与 Y_2 相通，Y_1 与排气口相通，Y_1 处于输出状态。同样，若撤销控制信号 B，则输出状态不变。

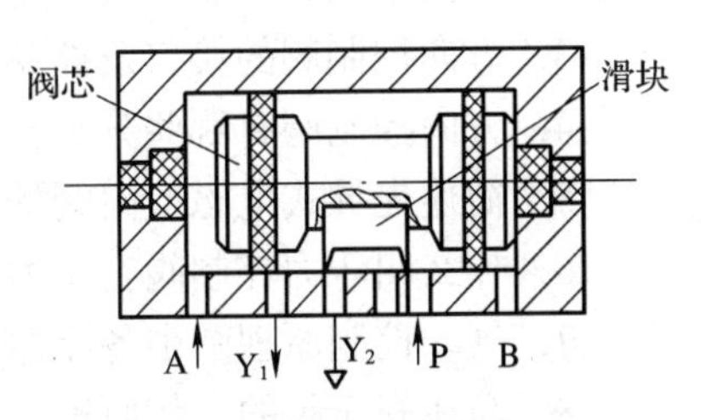

图 8–4–5 双稳元件原理图

在实际应用中，可以用 5/2 双气控阀来实现双稳元件的逻辑功能，见表 8–4–8。

表 8-4-8 “双稳”逻辑元件

名称	阀职能符号	表达式	逻辑符号	真值表			
				A	B	Y_1	Y_2
“双稳”逻辑元件	Y_1 Y_2 A B P	$Y_1=(A+K)\cdot\overline{B}\longleftrightarrow K_B^A$ $Y_2=\overline{Y_1}\longleftrightarrow K_A^B$	A 1 Y_1 B 0 Y_2	0	1	0	1
				0	0	0	1
				1	0	1	0
				0	0	1	0

三、逻辑代数的基本公式

逻辑代数也称为布尔代数，它的基本运算法则如下：

0 定则	$0+A=A$	$0\cdot A=0$
1 定则	$1+A=1$	$1\cdot A=A$
互补律	$A+\overline{A}=1$	$A\cdot\overline{A}=0$
重叠律	$A+A=A$	$A\cdot A=A$
还原律	$\overline{\overline{A}}=A$	
交换律	$A+B=B+A$	$A\cdot B=B\cdot A$
结合律	$(A+B)+C=A+(B+C)$	$(A\cdot B)\cdot C=A\cdot(B\cdot C)$
分配律	$A\cdot(B+C)=AB+AC$	$A+BC=(A+B)\cdot(A+C)$
德·摩根定律	$\overline{A+B}=\overline{A}\cdot\overline{B}$	$\overline{A\cdot B}=\overline{A}+\overline{B}$
吸收律	$A+AB=A$	$A(A+B)=A$
	$A+\overline{A}B=A+B$	$A(\overline{A}+B)=AB$
	$A(A+B)=A$	$(A+B)(A+C)=A+BC$
	$AB+\overline{A}C+BC=AB+\overline{A}C$	$AB+\overline{A}C+BCD=AB+\overline{A}C$

思考与应用

1. 方向控制阀的职能符号是如何表示的?
2. 阀门常用的控制方式有哪些?
3. 方向控制阀的接口及控制接口是如何表示的?
4. 方向控制阀有哪些分类?
5. 简述先导式电磁换向阀的工作原理。
6. 什么叫压力控制阀? 压力控制阀有哪几种类型?
7. 气动控制原理图中各元器件编号的基本方法是什么?
8. 简述安全阀的工作原理。
9. 简述顺序阀的工作原理。

10．简述减压阀的工作原理。

11．简述双气控方向控制阀的工作原理及特点。

12．简述单向节流阀的工作原理。

13．简述延时阀的工作原理。

14．比较进气节流与排气节流的优缺点。

15．图 8-4-6 所示为折弯机工作示意图。其工作要求为：当工件到达位置 a_1 时，按下启动按钮气缸伸出，将工件按设计要求折弯，然后快速退回，完成一个工作循环；如果工件未到达指定位置，按下按钮气缸也不能动作。另外，为了适应加工不同材料或直径的工件需求，系统工作压力应可以调节。试用纯气动控制及电－气综合控制方式分别设计折弯机的控制回路。

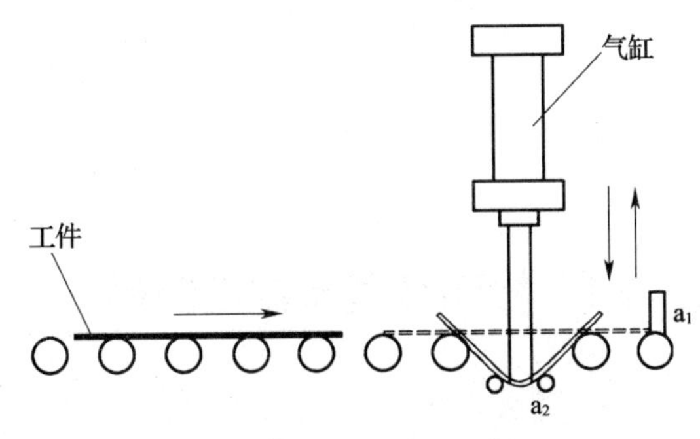

图 8-4-6　折弯机工作示意图

16．写出基本逻辑元件“是”“非”“或”“与”的真值表，并画出对应气动逻辑阀的职能符号。

17．根据表 8-4-9 所示的逻辑状态表，写出逻辑表达式并加以简化。

表 8-4-9　逻辑状态表

A	B	C	Y
0	0	0	1
0	0	1	1
0	1	0	0
0	1	1	1
1	0	0	0
1	0	1	1
1	1	0	1
1	1	1	1

模块九

双缸控制回路的设计

任务1　检测装置系统回路的设计

教学目标

- 了解双缸控制回路的设计方法
- 掌握行程程序图的表示方法及设计方法
- 掌握逻辑原理图的设计原理及方法
- 掌握信号—动作状态图的设计方法

任务引入

图 9-1-1 所示为流水线上检测装置的工作示意图，圆形工作台上有 6 个工位，气缸 B 是检测气缸，对工件进行检测；气缸 A 是工作气缸，它每伸出一次，使工作台转过一定的

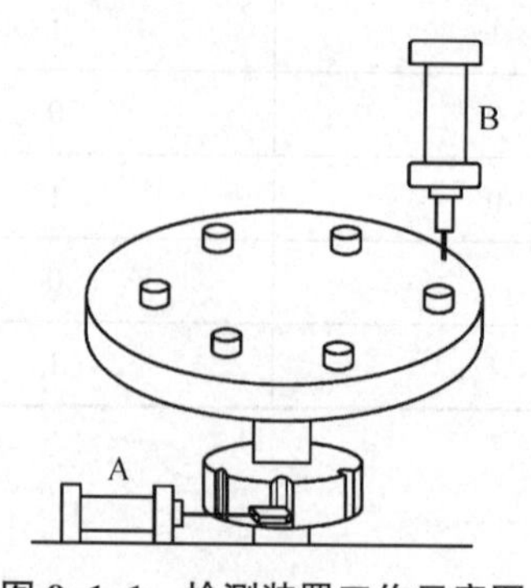

图 9-1-1　检测装置工作示意图

角度。检测装置的工作要求是：气缸 A 伸出→气缸 B 伸出→气缸 A 退回→气缸 B 退回。

本任务要求设计满足该检测装置工作要求的控制回路。

任务分析

类似于检测装置这种需要两个（或两个以上）执行气缸协调工作的回路称为多缸回路。设计多缸回路时首先要画出气缸运动的位移—步骤图，有关动作顺序的条件也应加以规定。在对多缸回路的设计中一般用行程程序回路的设计方法，因而在设计过程中必须有清晰的设计思路，并熟练掌握设计方法。本模块只涉及多缸控制回路中的双缸控制。

相关知识

一、行程程序控制方法

行程程序控制如图 9–1–2 所示。

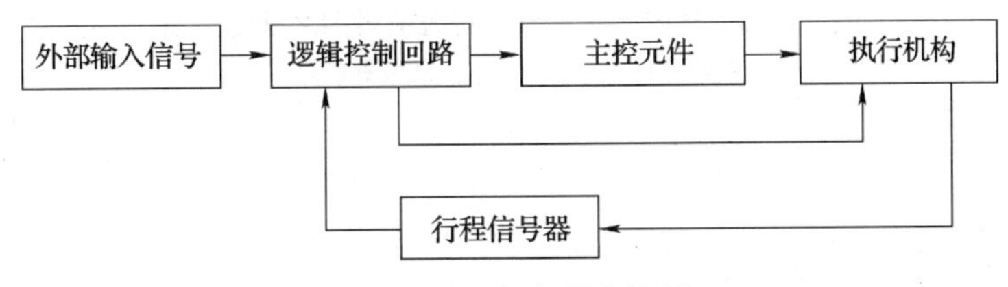

图 9–1–2 行程程序控制

外部输入启动信号，经逻辑回路进行逻辑运算后，通过主控元件发出一个执行信号，推动第一个执行元件动作。动作完成后，执行元件在其行程终端触发第一个行程信号器，发出新的信号，再经逻辑控制回路进行逻辑运算后发出第二个执行信号，指挥第二个执行元件动作。依次不断地循环运行，直至控制任务完成，切断启动指令为止，这是一个闭环控制系统。显然，只有前一工步动作完成后，才能进行后一工步动作。这种控制方法具有连锁作用，能使执行机构按预定的程序动作，因此，极为安全可靠，是气动自动化设备上使用最广泛的一种方法。

二、行程程序的文字表示方法

在实际应用中常用文字符号来表示行程程序。在用文字符号表示的过程中，对气缸、主控阀、行程信号器（行程阀）等做出如下规定。

1．执行元件的表示方法

用大写字母 A、B、C…表示执行元件，用下标“1”表示气缸活塞杆的伸出状态，用下标“0”表示气缸活塞杆的缩回状态。如 A_1 表示 A 缸活塞杆伸出，A_0 表示 A 缸活塞杆缩回。

2．行程信号器（行程阀）的表示方法

用带下标的小写字母 a_1、a_0、b_1、b_0 等分别表示由 A_1、A_0、B_1、B_0 等动作触发的相对应的行程信号器（行程阀）及其输出的信号。如 a_1 是 A 缸活塞杆伸出到终端位置所触发的行程阀及其输出的信号。

3. 主控阀的表示方法

主控阀用 F 表示，其下标为其控制的气缸号。如 F_A 是控制 A 缸的主控阀。主控阀的输出信号与气缸的动作是一致的，如主控阀 F_A 的输出信号 A_1 有信号，即活塞杆伸出。

气缸、主控阀、行程信号器（行程阀）之间的关系及有关代号如图 9–1–3 所示。

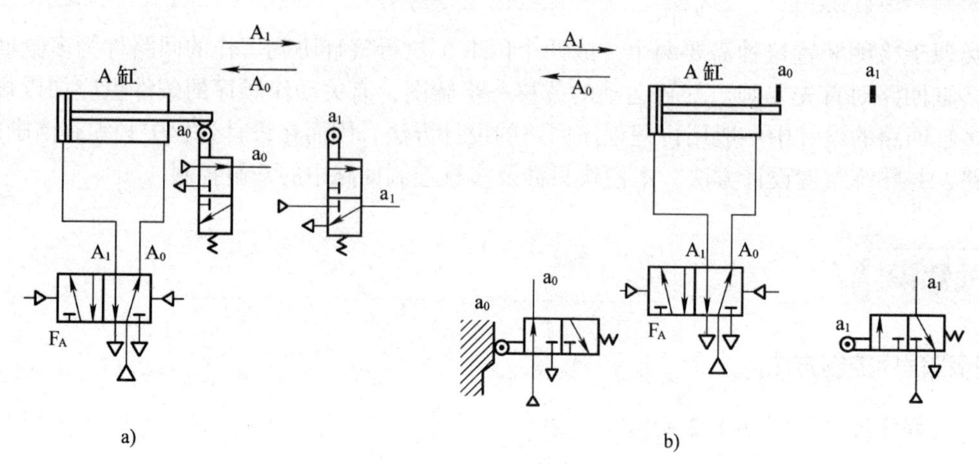

图 9–1–3　气缸、主控阀、行程信号器之间的关系

a）物理空间布置方式　b）原理图布置方式

任务实施

要想完成检测装置控制回路的设计，必须按照如下程序进行：

绘制检测装置的位移 – 步骤图→绘制检测装置的行程程序框图→绘制检测装置的信号—动作状态图→绘制检测装置的气动逻辑原理图→检测装置控制回路的设计。

一、绘制检测装置的位移 – 步骤图

根据工作要求，做出如图 9–1–4 所示的检测装置的位移 – 步骤图，图中执行元件 A 表示转动气缸，执行元件 B 表示测量气缸。

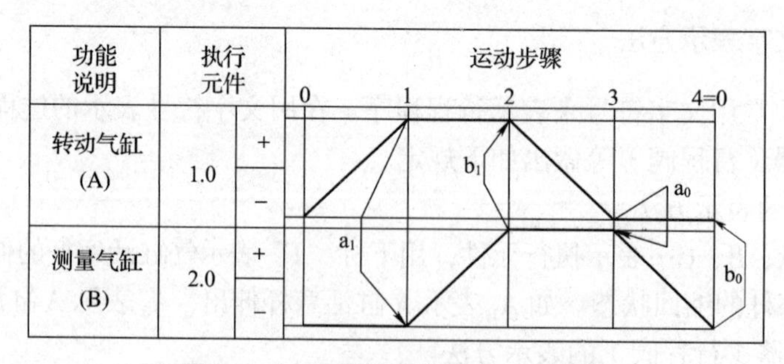

图 9–1–4　检测装置的位移 – 步骤图

从位移 – 步骤图中可以清楚地看出两执行元件的运动状态。当执行元件 A 前伸时，测量气缸 B 保持不动；当缸 A 前进到位置时，发出一个信号 a_1 使缸 B 前伸，而缸 A 保持伸出

状态；当缸 B 前伸到位置后，发出一个信号 b_1 使缸 A 回缩，而缸 B 保持伸出状态；当缸 A 回到原位后，发出一个信号 a_0 使缸 B 回到原始位置并得到一个控制信号 b_0，以准备下一个循环。

二、绘制行程程序框图

行程程序是根据生产工艺流程的要求，确定应使用执行元件的数量以及完成任务的动作顺序，行程程序可用程序框图来表示。

1．程序框图

程序框图就是用一个方框表示一个动作或一个行程。如检测装置，从位移—步骤图中的分析，其动作顺序可以用图 9–1–5 所示的程序框图表示。

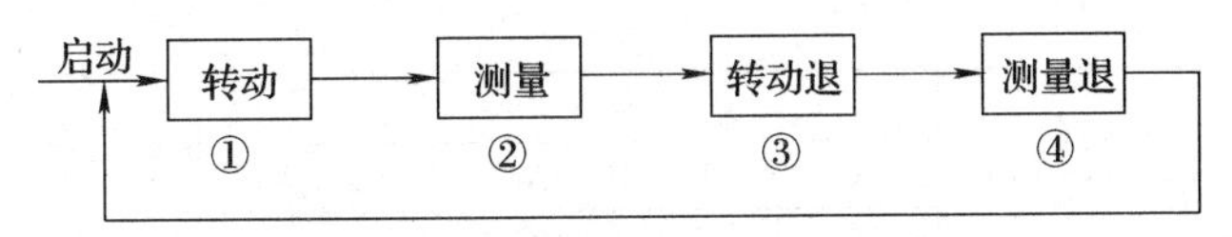

图 9–1–5 检测装置行程程序框图

2．程序框图的简化

根据行程程序的文字规定，检测装置的程序框图可简化成图 9–1–6 所示的表示方法。其中，"$\xrightarrow{a_1} B_1$"表示行程阀 a_1 发出控制信号，使 B 缸活塞杆伸出；"$B_1 \xrightarrow{b_1}$"表示 B 缸活塞杆伸出到行程终端触发行程阀 b_1，发出信号 b_1。

从图 9–1–6 所示的表示方法中可以清晰地看出所需的行程控制信号，它确定了回路设计的依据。

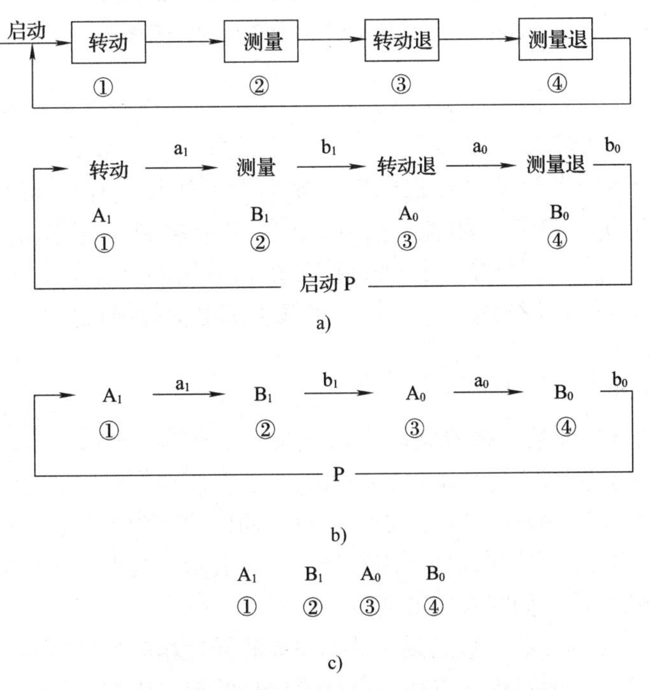

图 9–1–6 检测装置行程程序框图的简化表示方法

a）一般式 b）简化式 c）最简式

三、绘制信号－动作状态图

信号－动作状态图简称 X–D 图，其中“X”是“信”字汉语拼音首字母，“D”是“动”字汉语拼音首字母。这里的信号是指所选阀或行程开关被触发而产生的机械信号或再由行程信号器转换成的气信号、电信号，即 a_1、a_0、b_1 等。“动作”是指气缸活塞杆伸出或返回的动作，如 A_1、A_0、B_1 等。如果将“动作”看成主控阀的输出信号，则又可称为“信号－状态图”，即主控阀的“输入信号－输出信号”状态图。

1．绘制“X–D 图”的方格图

方格图的格式如图 9–1–7 所示（以检测装置程序为例）。

<table>
<tr><td colspan="2" rowspan="3">X－D
（信号动作）组</td><td colspan="4">程序</td><td colspan="2" rowspan="2">执行信号</td></tr>
<tr><td>A1</td><td>B1</td><td>A0</td><td>B0</td></tr>
<tr><td>①</td><td>②</td><td>③</td><td>④</td><td>单控</td><td>双控</td></tr>
<tr><td>1</td><td>b0（A1）
A1</td><td></td><td></td><td></td><td></td><td></td><td></td></tr>
<tr><td>2</td><td>a1（B1）
B1</td><td></td><td></td><td></td><td></td><td></td><td></td></tr>
<tr><td>3</td><td>b1（A0）
A0</td><td></td><td></td><td></td><td></td><td></td><td></td></tr>
<tr><td>4</td><td>a0（B0）
B0</td><td></td><td></td><td></td><td></td><td></td><td></td></tr>
<tr><td>备用格</td><td></td><td></td><td></td><td></td><td></td><td></td><td></td></tr>
</table>

图 9–1–7　检测装置 X–D 图的方格图格式

根据已给程序，在方格第一行“程序”栏内自左向右依次填入相应的动作符号 A_1、B_1…；第二行栏内依次填上程序号①、②…；左边纵向栏内依次在每格内填上信号动作组的符号，同一横格的上行填写行程阀的原始信号，如 b_0（A_1）、a_1（B_1）…，下行填写该信号控制的动作状态符号，如 A_1、B_1…。$\begin{smallmatrix} b_0\,(A_1) \\ A_1 \end{smallmatrix}$ 表示控制 A_1 动作信号的是 b_0，并使气缸 A 的活塞杆伸出。执行信号中双控执行信号是指采用双气（双电）控换向阀作主控阀时所用的执行信号，单控执行信号是指采用单气（单电）控换向阀作主控阀时所用的执行信号。

2．画动作状态线

绘好 X–D 图的方格图后，接着画动作状态线。每一纵格表示一个行程，行程与行程之间的交界线为气缸的换向线。每一动作状态线的起点在该动作程序的开始处，应落在该程序与上一程序的交界线上，用符号“○”表示；每一动作状态线的终点，位于该动作状态的换向线处，即处于其相反动作的起点处，用符号“×”表示，两点之间用粗实线相连接，其连接线就是该动作的状态线，如图 9–1–8 所示。

行程控制信号是控制它的气缸的某一动作完成时触发相应的信号器产生的，因此，该信号的起点处于控制它动作的行程终点处，也就说信号的起点比控制它的动作的起点晚一个行程。它的起点与终点的表示符号与动作的表示符号一样，即用“○”和“×”分别表示起点和终点，而状态线用细实线来表示，如图 9–1–8 所示。

有了 X–D 图，可以方便地看出行程信号与动作之间的关系，确定系统各元件所处的原始状态。

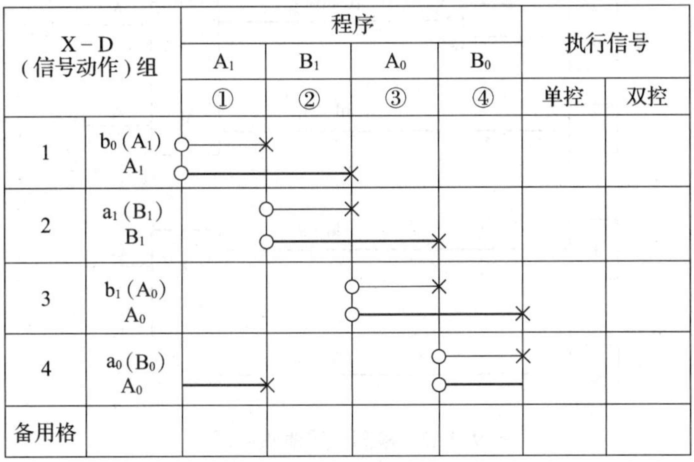

X－D（信号动作）组		程序				执行信号	
		A_1	B_1	A_0	B_0		
		①	②	③	④	单控	双控
1	$b_0(A_1)$ A_1						
2	$a_1(B_1)$ B_1						
3	$b_1(A_0)$ A_0						
4	$a_0(B_0)$ A_0						
备用格							

图 9–1–8 检测装置的 X–D 图

四、绘制气动逻辑原理图

气动逻辑原理图是用气动逻辑符号来表示的控制原理图。

为了实现预定的动作要求，在 X–D 图上用逻辑原理式表达的执行信号还需转换成为相应的控制原理图，也就是指由一些控制元件，按照逻辑控制要求连接起来，以清晰地表示出工作要求。

1．气动逻辑原理图的基本组成及表示符号

（1）原始信号的表示方法

原始信号主要有行程阀和外部输入信号，这些信号符号外要加上方框，如$\boxed{a_1}$、$\boxed{a_0}$，而对其他手动阀及控制阀等，则分别加相应的符号来表示，如在方框内标上字母 g 表示其为手动启动阀。

（2）原理图的表示方法

逻辑控制回路主要是“与”“非”“或”“记忆”等逻辑功能，用相应符号来表示。注意这些符号应理解为逻辑运算符号，它不一定就代表一个确定的元件。

（3）主控阀的表示方法

主控阀由于通常具有记忆功能，故常以记忆元件的逻辑符号来表示，而执行机构，如气缸、气动马达等，则通常只以其状态符号（如 A_0、A_1）表示与主控阀相连，如图 9–1–9 所示。

2．检测装置的逻辑原理图

根据检测装置的 X–D 图画出如图 9–1–9 所示的逻辑控制原理图。其中，执行信号需在符号右上角加“*”表示，如 b_0^*、b_1^* 等。

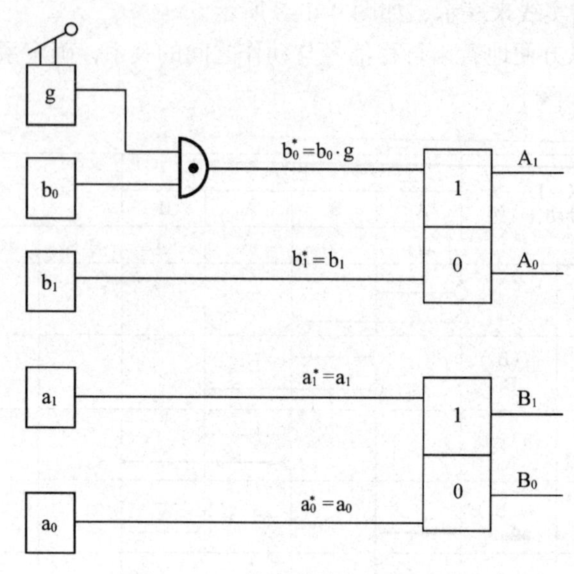

图 9-1-9　检测装置逻辑原理图

五、控制回路的设计

1. 纯气动控制回路的设计

有了X-D图就可以把执行元件、主控阀以及其他控制元件按X-D所示的关系连起来。

如图 9-1-10 所示，从图中可以清晰地表达出控制信号与动作之间的关系。当按下启动按钮，行程阀 b_0 输出控制信号 b_0，使主控阀 F_A 输出信号 A_1，A 缸活塞杆伸出（推动圆盘转到一个检测位置），同时 a_0 信号切断。

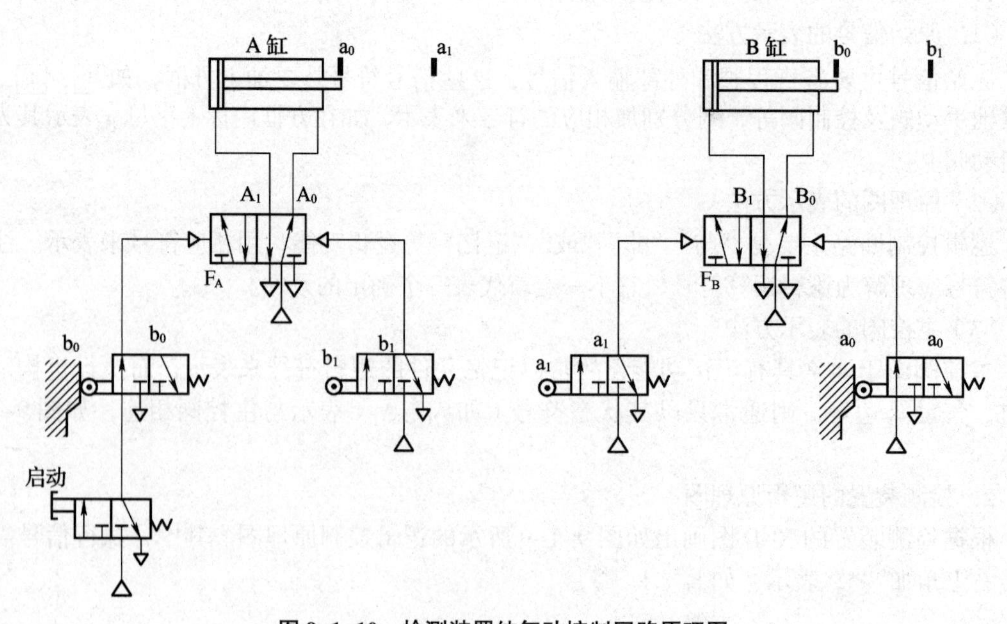

图 9-1-10　检测装置纯气动控制回路原理图

当 A 缸活塞杆压下行程阀 a_1 时，发出控制信号 a_1，使主控阀 F_B 发出控制信号 B_1，B 缸的活塞杆向前伸出（对工件进行检测），同时 b_0 信号切断。当 B 缸的活塞杆压下行程阀 b_1 时，发出控制信号 b_1，使主控阀 F_A 发出控制信号 A_0，A 缸活塞杆回缩（退回到初始位置，等候下一次推动圆盘），同时 a_1 信号切断。当 A 缸的活塞杆压下行程阀 a_0，使其发出信号 a_0 时，主控阀 F_B 输出信号 B_0，B 缸的活塞杆回缩（检测气缸 B 缩回，等候下一次检测），同时切断信号 b_1，当 B 缸活塞杆压下 b_0 时，系统回路回到初始状态。

图 9–1–10 所示的回路图是不够全面的，在实际的工程应用中还要考虑速度的控制、气源的调节及净化处理等多方面的内容，因此，需在原理图的基础上加以完善。图 9–1–11 所示的回路图就是在图 9–1–10 的基础上加以完善的检测装置的控制回路图，它用单向节流阀来控制活塞杆的前伸速度，用快速排气阀来加快活塞杆的退回速度，并用自锁控制的方法来控制活塞的运动和停止。

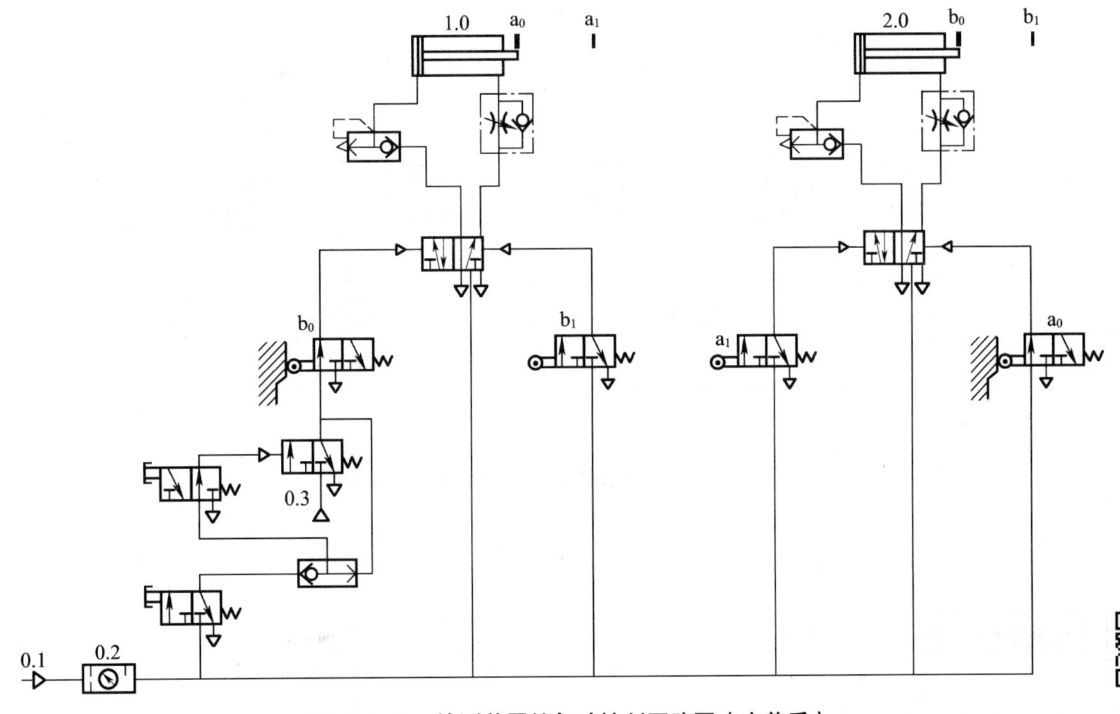

图 9–1–11　检测装置纯气动控制回路图（完善后）

2. 电 – 气综合控制回路的设计

在设计电 – 气综合控制回路时也是先根据 X–D 图设计主控回路图，其中主控阀用电磁阀，行程信号发生器选用电感式和电容式的接近开关。再根据控制信号的关系设计出电 – 气控制的控制回路，这时设计出的回路可能还有一些不足，还要根据具体的情况进一步完善（这里就不进行完善了）。最后得到的检测装置的电 – 气控制回路如图 9–1–12 所示，请读者自行分析。

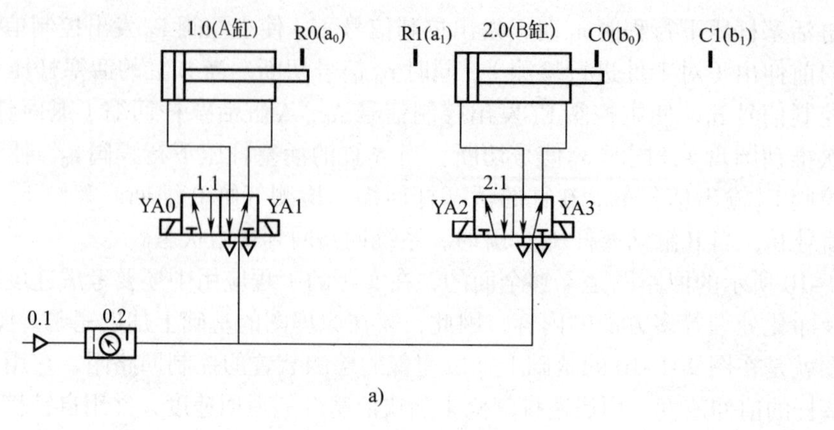

a）

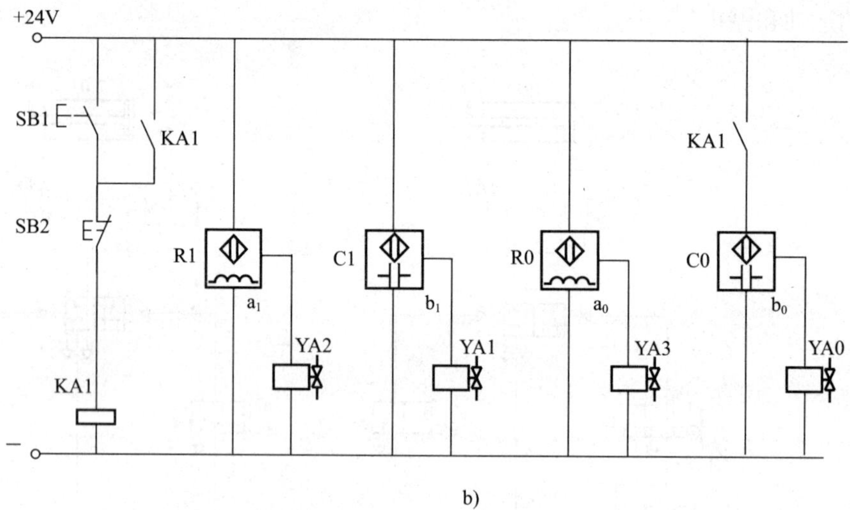

b）

图 9–1–12　检测装置电 – 气综合控制回路图

a）主控回路　b）控制回路

知识链接

一、控制系统的分类

按不同的分类方式，控制系统可分为不同的类型，具体的分类见表 9–1–1。

注意

在本任务气动回路设计中采用的方法属于程序控制中的行程控制。

表 9–1–1　　控制系统的分类

分类依据	控制系统名称
按控制形式分	直接控制
	记忆控制
	程序控制（包括时序控制、行程控制、顺序控制）

续表

分类依据	控制系统名称
按信号类型分	模拟控制
	数字控制
	二位控制
按信号处理方式分	同步控制
	异步控制
	逻辑控制
	顺序控制（包括时序控制、过程控制）

二、气动程序控制系统的组成

一个典型的气动程序控制系统的组成如图 9–1–13 所示。

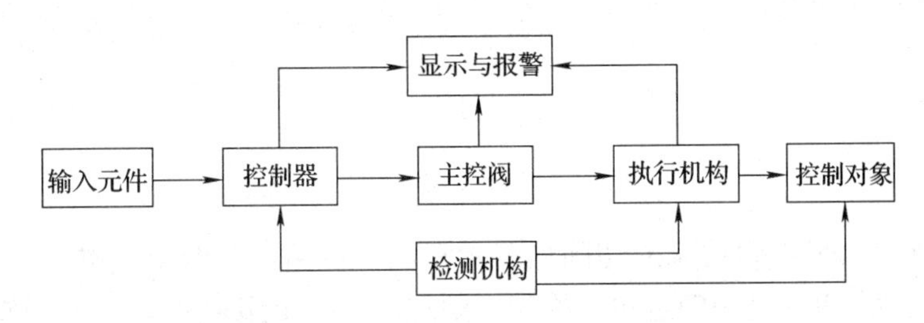

图 9–1–13　气动程序控制系统的组成

1．输入元件

这是程序控制系统的人机接口部分。该部分使用各种按钮开关、选择开关来进行气动装置的启动等操作。

2．控制器

这是程序控制系统的核心部分。它接受输入控制信号后，进行逻辑运算、记忆、延时等各种处理，产生出完成各种控制作用的输出控制信号。对纯气动控制来说，控制部分主要由各种方向控制阀、气动逻辑阀等元件组成。

3．主控阀

主控阀用于接受一定的信号，产生具有一定压力和流量的气动信号，驱动后面的执行机构动作。常用的元件有各种压力控制阀、流量控制阀、方向控制阀，实际应用中一般以方向控制阀作为主控阀的居多。

4．执行机构

执行机构用于将主控元件的输出能转换成各种机械动作。执行机构由气动执行元件及由它联动的机构构成。常用的气动执行元件是气缸、气爪、气动马达和真空吸盘等。

5．检测机构

检测机构用于检测执行机构、控制对象的实际工作情况，并将检测出的信号送回控制器。检测机构中的行程信号器是一种发出行程（位置）信号的转换器（传感器），在纯气动控制中应用较多的是行程阀。

6．显示与报警

用于监控系统的运行情况，出现故障时发出故障报警。常用的元件有测压表、报警灯、显示屏等。

任务 2　半自动钻床控制回路的设计

教学目标

- 了解磁感应开关的基本应用原理
- 掌握磁感应开关的职能符号及具体应用
- 掌握多缸回路的设计方法
- 掌握利用 X-D 图判别障碍信号的基本方法
- 掌握消除障碍信号的基本方法

任务引入

图 9-2-1 所示为半自动钻床的切削加工示意图，该钻床有两个气缸，一个用来驱动钻床主轴的轴向移动，也就是切削进给，称为切削缸；另一个用来夹紧工件，称为夹紧缸。在机床的切削过程中，要求两个气缸按一定的顺序要求先后动作，完成一个工作循环，即夹紧缸伸出夹紧工件→切削缸切削进给→切削缸退回→夹紧缸松开工件退回。

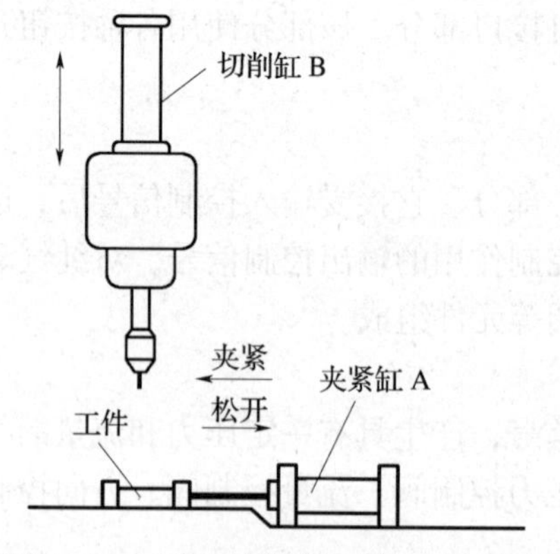

图 9-2-1　半自动钻床切削加工示意图

本任务要求设计符合该工作要求的半自动钻床的控制回路。

任务分析

在一个循环中，有一个或多个气缸进行多次往复运动的称为多缸往复行程控制回路。半自动钻床控制回路属于多缸单往复行程控制回路，也就是在一个循环程序中，所有的气缸都只做一次往复运动。

在多缸往复回路的设计中一般用位移－步骤图、行程程序图引导出信号－动作图（X–D图），通过对信号－动作图的分析，画出逻辑原理图，最终画出气动控制回路图。在设计多缸往复行程控制回路时，遇到的最大问题是信号的重叠，因此，合理、正确地解决信号重叠问题是设计这类回路的关键。

相关知识

一、磁性开关控制

在半自动钻床的电－气控制回路中，需要用到磁性开关。磁性开关利用一种磁敏元件，当磁性物体接近时利用内部电路状态的变化控制开关的通断，这种接近开关的检测对象必须是磁性物体。图 9–2–2 所示为磁性开关的实物图及图形符号。

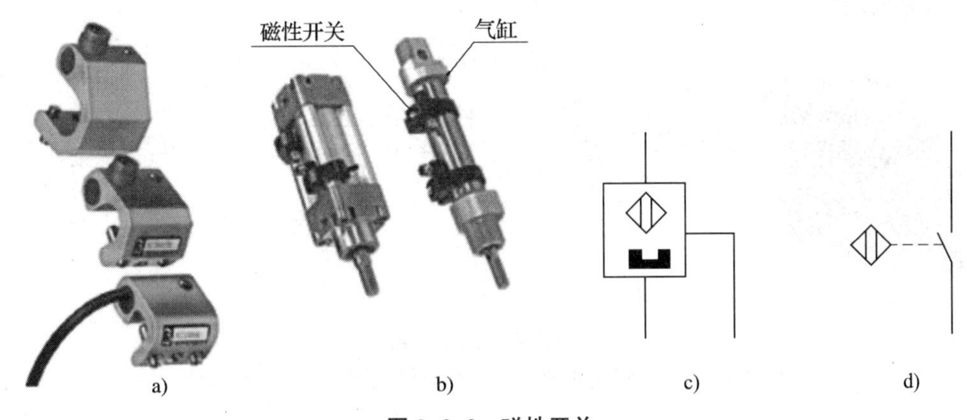

图 9–2–2　磁性开关

a）实物图　b）安装方式　c）图形符号　d）一般符号

磁性开关一般和磁性气缸配套使用，磁性气缸的活塞上都有一个永久性的磁环，把磁性开关安装在气缸的缸筒上，当活塞往复运动时永久性磁环随其一起运动，而磁性开关检测到永久磁环时就发出一个信号，使开关“通”或“断”。

图 9–2–3 所示为磁性开关控制系统图，它是由磁性开关发出电信号以控制阀 1.1 的电磁线圈，从而控制气缸的往复运动。

二、单向行程阀

在本任务中，单向行程阀用来消除障碍信号。

单向行程阀只能在气缸活塞杆前进或后退的一个方向中才能被压下工作，而且在工作

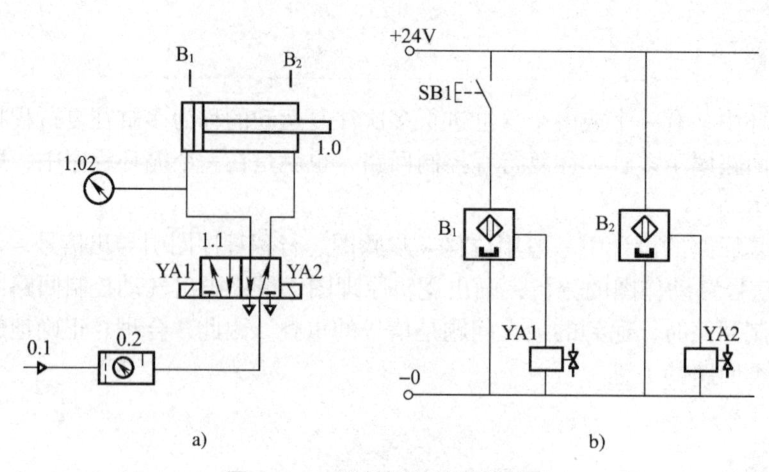

图 9–2–3　磁性开关控制系统图

a）气动控制图　b）电气控制图

时只能发出一个短暂的气体信号，其实物如图 9–2–4a 所示。当活塞杆前伸时（见图 9–2–4b），活塞杆压下行程阀，输出信号，而当活塞杆继续前伸（见图 9–2–4c），在弹簧力的作用下，信号终止，因而在这个过程中单向式行程阀输出一个短暂的信号，相当于一个脉冲信号。当活塞杆退回（见图 9–2–4d），前面一小段可以绕中心轴转动，使活塞杆通过，而行程阀没有动作，不发出信号。

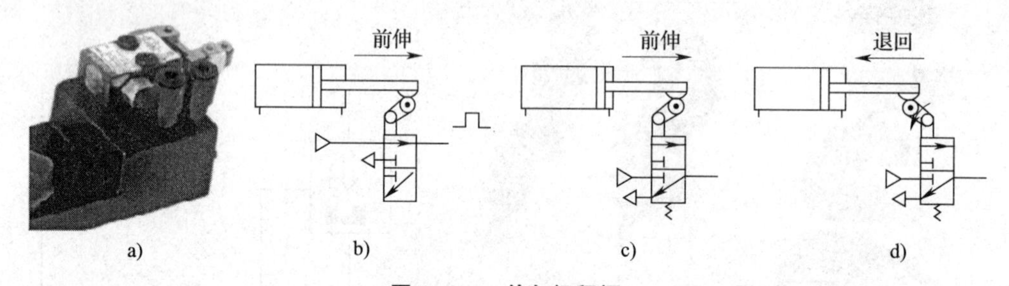

图 9–2–4　单向行程阀

a）实物图　b）活塞杆前伸　c）活塞杆继续前伸　d）活塞杆退回

在安装单向行程阀时，一定要将其安装在活塞杆未到达终端的一小段距离的位置上，以便活塞杆的撞块能够通过，否则不能达到发出脉冲信号的作用。

任务实施

半自动钻床控制回路的设计程序：绘制半自动钻床控制回路的位移 – 步骤图→绘制半自动钻床控制系统的行程程序图→绘制半自动钻床控制系统的信号 – 动作状态图→判断、消除障碍信号→绘制逻辑原理图→绘制控制回路图。

一、绘制半自动钻床控制回路的位移 – 步骤图

根据工作要求，绘出如图 9–2–5 所示的位移 – 步骤图。从图中可以清楚地看出两执行机

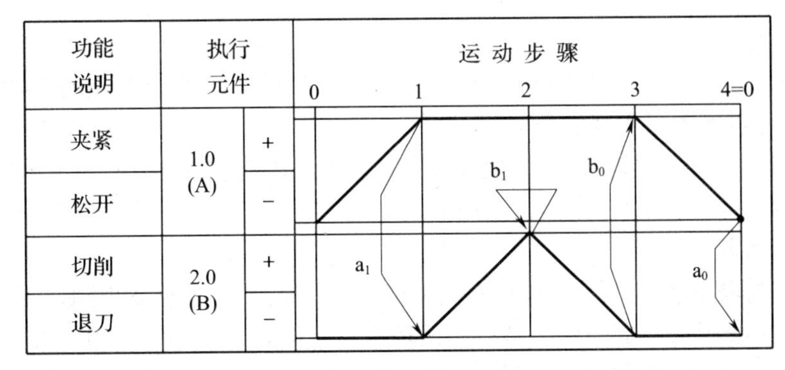

图 9–2–5　半自动钻床控制回路的位移 – 步骤图

构 A 缸和 B 缸的动作、步骤，以及控制信号的位置及控制方向。当 A 缸把工件夹紧后，得到控制信号 a_1 并控制 B 缸开始切削进给，当切削结束后得到控制信号 b_1 并控制 B 缸退回，退回到位后得到控制信号 b_0 并控制 A 缸退回松开工件。

二、绘制半自动钻床控制系统的行程程序图

根据执行机构位移 – 步骤图加上行程阀的控制信号，绘出如图 9–2–6 所示的控制系统行程程序图。

从图中可以看出，当 A 缸的活塞杆前伸压下行程阀 a_1 后，B 缸前伸，同时 A 缸保持夹紧状态；当 B 缸活塞杆压下行程阀 b_1 后，其活塞杆退回；当 B 缸的活塞杆退回压下行程阀 b_0 后，使 A 缸活塞杆退回，直至终点压下行程阀 a_0。

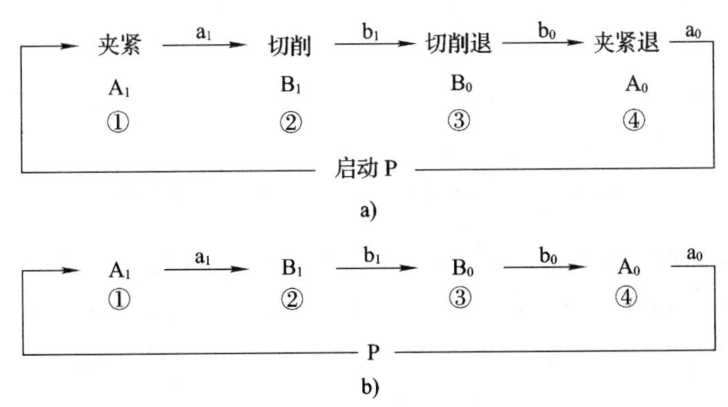

图 9–2–6　半自动钻床控制系统的行程程序图

a）一般形式　b）简化形式

三、绘制半自动钻床控制系统的信号 – 动作状态图（X–D 图）

根据位移 – 步骤图，绘制出如图 9–2–7 所示的半自动钻床控制系统的 X–D 图，具体的绘制方法如下。

1. 绘“X–D 图”的方格图

根据半自动钻床控制系统的工作程序，明确各执行元件的行程及动作状态，画出钻床的

X–D 状态方格图。

2．绘出动作状态图

根据动作要求，在方格图的基础上，绘制出半自动钻床控制系统的 X–D 状态图，如图 9–2–7 所示（见图中粗实线部分）。

由于程序是一个循环接一个循环地连续工作运转，因此在程序④行程末的纵列线与程序①行程开始的纵列线是重合的。由于采用的是双气控阀，所以执行信号为双控执行信号。

3．绘制信号状态线

画信号线与状态线一样，确定信号的起点及终点，再把两者用细实线连起来，如图 9–2–7 中细实线所示。由于程序是一个循环接一个循环，图中第四组的 b_0 信号是由程序④行程的开始一直到程序②行程的开始、B 缸伸出时结束。

X–D（信号动作）组		程序 A_1 ①	B_1 ②	B_0 ③	A_0 ④	执行信号 双控
1	$a_0(A_1)$ A_1					
2	$a_1(B_1)$ B_1					
3	$b_1(B_0)$ B_0					
4	$b_0(A_0)$ A_0					
备用格						

图 9–2–7　半自动钻床控制系统的 X–D 状态图

如果信号线的起点和终点重合在同一交界线上，即出现“⊗”符号时，表示该动作完成后立即返回，停留的时间很短，相当于发出一个脉冲宽度为行程阀动作和主控阀换向的时间之和的脉冲信号。

四、判断、消除障碍信号

1．利用 X–D 图判别障碍信号

判断多缸单往复控制障碍信号的基本方法是：当主控阀控制信号某一端需输入时，而另一端的控制信号还存在，则还存在的信号就是障碍信号，在 X–D 图上用波浪线来表示。

在 X–D 图上障碍信号的具体表现为：在同一组中控制信号线（细实线）的长度大于所控制的动作状态线（粗实线）的长度，其超出长度即为障碍段。如图 9–2–8 所示，a_1、b_0 的控制信号线长度大于所控制动作的状态线长度，也就是当 A 缸活塞杆前伸发出 a_1 信号使 B

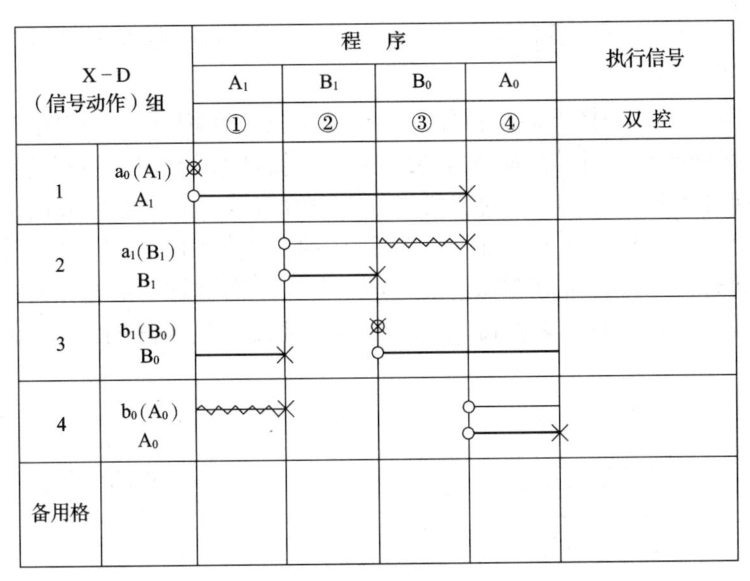

图 9–2–8 障碍信号的判别

缸的活塞前伸时，a_1 的信号在 B 缸的活塞杆前伸发出 b_1 信号时还在保持，所以，a_1 信号在程序③行程段内为障碍信号。同理，b_0 信号在程序①行程段内也是障碍信号。

2．障碍信号的消除

判别完障碍信号后，可将无障碍的信号直接与受其控制的阀的控制口相连接，而有障碍的控制信号必须经过消除障碍后才能与有关的主控阀的控制口相连。

（1）用单向行程阀消除障碍信号

用单向行程阀消除障碍信号的方法就是使控制信号变为一个短暂的脉冲信号，从 X–D 图可以看出，a_1、b_0 都有一段为障碍信号，为了消除这两段障碍信号，可以把 a_1、b_0 两个行程阀更换为单向行程阀，使长信号变成短暂的脉冲信号，这样就得到如图 9–2–9 所示的 X–D 图。

X－D（信号动作）组		程序 A_1 ①	B_1 ②	B_0 ③	A_0 ④	执行信号 双控
1	$a_0(A_1)$ A_1					
2	$a_1(B_1)$ B_1					
3	$b_1(B_0)$ B_0					
4	$b_0(A_0)$ A_0					
备用格						

图 9–2–9 用单向行程阀消除障碍信号的 X–D 图

消除了障碍信号，这样控制回路就相对简单，就可以再根据X–D图设计出如图9–2–10所示的控制回路图。

如图9–2–10所示，当按下启动按钮，在压缩空气的作用下，主控阀F_A左位接通，输出A_1信号，活塞杆伸出，同时在弹簧力的作用下，行程阀a_0复位，控制信号a_0终止。当A缸的活塞杆前伸触动单向行程阀a_1时，发出一个短暂信号，由于主控阀F_B的记忆功能，使B缸的活塞伸出。当B缸的活塞杆压下行程阀b_1时，主控阀F_B右位接入系统，使B缸的活塞杆回缩，同时，行程阀b_1在弹簧力的作用下复位。当B缸的活塞杆回缩触动单向行程阀b_0而发出一个短暂信号时，主控阀F_A的右位接入系统，使A缸的活塞杆回缩，回到初始位置。

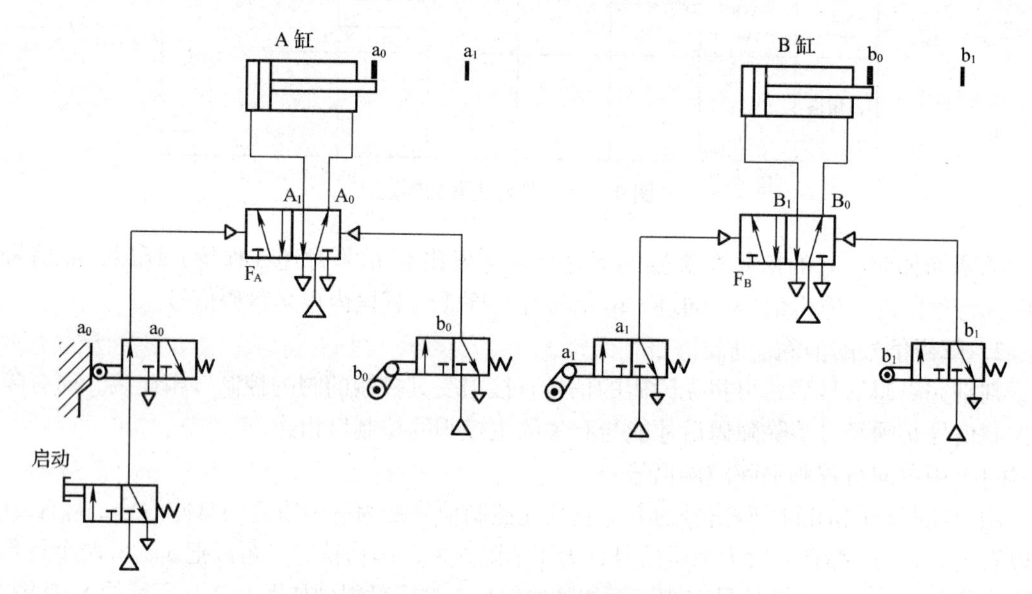

图9–2–10　用单向行程阀消障的控制回路

在这个过程中，单向行程阀a_1是活塞杆在前伸时使阀能发出脉冲信号的执行元件，而单向行程阀b_0是活塞杆回缩时使阀能发出脉冲信号的执行元件。

用单向行程阀消除障碍信号的回路比较简单，但可靠性较差，因而在实际应用中一般用换向阀来消除障碍信号。

（2）用换向阀消除障碍信号

用换向阀消除障碍信号的基本方法是通过逻辑“与”的运算，把长信号变成短信号，以达到消除障碍信号的目的，也就是利用换向阀在需要控制信号起作用时，才向控制元件提供压缩空气输入，而不需要控制信号起作用时，则切断信号元件的供气输入。

选择换向阀的控制信号时，采用逻辑“与”的运算方法。所以换向阀消障方法也称为逻辑“与”运算消障法。

逻辑“与”运算消障法就是将有障碍的原始信号m与另一个合适的控制信号x（也叫制约信号）进行逻辑“与”的运算，得出一个消除了信号障碍段的新信号m^*，称为“执行信号”。用换向阀消除障碍信号的方法根据制约信号选取不同，可分为直接消障法和间接消障法。

1）直接消障法。直接消障法就是指控制信号 x 是利用系统中现有的原始信号或主控阀的输出信号来进行消障的方法。它的计算公式、逻辑表达式及控制回路如图 9–2–11a、b 所示。

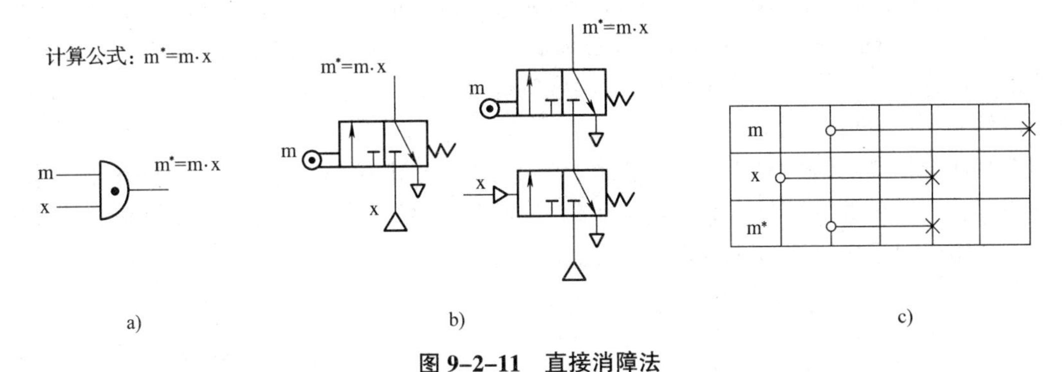

图 9–2–11 直接消障法

a）逻辑回路符号 b）控制回路连接方法 c）信号状态线

直接消障法在选择 x 信号时，应让 x 信号的开始点在障碍信号 m 开始之前或同时开始（包括 m 障碍段之后），x 的终止点应选在障碍信号 m 的无障段，如图 9–2–11c 所示。

2）间接消障法。间接消障法就是在系统中没有能直接用作制约信号 x 的原始信号，故必须在系统中另加一个辅助阀以得到制约信号 x。这个辅助阀一般为具有记忆功能的双气控换向阀，它的消障回路图及逻辑原理如图 9–2–12 所示。

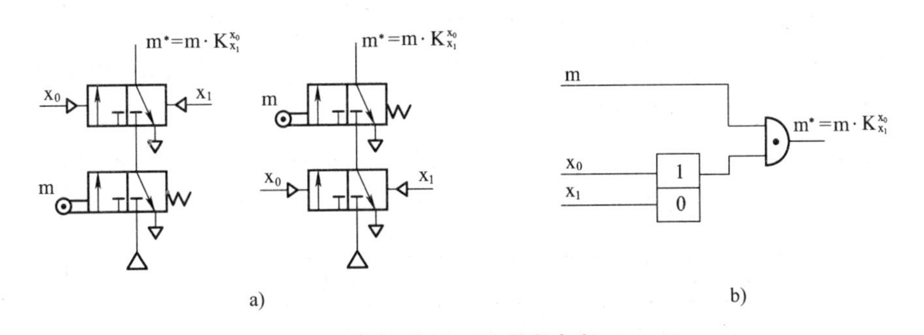

图 9–2–12 间接消障法

a）回路图 b）逻辑原理图

间接消障信号选择的具体方法如图 9–2–13 所示。图中 $K^{x_0}_{x_1}$ 信号表示双气控阀的输出信号，x_1、x_0 分别为阀 K 的两个控制信号，当 x_1 有气时，阀 K 有输出，和 m 相“与”得到执行信号 m^*；当 x_0 有气时，阀 K 无输出，用来消除 m 的障碍信号段。

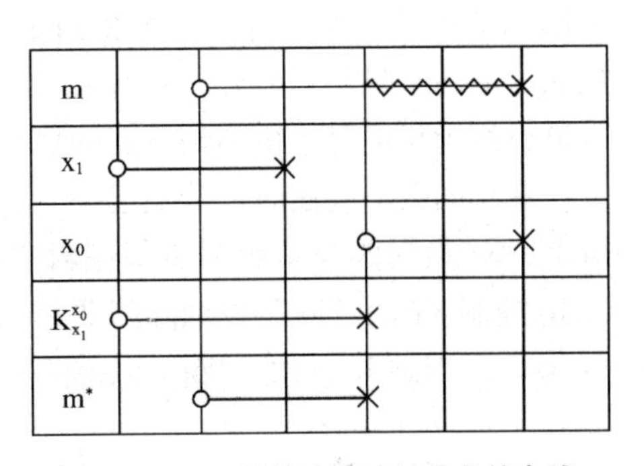

图 9–2–13 间接消障法的信号状态线

从图 9–2–13 所示的信号状态线中可以看出，阀 K 的信号状态线应是自 x_1 的起点到 x_0 的起点的连线。信号 x_1 是阀 K 的“通”信号，其起点应选在

m 的无障段之前或与 m 同时开始，其终点应选在 m 的无障段。而信号 x_0 是阀 K 的“断”信号，其起点应选在 m 的起点之后或同一起点，并要在障碍段开始之前；其终点应选在 x_1 起点之前，并且尽量使两点重合。

3）X–D 图中制约信号的选择。要得到可靠的“执行信号”，关键在于制约信号的选择。在选择制约信号时，从“X–D”图上看必须满足两个条件：①制约信号 x 必须与障碍信号 m 的执行段重合，使执行信号 m^* 中保留信号执行段。②执行信号 x 必须与 m 的障碍段不重合，以使 m^* 中不再有障碍段。

在具体选择制约信号 x 时，通常借助于 X–D 图。从图 9–2–14 中寻找下列几种信号作为制约信号：①其他原始信号。②其他原始信号的“非”信号。③其他主控阀的输出（记忆）信号。④用中间记忆元件的输出信号。⑤组合信号。

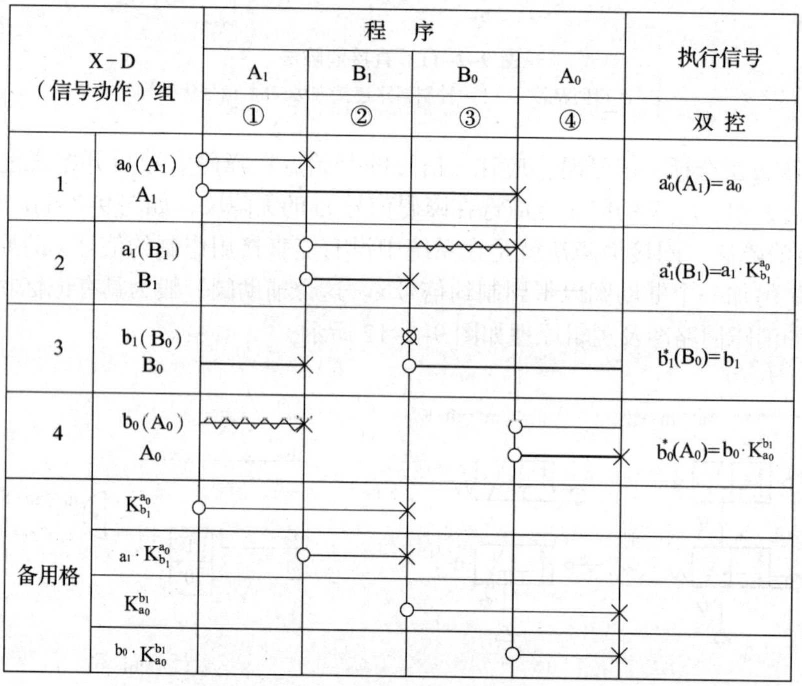

X–D（信号动作）组		程序 A_1 ①	B_1 ②	B_0 ③	A_0 ④	执行信号 双控
1	$a_0(A_1)$ A_1					$a_0^*(A_1)=a_0$
2	$a_1(B_1)$ B_1					$a_1^*(B_1)=a_1\cdot K_{b_1}^{a_0}$
3	$b_1(B_0)$ B_0					$b_1^*(B_0)=b_1$
4	$b_0(A_0)$ A_0					$b_0^*(A_0)=b_0\cdot K_{a_0}^{b_1}$
备用格	$K_{b_1}^{a_0}$					
	$a_1\cdot K_{b_1}^{a_0}$					
	$K_{a_0}^{b_1}$					
	$b_0\cdot K_{a_0}^{b_1}$					

图 9–2–14　半自动钻床控制系统 X–D 图

为了便于分析及选择制约信号，对半自动钻床控制系统所产生的原始信号进行选择，选出制约信号或辅助元件双气控 3/2 阀的“通”“断”控制信号。半自动钻床系统的原始信号除 a_1、b_0 两个障碍信号外，只有 a_0、b_1 两个可选择的原始信号，而这两个信号直接与障碍信号进行逻辑与运算，得不到所需的执行信号，因而选择间接消障的方法。

在用间接消障法时，分别选择 a_0、b_1 为两个双气控 3/2 阀的两个控制信号，如图 9–2–14 所示，$K_{b_1}^{a_0}$换向阀与 a_1 信号进行逻辑“与”的运算，a_0 控制 $K_{b_1}^{a_0}$的“通”以得到执行信号 a_1^*，而 b_1 控制 $K_{b_1}^{a_0}$的“断”以消除障碍信号段；同理，b_1 控制 $K_{a_0}^{b_1}$换向阀的“通”以得到执行信号 b_0^*，a_0 控制 $K_{a_0}^{b_1}$阀的“断”以消除障碍信号段。

五、绘制逻辑原理图

根据图 9–2–14 所示的 X–D 图，按照各元件之间的逻辑关系绘制出如图 9–2–15 所示的半自动钻床控制系统逻辑原理图。

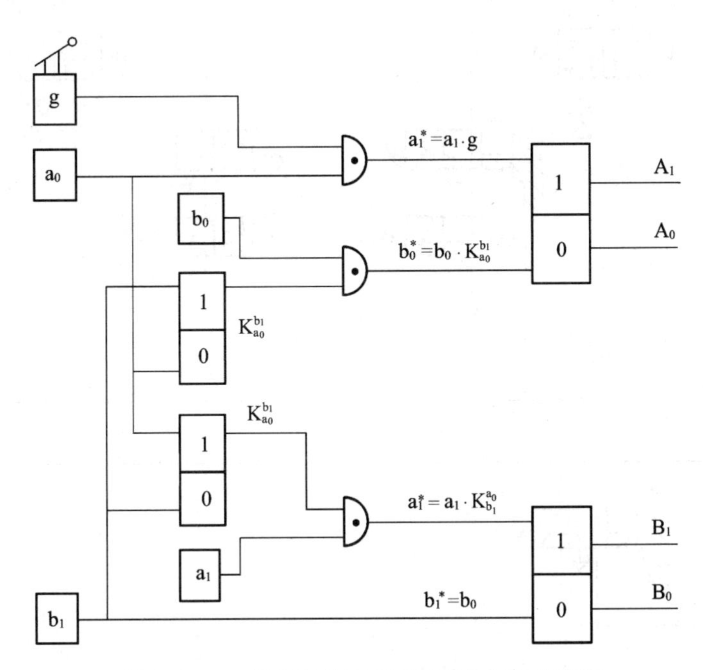

图 9–2–15　半自动钻床控制系统的逻辑原理图

逻辑原理图是从信号 – 动作状态图到绘制控制回路图的中间桥梁，它表示出整个气动控制的逻辑控制部分，是控制回路的核心部分。

六、绘制控制回路图

1．纯气动控制回路的设计

根据 X–D 图及逻辑原理图，把没有障碍的信号 a_0、b_1 直接与主控阀的控制口相连，而有障碍的信号 b_0、a_1 按换向阀的处理方法，与 3/2 双气控换向阀进行逻辑与的转换，得到执行信号 b_0^* 与 a_1^*，把这两个信号直接与主控阀的控制口相连，而两个 3/2 双气控换向阀的控制信号按逻辑原理图分别与 b_0、a_1 相连，从而得出如图 9–2–16 所示的半自动钻床控制回路图。

如图 9–2–16 所示，当按下启动按钮，主控阀 F_A 左位接入系统，压缩空气进入 A 缸的左腔，活塞杆前伸，同时，阀 $K_{b_1}^{a_0}$左位及阀 $K_{a_0}^{b_1}$的右位接入系统；活塞杆离开 a_0 时，在弹簧力的作用下阀 a_0 复位，由于双气控阀有记忆特性，阀 $K_{b_1}^{a_0}$仍保持左位接入系统。

当 A 缸活塞杆压下行程阀 a_1 后，主控阀 F_B 在压缩空气的作用下，左位接入系统，使 B 缸的活塞杆前伸，同时 b_0 在弹簧力的作用下复位。

当 B 缸的活塞杆压下行程阀 b_1 后，阀 $K_{b_1}^{a_0}$右位接通，切断主控阀 F_B 左边的控制信号，而使主控阀 F_B 右位接入系统，使活塞杆退回，同时使阀 $K_{a_0}^{b_1}$左位接入系统。

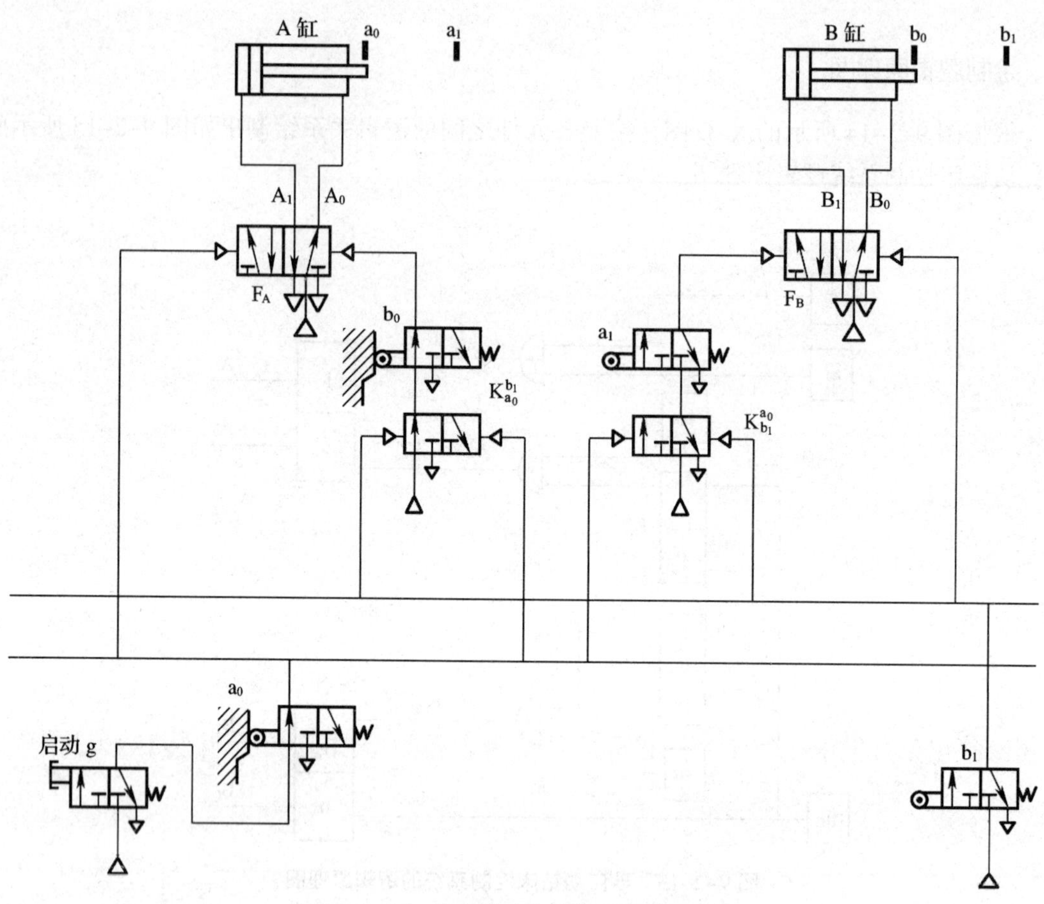

图 9-2-16　半自动钻床纯气动控制回路图

当 B 缸的活塞杆退回压下行程阀 b_0 后，在压缩空气的作用下，主控阀 F_A 右位接入系统，使活塞杆退回，直至压下行程阀 a_0 回到初始位置，若再按下启动按钮，则开始新一轮的循环。

2. 电 – 气综合控制回路的设计

在设计电 – 气综合控制回路时，设计方法与纯气动控制方法相同，而消除障碍信号的方法是分别选择 a_0、b_1 为继电器的控制信号，利用继电器的常通与常闭触头，分别控制另外两个继电器的通、断电来消除障碍信号。利用这个方法得到如图 9-2-17 所示的电 – 气综合控制回路图。

3. 气动系统回路的简化完善

在实际的应用中，图 9-2-16 和图 9-2-17 所示的回路图还不够完善，需在此基础上简化完善。图 9-2-16 所示的图可以把两个 3/2 双气控阀合并成一个 5/2 阀加以控制。在完善回路时一般从执行元件的速度控制，临时的手动操作回路，启动、复位、紧急停车及连锁保护，气源压力调节、分配、净化处理等几个方面考虑，以提高设计回路的实用性、安全性、适应性等。

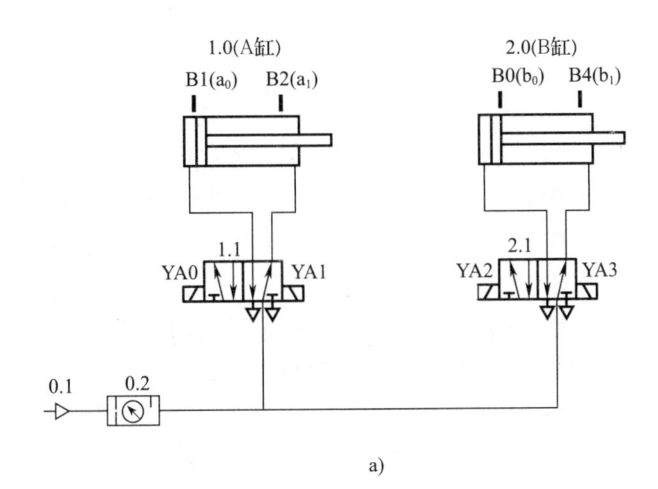

a)

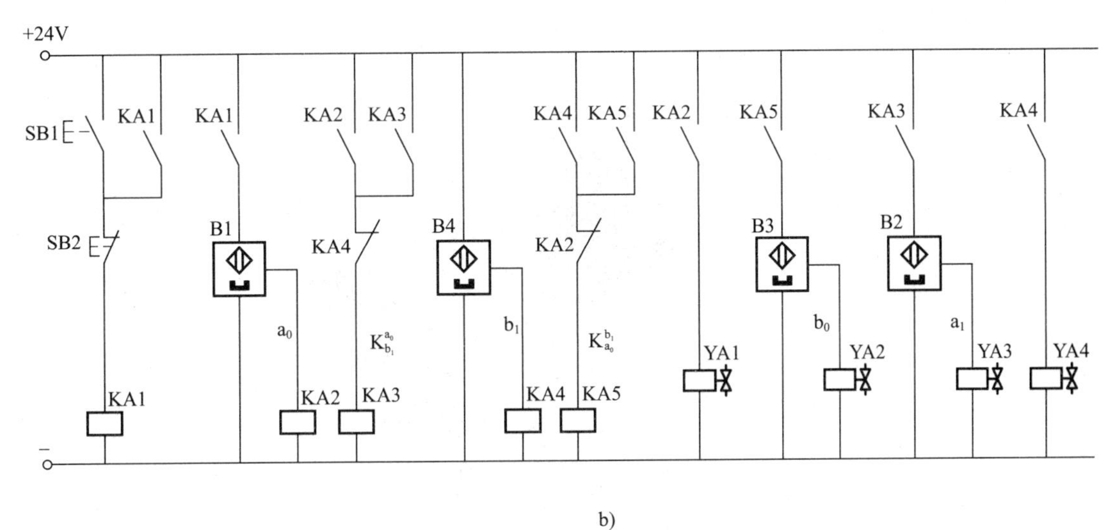

b)

图 9–2–17 半自动钻床电 – 气综合控制回路图

a）主控回路 b）控制回路

任务 3 夹紧装置控制回路的设计

教学目标

- 了解串级法的基本原理
- 掌握二级串级法和三级串级法的转换气路
- 掌握采用串级法设计多缸动作回路的基本方法
- 了解接近开关的种类和控制方法

任务引入

如图 9-3-1 所示为一夹紧机构的工作示意图。该机构有两个气缸，一个用来推料，将物料从料仓送到加工站，称之为推料缸；另一个用来夹紧工件，称之为夹紧缸。该机构在工作过程中，要求两个气缸按一定的顺序依次动作，完成一个工作循环。

夹紧机构的具体工作步骤如下：

1）按下启动按钮，气缸 A 伸出将物料从料仓推送到加工站。

2）气缸 A 到位后，另一个气缸 B 伸出将物料即工件夹紧。

3）对零件进行加工后，气缸 B 缩回，气缸 A 缩回，完成一个工作循环。

本任务是设计符合该动作顺序的夹紧机构的气动控制回路。

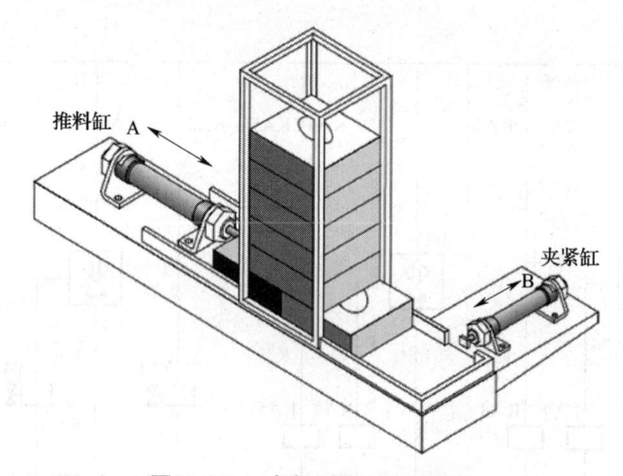

图 9-3-1　夹紧机构工作示意图

任务分析

本任务采用串级法设计多缸单往复行程控制回路。该任务有两个气缸 A 和 B，分别用四个行程阀 a_0、a_1、b_0、b_1 检测气缸的位置。两个气缸的动作顺序为：

A 缸活塞杆伸出 ⟶ B 缸活塞杆伸出 ⟶ B 缸活塞杆缩回 ⟶ A 缸活塞杆缩回

分析动作：A 缸伸出压下 a_1，使 B 缸伸出，B 缸伸出压下 b_1，使 B 缸缩回，由于 a_1 信号仍在 B 缸主控阀气控口的一端，导致 B 缸主控阀两端气控口同时有信号存在，这种现象称为信号重叠；同理，在 B 缸缩回时压下 b_0，使 A 缸缩回，A 缸缩回时压下 a_0，使 A 缸伸出，但又由于 b_0 信号仍然存在，导致 A 缸主控阀两端气控口同时有信号存在，主控阀信号重叠。在设计多缸单往复行程控制回路时，遇到的最大的问题是信号的重叠，因此，合理、正确地解决信号重叠问题是设计这类回路的关键。串级法能很好地解决信号重叠的问题。

相关知识

行程开关输出的信号往往由于执行元件（气缸）压住而无法切断，虽然可用单向滚轮杠杆式换向阀或延时阀来消除障碍信号，但对于较复杂的动作顺序，使用该法不经济，可以应用串级法设计气动回路。

串级法是一种控制回路的隔离法，主要是利用记忆元件作为信号的转换作用，即利用5/2双气控换向阀以阶梯方式顺序连接，从而保证在任一时间只有一个组输出信号，其余组未排气状态，使主控阀两侧的控制信号不同时出现，如图9-3-2所示。

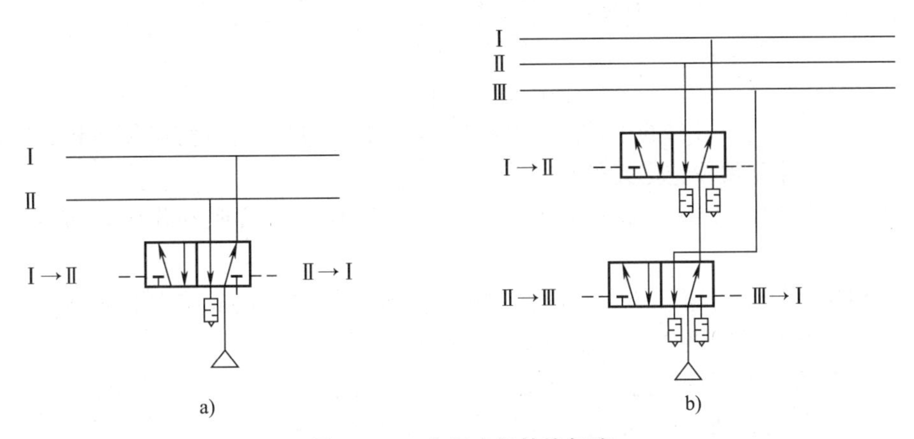

图9-3-2 各级串级转换气路

a）二级串级转换气路 b）三级串级转换气路

采用串级法消除障碍信号比较容易，且建立在回路图的实际操作程序中，是一种有规则可依的气动回路设计法。但应注意，在控制操作开始前，压缩空气通过串级中的所有阀。另外，当串级中的记忆元件切换时，由该阀自身排放空气，因此，只要有一个阀动作不良，就会出现不良开关转换作用。

在设计回路中，需要多少输出管路和记忆元件，要依据动作顺序的分组（级）而定。如动作顺序分为四组则要四条输出管路，记忆元件的数量则为组数减一，如图9-3-3所示。

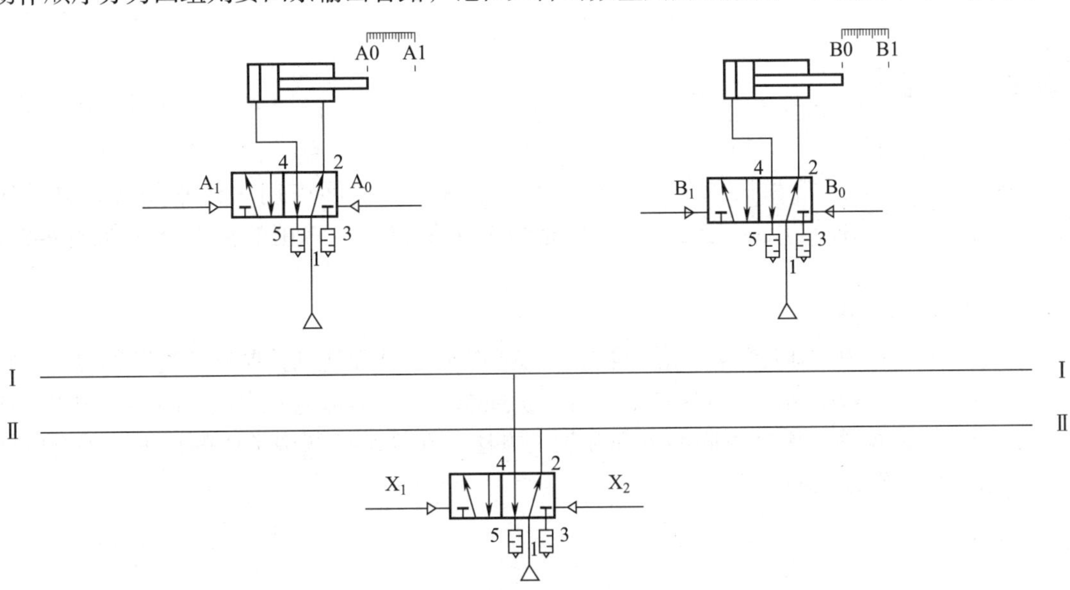

图9-3-3 输出管路数和记忆元件

任务实施

设计步骤如下：

1．气缸动作顺序分组。分组的原则是同一组内每个英文字母只能出现一次。分组的组数即是输出管路数。分组的组数越少越好，即：

$$\underset{\text{I}}{A_1B_1}/\underset{\text{II}}{B_0A_0}$$

2．画出两个气缸及各自的主控阀，并标出英文符号，应注意气缸必须在起始位置。

3．画出输出管路数及记忆元件。

4．控制信号的产生靠活塞杆驱动行程开关，行程开关按照动作顺序依次标识英文字母。

（1）A 缸前进压下行程开关 a_1，输出的信号使 B 缸前进，故 a_1 接在 B_1 控制线上，而 A_1 属于第一组，a_1 的供气口要接在第Ⅰ条输出管路上。

（2）B 缸前进压下行程开关 b_1，输出的信号产生换组动作，即使第Ⅰ条输出管路改变为第Ⅱ条输出管路供气，故 b_1 和 X_2 控制线连接，b_1 的供气口接在第Ⅰ条输出管路上。

（3）此时第Ⅰ条输出管路排气，第Ⅱ条输出管路和气源相通。第Ⅱ组的第一个动作为 B 缸后退，故直接将 B_0 控制线接到第Ⅱ条输出管路上。

（4）B 缸后退压下行程开关 b_0，输出的信号使 A 缸后退，故 b_0 接在 A_0 控制线上。而 A_0 属于第Ⅱ组，故 b_0 的供气口接在第Ⅱ条输出管路上。

（5）A 缸后退压下行程开关 a_0，输出的信号切换记忆元件使第Ⅱ条输出管路排气，第Ⅰ条输出管路供气，故 a_0 接在 X_1 控制线上，a_0 的供气口则要接在第Ⅱ条输出管路上。

5．按上述步骤画出气路图，并加入启动按钮 1S1，由动作顺序要求可知，启动按钮 1S1 应接在 a_0 和第Ⅱ条输出管路之间，如图 9-3-4 所示。

知识链接

接近开关控制

由于行程开关经常和机械装置碰撞，容易损坏。在实际应用中经常用接近开关来代替行程开关，这样可以避免机械碰撞而造成开关的损坏，常用的接近开关如图 9-3-5 所示。

1．接近开关的种类

接近开关是利用位移传感器对接近物体的敏感特性，从而达到控制开关通断的目的，它是非接触式感应，精度高、反应速度快、抗干扰性能好、环境适应能力强、防油、防水、使用寿命长。根据位移传感器不同的原理和加工方法，在气动控制中常用的接近开关有电感式、电容式和光电式三种。

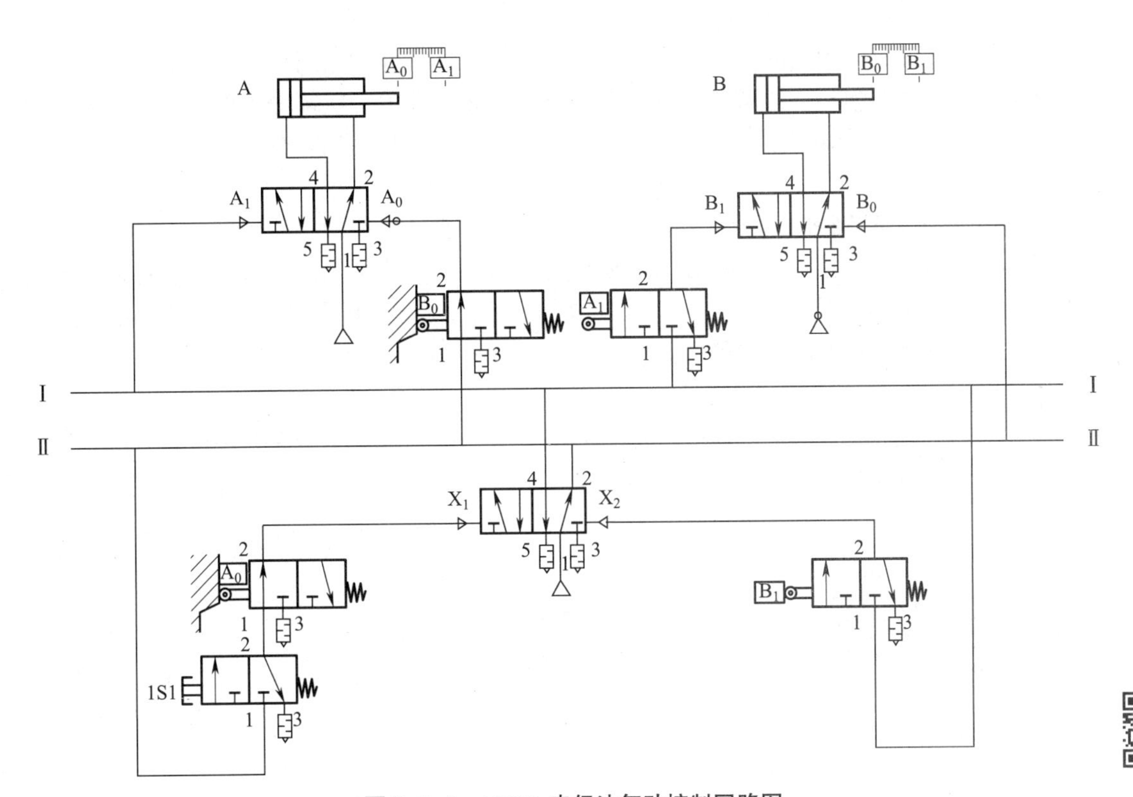

图 9-3-4 ABBA 串级法气动控制回路图

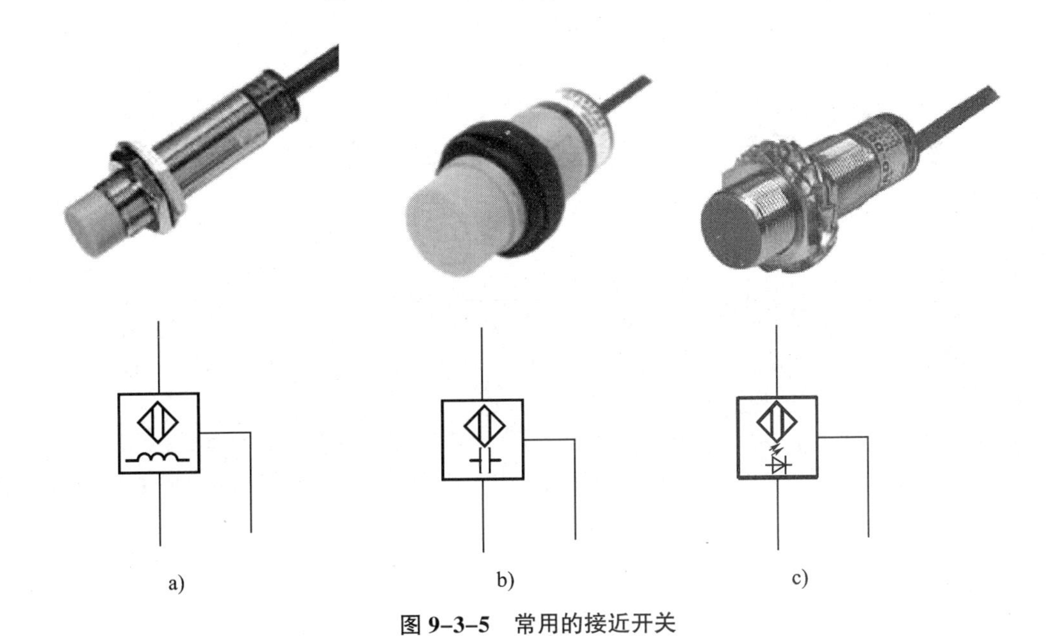

图 9-3-5 常用的接近开关

a）电感式 b）电容式 c）光电式

2. 接近开关的选择

在接近开关选择上，通常选用电感式接近开关和电容式接近开关。因为这两种接近开关对环境的要求较低。当被测对象是导电物体或可以固定在一块金属物上的物体时，一般都选用电感式接近开关，因为它的响应频率高、抗环境干扰性能好、应用范围广、价格较低。若被测对象是非金属如塑料、烟草等，则应选用电容式接近开关。在环境条件比较好、无粉尘污染的场合，可采用光电式接近开关，光电式接近开关对被测工件及安装的距离要求不是很高。

3. 接近开关的控制方法

图 9-3-6 所示为用接近开关控制分料装置的原理图，其中在 R1、C1 处分别安装的为电感式接近开关和电容式接近开关，一般要求接近开关与活塞杆的距离应控制在 3 mm 左右。它的工作过程与行程开关控制相类似。

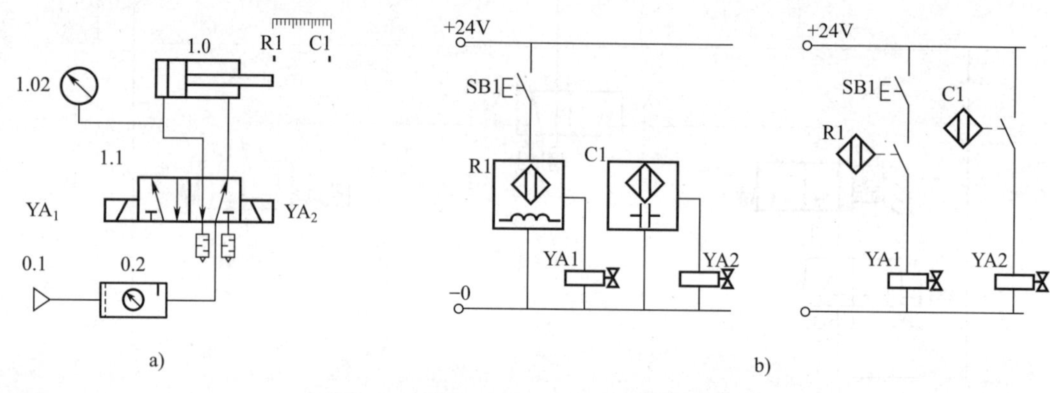

图 9-3-6 接近开关控制分料装置的原理图

a）气动控制图 b）电气控制图

任务 4 汇集装置控制回路的设计

教学目标

- 了解多程序控制回路的设计方法
- 掌握电 - 气综合控制的要求
- 掌握气动计数器的职能符号及应用
- 掌握电子计数器的职能符号及应用

任务引入

图 9-4-1 所示为汇集装置的工作示意图，A 缸把流水线上已加工好的产品，一个一个送到 B 缸的托架上；当托架上有三个产品后，B 缸伸出，将产品送入包装箱中。因而该装置的动作过程为：A 缸连续往复三次，B 缸伸出。试根据上述工作要求完成汇集装置的控制回路设计。

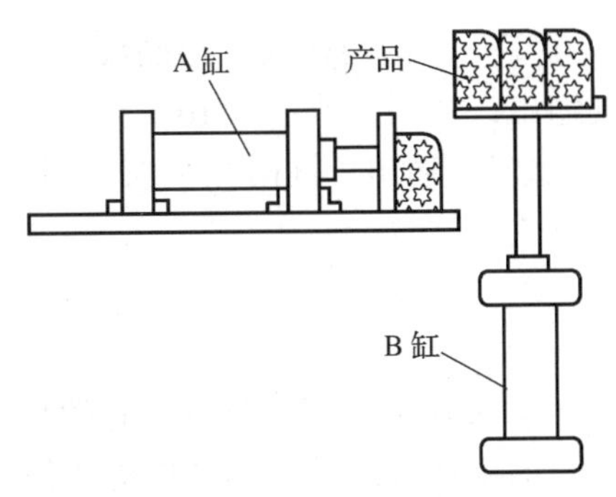

图 9–4–1 汇集装置工作示意图

任务分析

在一个循环中，某一或某些气缸进行多次往复运动，这种回路的控制方法称为多往复程序设计。汇集装置控制属于多往复运动回路，设计这种回路时，为了简化回路，在实际应用中一般用计数器来加以设计，所以必须掌握计数器的职能符号及应用等知识。

相关知识

一、气动计数器

图 9–4–2 所示为气动计数器的实物图及职能符号，气动计数器可以在 0 ~ 9 999 的范围内加以预设置，图 9–4–2b 所示职能符号预设置了两个脉冲，它是按减 1 方式记录气动信号，如果预设置值达到零，则该计数器就有气信号输出。输出信号一直被保持，直至通过手动或控制口 10 将计数器复位。

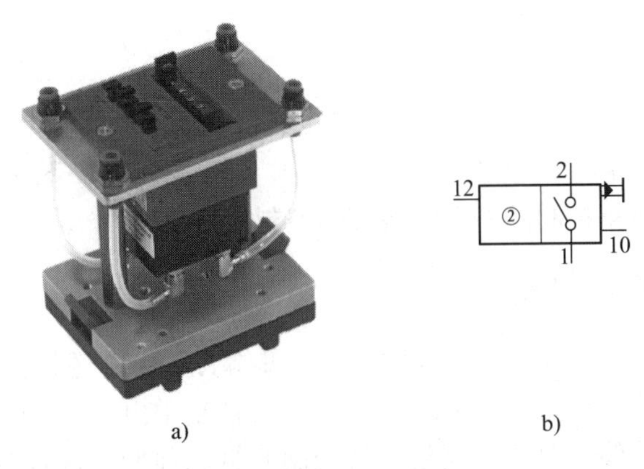

图 9–4–2 气动计数器
a）实物图 b）职能符号

如图 9–4–2b 所示的职能符号，1 口接气源，2 口为输出端口，12 口为控制脉冲信号口，10 口为复位端口，预设为 2 个脉冲，也就是说当 12 端口有一次信号输入（压缩空气的通断），预设数字即变为“1”，再有一个信号输入，预设数字即变为“0”，此时 1 口与 2 口就相通，端口 2 就有压缩空气输出，直到复位端口 10 有信号输入或按下手动复位按钮，此时 1、2 口断开，端口 2 没有压缩空气输出，同时数字恢复到预设值“2”，回到初始状态，又可进入下一循环。

二、电子计数器

图 9–4–3 所示为电子计数器的实物图及职能符号，它的预设置范围为 0 ~ 9 999，图示职能符号预设置了 6 个脉冲，它的工作方式与气动计数器相似。接线端 A1 和 A2 之间的脉冲数达到预设置电流脉冲后，继电器触点闭合；如果在接线端 R1 和 R2 之间施加电压，则电子计数器被复位至预设置值。也就是说 A1 和 A2 端为脉冲输入端，而 R1 和 R2 端为复位端，当输入端有脉冲信号输入，预设数字递减 1，当数字递减为“0”时，继电器的常闭触点断开，常开触点闭合，直至复位端有信号输入，继电器触点复位，同时数字又恢复到预设置数字。

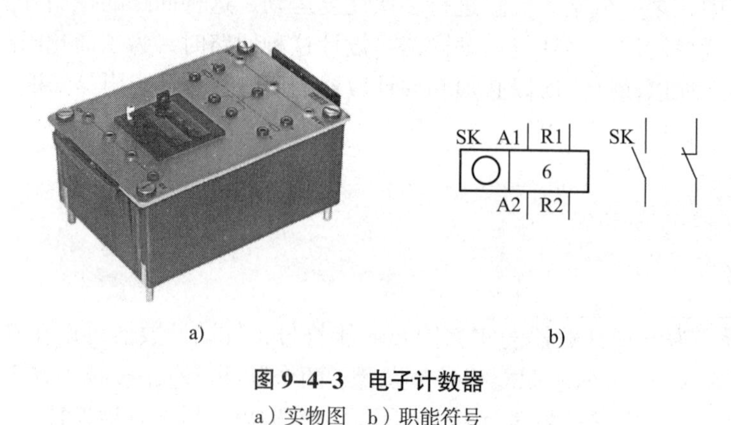

图 9–4–3　电子计数器

a）实物图　b）职能符号

任务实施

要想完成汇集装置控制回路的设计，必须按照如下程序进行：

绘制汇集装置的位移 – 步骤图→绘制汇集装置的行程程序图→绘制汇集装置的 X–D 图→根据 X–D 图绘制逻辑控制图→汇集装置的控制回路设计。

一、绘制汇集装置的位移 – 步骤图

图 9–4–4 所示为汇集装置执行元件的位移 – 步骤图，A 缸送料往复三次后，B 缸伸出。从图中信号可以看出 A 缸启动的伸出由 b_0 控制，而往复中由 a_0 控制，a_0 信号没有达到往复的次数只控制 A 缸的前伸，而达到次数后就控制 B 缸的前伸，这就是多往复程序控制的特点之一，触发器产生的信号在不同的行程中相同信号可能控制不同的动作，相同的动作在不同的行程可能由不同的信号控制。

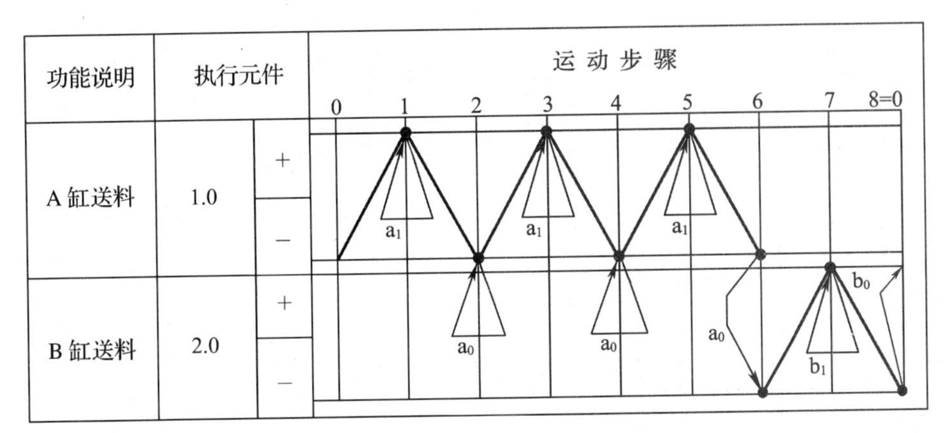

图 9-4-4 汇集装置的位移 – 步骤图

二、根据位移 – 步骤图绘制行程程序图

根据位移 – 步骤图绘制出行程程序图并进行简化，如图 9-4-5 所示。按下启动按钮，A 缸伸出，当触发信号 a_1 后 A 缸退回，当触发信号 a_0 后又伸出，如此循环 3 次，再退回触发信号后 B 缸伸出，触发信号 b_1 后退回，退回触发 b_0 而进入下一循环。

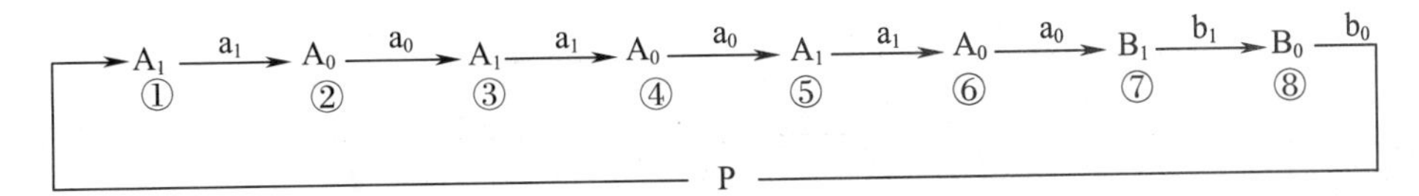

图 9-4-5 汇集装置的行程程序图

三、绘制汇集装置的 X–D 图

根据汇集装置的位移 – 步骤图以及行程程序图绘制 X–D 图。汇集装置属于多往复程序控制，往往一个信号控制不同的动作，或相同动作由不同信号控制。在汇集装置中 b、a 同时控制 A 缸伸出，这时就把这两个信号线画在一个纵向格内，这样就绘制出如图 9-4-6 所示的汇集装置的 X–D 图。

在往复程序控制中消除障碍信号的方法有多种，常用的方法就是利用计数的方法加以消除。可以选择合适的消障信号，利用逻辑“与”的运算方法得到执行信号，由于多往复程序有的往复次数多，而重复动作控制相同，这样可以把相同的加以省略，使 X–D 图不至于过长，如图 9-4-7 所示。

四、根据 X–D 图绘制逻辑控制图

根据 X–D 图绘制出如图 9-4-8 所示的逻辑控制原理图，这样就把各控制信号之间的关系都用逻辑计算式表达清楚了，各信号发生器的连接方式也确定了。

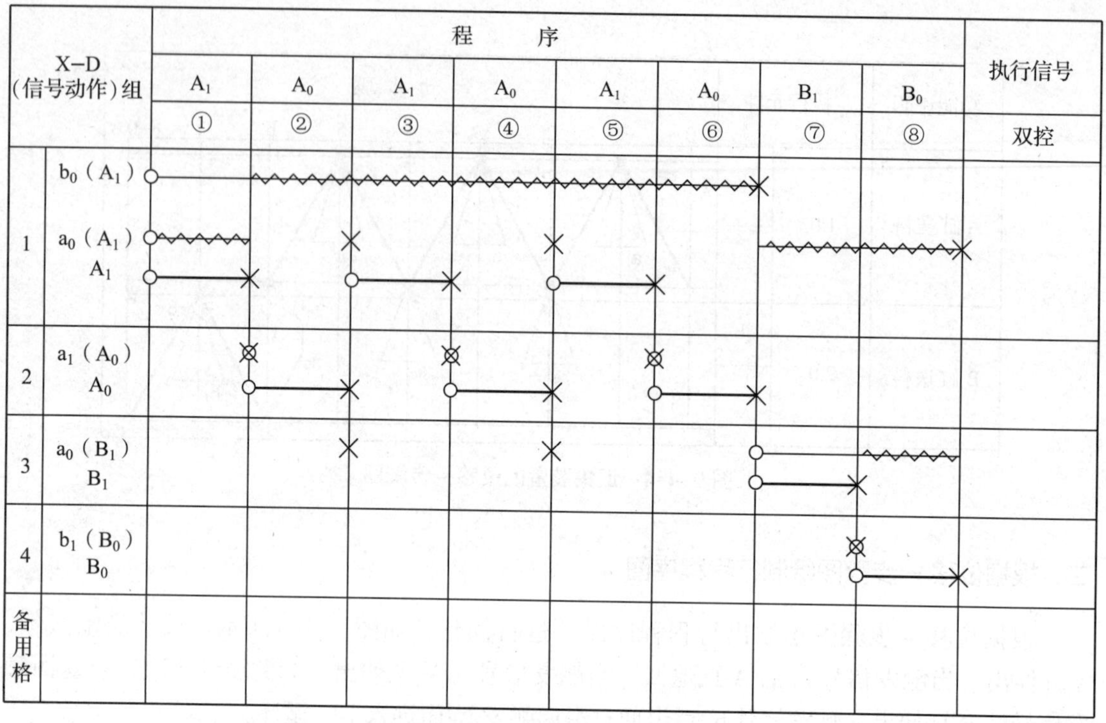

X-D（信号动作）组		程序 A_1 ①	A_0 ②	A_1 ③	A_0 ④	A_1 ⑤	A_0 ⑥	B_1 ⑦	B_0 ⑧	执行信号 双控
1	b_0（A_1）									
	a_0（A_1）									
	A_1									
2	a_1（A_0）									
	A_0									
3	a_0（B_1）									
	B_1									
4	b_1（B_0）									
	B_0									
备用格										

图 9-4-6 汇集装置的 X-D 图

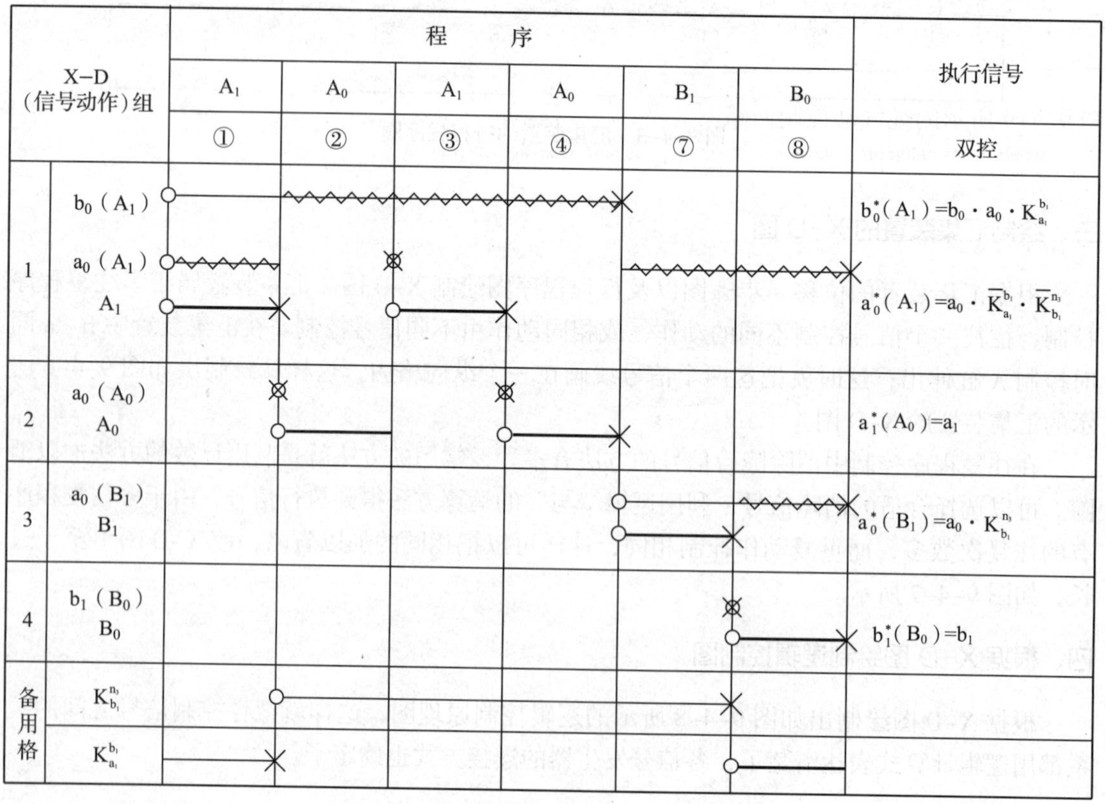

X-D（信号动作）组		程序 A_1 ①	A_0 ②	A_1 ③	A_0 ④	B_1 ⑦	B_0 ⑧	执行信号 双控
1	b_0（A_1）							$b_0^*(A_1)=b_0 \cdot a_0 \cdot K_{a_1}^{b_1}$
	a_0（A_1）							$a_0^*(A_1)=a_0 \cdot \overline{K}_{a_1}^{b_1} \cdot \overline{K}_{b_1}^{n_3}$
	A_1							
2	a_0（A_0）							$a_1^*(A_0)=a_1$
	A_0							
3	a_0（B_1）							$a_0^*(B_1)=a_0 \cdot K_{b_1}^{n_3}$
	B_1							
4	b_1（B_0）							$b_1^*(B_0)=b_1$
	B_0							
备用格	$K_{b_1}^{n_3}$							
	$K_{a_1}^{b_1}$							

图 9-4-7 用计数器消除障碍信号的 X-D 图

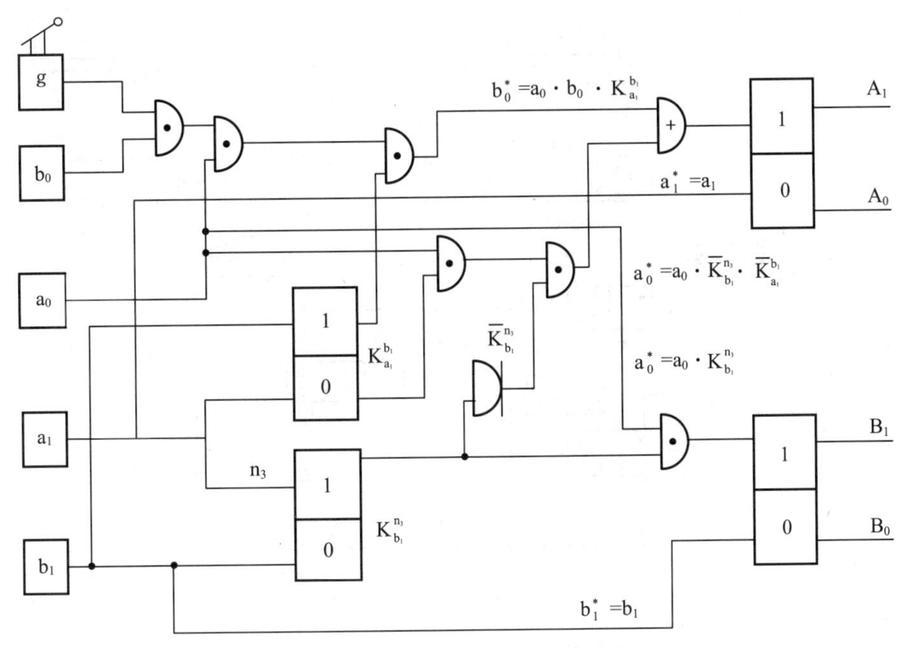

图 9-4-8　汇集装置的逻辑控制图

五、汇集装置的控制回路设计

1．纯气动回路设计

有了 X-D 图及逻辑控制原理图，就可以根据各信号之间的逻辑表达式设计出如图 9-4-9 所示的纯气动控制回路图。

当按下启动按钮，压缩空气经 a_0、b_0 使主控阀左位接入系统，A 缸前伸，当压下行程阀 a_1 后，使 A 缸后退，再压下 a_0 后又使 A 缸前伸，如此循环，当 a_0 触发一次，气动计数器数值就减 1，当 a_0 触发 3 次后，计数器动作，输出端有压缩空气输出。当活塞杆压下 a_0，由于计数器的动作，使 a_0 没有信号输入到 A 缸主控阀的左端，而 B 缸的主控阀左端有信号输入，B 缸伸出。当 B 缸触发 b_0 时，使计数器复位，同时 B 缸退回，当压下行程阀 b_0 后，又回到初始状态。这时若再按下启动按钮，将进入下一个循环。

2．电 – 气综合控制回路设计

设计电 – 气综合控制回路的方法与纯气动的方法相同，先设计出主控回路，再根据各信号之间的逻辑关系，把它们相互连接起来构成控制回路图。图 9-4-10 所示为汇集装置的电 – 气综合控制回路图。

知识链接

一、绘制电控气动回路图时的注意事项

1．主控阀一般采用直动式电磁换向阀或先导式电磁换向阀。如果采用交流双电控直动式电磁阀时，则该阀两侧电磁线圈不能同时得电，以避免烧毁线圈，必须设计保护电路，使

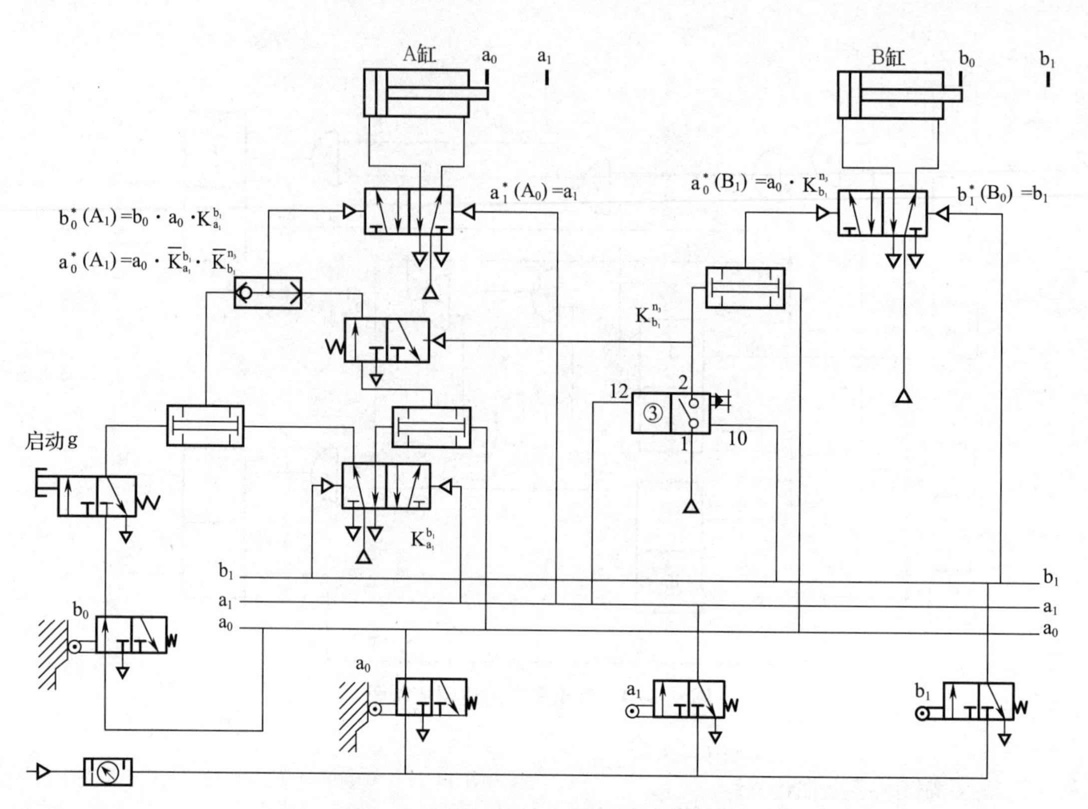

图 9-4-9 汇集装置的纯气动控制回路

两侧不能同时得电。一般双电控换向阀都要求两控制口不能同时有信号，即双电控电磁阀不能同时得电，因而都要求加互锁保护。

2．电磁阀和各种电气元件所用电源应尽可能一致，以便简化线路。

3．电气图的图形符号应采用国家标准。

4．电控气动回路原理图应按系统处于静止状态时绘制。

二、完整的电－气控制回路图的内容

本书中的电－气控制回路图都仅仅是控制原理图，一般在工业实际应用中控制回路图都要有明确的内容及要求，具体如下。

1．工作程序和对操作要求的文字说明。

2．气动回路原理图和电气控制回路图。

3．速度控制回路。

4．自动、手动操作回路。

5．启动、复位和急停回路。

6．连锁保护回路。

7．气源压力调节、分配和净化处理等回路。

8．必要的显示和报警回路。

9．与气动控制有关的电气控制线路，如控制电动机、指示灯等的电路。

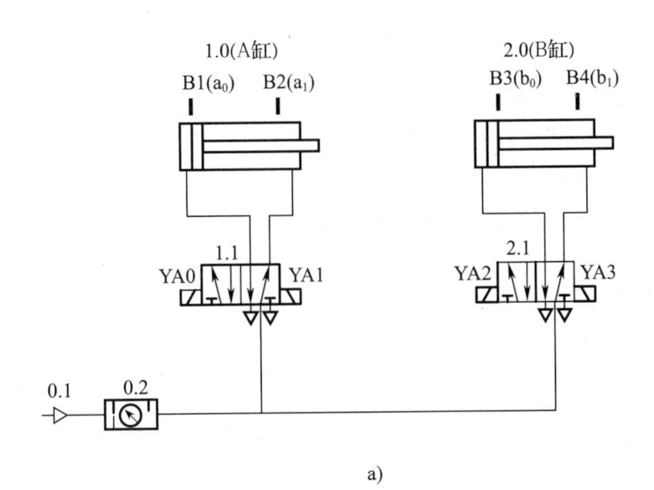

a)

b)

图 9-4-10 汇集装置电－气控制回路图

a）主控回路 b）控制回路

10. 选择必要的元件和附件，列出元件、附件明细表，注明元件名称、型号、规格、数量和图号等。

11. 其他必要的内容和说明，包括设计和使用说明。

思考与应用

1. 在用文字符号表示行程程序时，对气缸、主控阀、行程阀是如何规定的？
2. 什么是信号状态图？
3. 控制系统是如何分类的？
4. 常用的接近开关有哪几种，各有什么特点？

5．什么是继电器？继电器的种类有哪些？

6．中间继电器是如何消除障碍信号的？

7．绘制电控气动回路图时应当注意哪些问题？

8．一个完整的电—气控制回路图应包含哪些内容？

9．一个典型的气动程序控制系统由哪几部分组成？

10．什么是障碍信号？判别障碍信号的方法有哪些？

11．在气动控制中常用的消除障碍信号的方法有哪些？

12．气动系统设计的内容与步骤是什么？

13. 在 X–D 图中，制约信号的选择条件是什么？

14. 图 9–4–11 所示为压印机的工作示意图，其工作要求为：当按下启动按钮后，压印机对工件进行压印，当压印气缸收回后，推料气缸把工件推出，进行下一道工序。试根据工作要求完成压印机装置控制回路的设计。

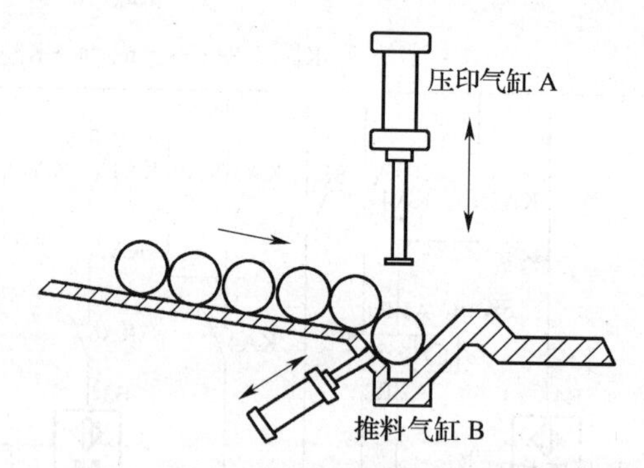

图 9–4–11　压印机装置工作示意图

15. 用 X–D 图设计如下程序，并画出气动回路图。

（1）$A_1A_0B_1C_1C_0B_0$　（2）$A_1B_1C_1C_0B_0A_0$

模块十

真空吸附回路的设计

任务 1　电池片抓取系统的认知

教学目标

- 了解真空度及真空发生系统的特点
- 掌握真空发生器的工作原理
- 熟悉真空用气阀的类型及作用

任务引入

晶体硅电池片厚度只有 160 ~ 300 μm，特点是轻、薄、脆，因此生产中一般选用真空吸附系统作为电池片的运输装置。图 10-1-1 所示为光伏电池片的真空抓取机械手，主要完成电池片的抓取、移动和释放，抓取主要靠真空吸附完成，那么电池片抓取机械手的真空是怎么产生的呢?

任务分析

气动元件包括气源发生装置、执行元件、控制元件及各种辅件，通常都是在高于大气压力的气压作用下工作的，这些元件组成的系统称为正压系统。另有一类元件可以在低于大气压力下工作，这类元件称为真空元件，所组成的系统称为负压系统，又称真空系统。电池片抓取机械手就是利用真空系统完成电池片的吸附的，要了解电池片抓取机械手的工作原理，就需要知道电池片抓取的真空系统的组成以及各组成部分的作用。

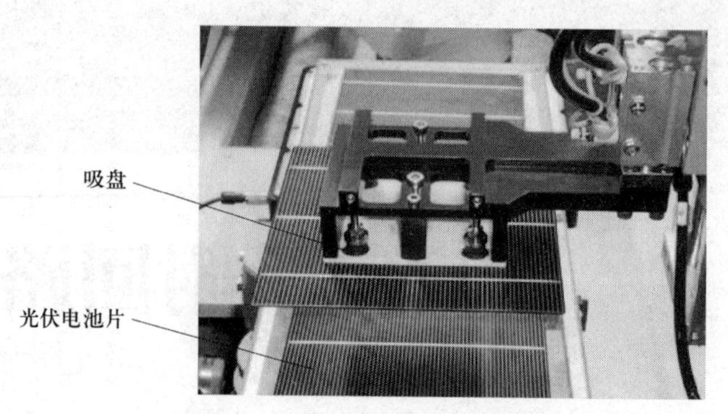

图 10–1–1　电池片抓取机械手

相关知识

一、真空度

ISO 规定的压力单位是帕斯卡（Pa）：1 Pa=1 N/m^2。工程上有两种计压方法，以绝对真空为计压起点所计压力称为绝对压力；以“当地大气压力”为计压起点所计压力称为相对压力。在气动技术中，压力是用压力表测得的。由于压力表所测得的压力是相对压力，故相对压力又称表压力，用符号 Pg 表示。在真空技术中，将低于当地大气压力的压力称为真空度。在工程计算中，为简化计算常取当地大气压力为 0 kPa。以此为基准，绝对压力、相对压力及真空度如图 10–1–2 所示。真空度按其大小分为低度真空（10^5 ~ 10^2 Pa）、中度真空（10^2 ~ 10^{-1} Pa）、高度真空（10^{-1} ~ 10^{-5} Pa）和超高度真空（<10^{-5} Pa）。

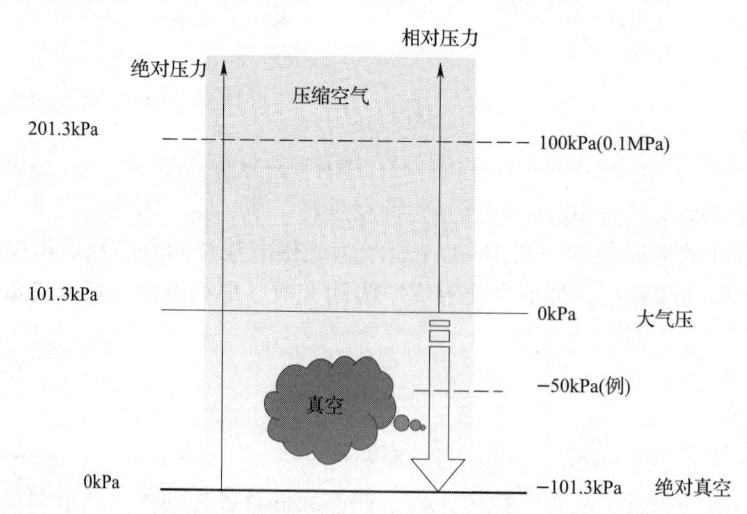

图 10–1–2　绝对压力、相对压力和真空度

二、典型真空回路及其应用

真空系统的真空度是依靠真空发生装置产生的，真空发生装置有真空泵和真空发生器两

种。真空泵是吸入口形成负压，排气口直接通大气，两端压力比很大的抽出气体的机械。主要用于连续大流量、集中使用且启停不频繁的场合。真空发生器是利用压缩空气的流动而形成一定真空的气动元件，适合从事流量不大的间歇工作和表面光滑的工件。由真空泵或真空发生器组成的典型真空回路如图 10–1–3 所示。两种真空发生装置的比较见表 10–1–1。真空

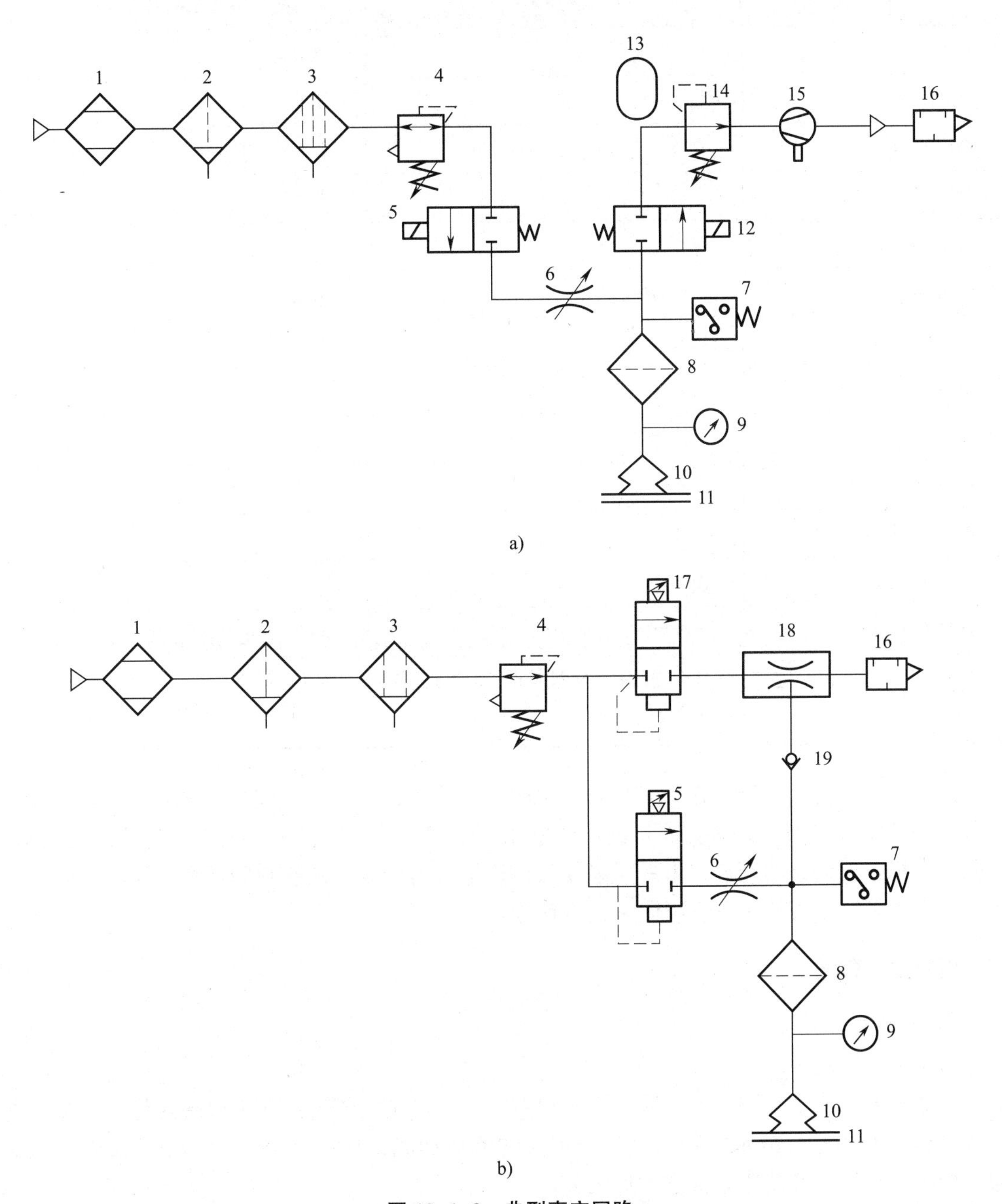

图 10–1–3 典型真空回路

a）由真空泵组成的典型真空回路 b）由真空发生器组成的典型真空回路

1– 冷冻式干燥器 2– 空气过滤器 3– 油雾分离器 4– 减压阀 5– 真空破坏阀（换向阀） 6– 节流阀 7– 真空压力开关 8– 真空过滤器 9– 真空表 10– 真空吸盘 11– 工件 12– 真空切换阀 13– 真空罐 14– 真空调压阀 15– 真空泵 16– 消声器 17– 供给阀（换向阀） 18– 真空发生器 19– 单向阀

泵与真空发生器回路真空形成方法的主要差别是：真空泵通常要连接一个气罐，使其随时都有高的抽吸流量；而对于真空发生器来说，不需要附带气罐。

表 10–1–1　两种真空发生装置的比较

参数	真空泵	真空发生器
最大真空度	101.3 kPa	88 kPa
吸入流量	很大	较小
结构	复杂	简单
体积	大	小
重量	重	轻
使用寿命	有可动件，寿命较长	无可动件，寿命长
功率	较大	较大
价格	高	低
安装	较复杂	简单
维护	需要	不需要
与配套件复合化	困难	容易
真空的产生及解除	慢	快
真空压力脉动	有脉动，需设真空罐	无脉动，不需要真空罐
应用场合	适合连续、大流量工作，不宜频繁启停，适合集中使用	需供应压缩空气，宜流量不大的间歇工作，适合分散使用

以真空吸附为动力源，作为实现自动化的一种手段，已在电子或半导体元件组装、汽车组装、自动搬运机械等许多方面得到广泛应用，例如：在真空包装机械中，包装纸的吸附、送标、贴标，包装袋的开启；电视机显像管的运输；薄的柔软的塑料膜运送；印刷纸张的检测、输送等等，都可使用真空吸附来完成作业。

三、真空发生装置

1. 真空泵

（1）真空泵的类型

在原理上，真空泵同空气压缩机几乎没有差异，区别在于连接在进口端还是出口端。真空发生器是利用空气或水喷射出气流或水流的流体动能，从一个容积中（如吸盘或类似空腔）抽吸出空气，使其建立真空（负压）。

真空泵是指去除特定空间内的气体，以减少气体分子的数目，形成某种程度真空状态的装置。真空泵为输送低于大气压力的气体机械，也是产生高度真空的减压装置，因此亦称为减压装置。真空泵可以低压抽气，也可以令某装置或某空间产生低压的状态。表 10–1–2 所列为工业中常见的真空泵种类、工作压力范围及特性等。

表 10–1–2 常见真空泵的种类、工作压力范围及特性

名称	工作压力范围 /Torr	特性
回转泵	$10^{-3}\sim760$	磨损大，不适用于可冷凝气体的操作，耐腐蚀性不佳，属于低真空度抽气装置
喷射真空泵	$10^{-2}\sim760$	适用于多水蒸气且少非冷凝气体的场合，无活动元件装置，属于低真空度抽气装置
扩散真空泵	$10^{-9}\sim10^{-3}$	可达很高的真空度，但需有大功率粗抽辅助系统，操作液无法保持清洁，属于高真空抽气装置
涡轮分子泵	$10^{-10}\sim10^{-2}$	除用于气体的排放外，也可用于真空密封，属于高真空与超高真空抽气装置，干净、易操作
冷凝泵	$<10^{-4}$	适用于含冷凝气体的场合，可达中度真空
钛升华泵	$10^{-10}\sim10^{-4}$	用钛膜的化学吸附作用抽气。结构简单、抽速大、无油污染

注：1 Torr=133.322 Pa。

（2）真空泵工作原理

在工业用气动真空系统中，常用回转式真空泵，其主要种类有旋片泵，爪式泵、罗茨泵、离心泵和齿轮泵。下面以旋片泵为例分析其工作原理。

图 10–1–4 所示为旋片泵的工作原理示意图，旋片泵主要由定子、转子、旋片、定盖、弹簧等零件组成。当转子旋转时，始终沿定子的内壁滑动。两个旋片把转子、定子内腔和定盖所围成的月牙形空间分隔成 A、B、C 三个部分。当转子按图 10–1–4 所示方向旋转时，与吸气相通的空间 A 的容积不断地增大，A 空间的压强不断地降低，当 A 空间内的压强低于被抽容器内的压强时，根据气体压强平衡的原理，被抽的气体不断地被抽进吸气腔 A，此时正处于吸气过程。同时 B 空间的容积逐渐减小，压力不断地增大，此时处于压缩过程。而与排气口相通的 C 空间的容积进一步减小，压强进一步升高，当气体的压强大于排气压强时，被压缩的气体推开排气阀，被抽的气体不断地穿过油箱内的油层排至大气中，在泵的连续运转过程中，不断地进行着吸气、压缩、排气过程，从而达到连续抽气的目的。

排气阀浸在油里以防止大气流入泵中，油通过泵体上的间隙、油孔及排气阀进入泵腔，使泵腔内所有运动的表面被油覆盖，形成了吸气腔与排气腔的密封。

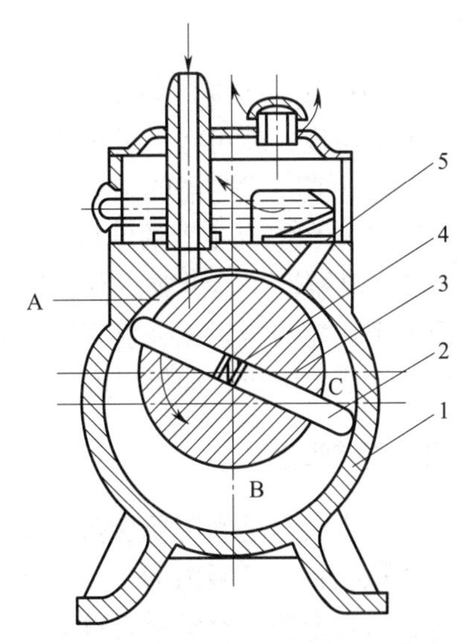

图 10–1–4 旋片泵工作原理示意图
1- 泵体 2- 旋片 3- 转子
4- 弹簧 5- 排气阀

（3）真空泵的技术参数

衡量真空泵的主要技术参数有抽气速率、终极压力和抽气能量。

1）抽气速率是指泵在正常运转下，单位时间内通过进口截面的气体体积。

2）终极压力是指泵所能抽到气体的最低压力。

3）抽气能量为泵的抽气速率乘以压力。

2. 真空发生器

真空发生器结构简单，体积小，无可动机械部分，使用寿命长，安装使用方便，真空度可达 88 kPa。尽管产生的负压（真空度）不大，流量也不大，但可控、可调，稳定可靠，瞬时开关特性好，无残余负压，同一输出口可正负压交替使用。

（1）真空发生器的工作原理

图 10–1–5 所示为真空发生器的工作原理，它由喷嘴、接收室、混合室和扩散室组成。压缩空气通过收缩的喷射后，从喷嘴内喷射出来的一束流体的流动称为射流。射流能卷吸周围的静止流体和它一起向前流动，这称为射流的卷吸作用。从喷嘴流出的射流卷吸一部分周围的流体向前运动，于是在射流的周围形成一个低压区，接收室内的流体便被吸进来，与射流混合后，经接收室另一端流出。这种利用一束高速流体将另一束流体（静止或低速流）吸进来，相互混合后一起流出的现象称为引射现象。当在喷嘴两端的压差达到一定值时，气流可以以声速或亚声速流动，于是在喷嘴出口处，即接收室内可获得一定负压。

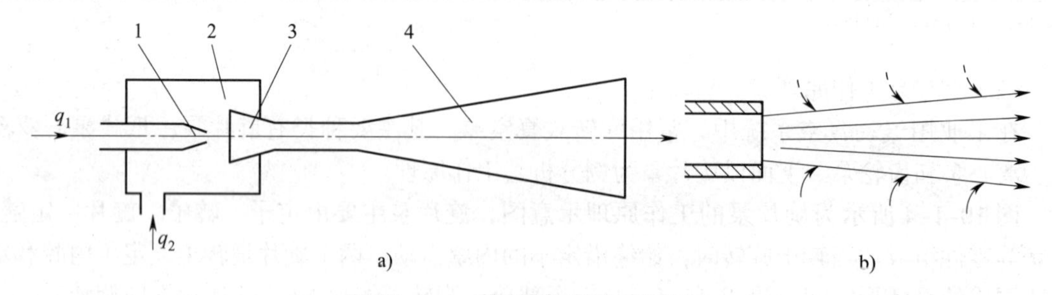

图 10–1–5　真空发生器的工作原理

a）真空发生器　b）卷吸现象

1- 喷嘴　2- 接收室　3- 混合室　4- 扩散室

当接收室连接真空吸盘，吸盘与平板工件接触时，只要将吸盘内的气体抽吸完并达到一定的真空度，就可将平板吸持住。

（2）真空发生器的结构

典型真空发生器的结构如图 10–1–6 所示，它是由先收缩后扩张的拉伐尔喷管 1、负压腔 2、收缩管 3 等组成，有供气口、排气口和真空口。当供气口的供气压力高于一定值后，喷管射出超声速射流，射流能卷吸走负压腔内的气体，使该腔形成很高的真空度，在真空口处接上真空吸盘，即可吸取物体。

四、真空吸盘

真空吸盘是利用吸盘内形成的负压（真空）来吸附工件的一种气动元件，常用作机械手的抓取机构。其吸力为 1 ~ 10 000 N。真空吸盘通常由丁腈橡胶、硅橡胶、氟橡胶和聚氨酯等材料与金属骨架压制成碗状或杯状。适用于抓取薄片状的工件，如塑料片、硅钢片、纸张（盒）及易碎的玻璃器皿等，要求工件表面平整光滑、无孔和无油污。图 10–1–7 所示为常见吸盘的形状。

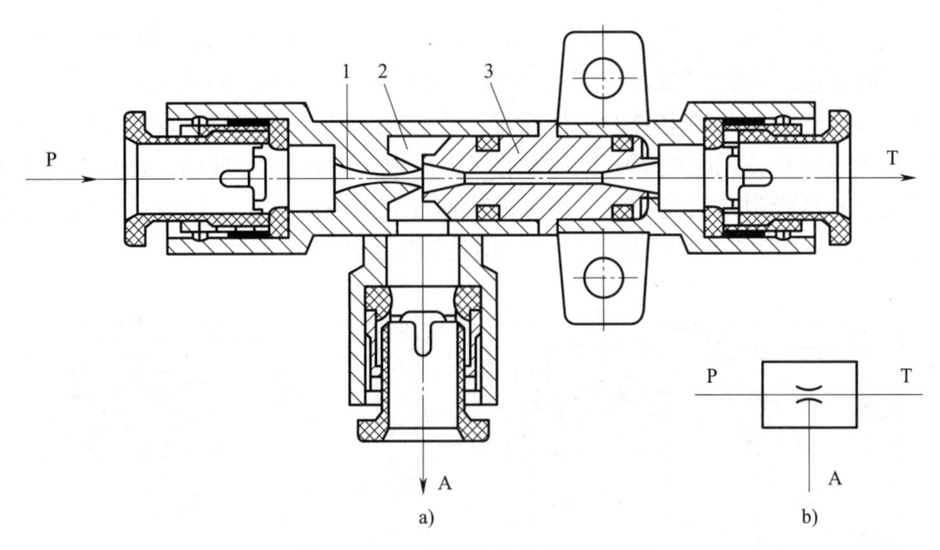

图 10–1–6 典型真空发生器的结构

a）结构图 b）职能符号

1– 拉伐尔喷管 2– 负压腔 3– 收缩管

图 10–1–7 常见吸盘的形状

五、真空用气阀

1．真空电磁阀

真空电磁阀与普通电磁阀在结构、工作原理方面没什么两样，区别仅在于密封。气动元件的密封有两种方式，即弹性密封和唇形密封。真空电磁阀一般采用弹性密封。

真空组件里常用两种真空电磁阀：真空发生用电磁阀和真空释放用电磁阀。图 10–1–8

所示为一种真空组件动作原理。图 10-1-8a 所示为真空发生用电磁阀 A 通电时的工作状况，此时供气通路接通，压缩空气流入真空发生器产生真空，可以用来吸附工件。图 10-1-8b 所示为真空释放用电磁阀 B 通电时的工作状况。当被吸附的工件到位需要释放时，真空发生用电磁阀 A 和真空释放用电磁阀 B 同时动作（A 断电、B 通电）。此时，停止产生真空，同时压缩空气经 B 从吸附口流向吸盘，将工件快速释放。由此可见，真空发生用电磁阀 A 的作用是接通供气，真空释放用电磁阀 B 的作用是加快工件释放。

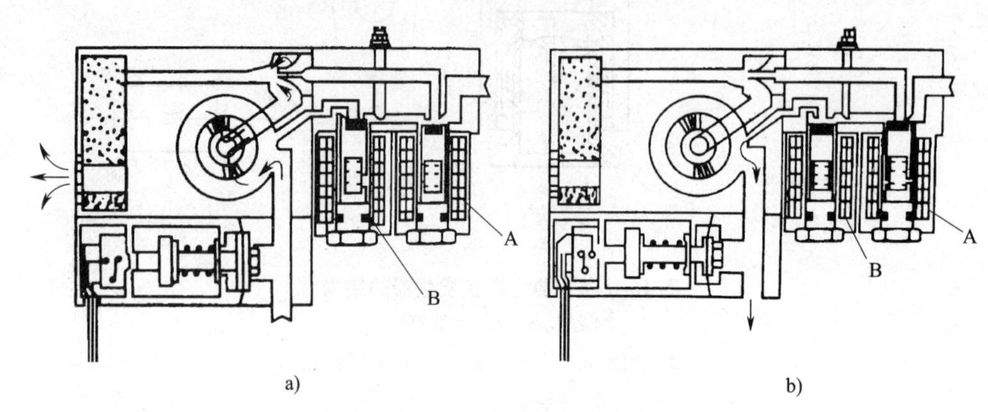

图 10-1-8　真空组件动作原理

a）真空发生用电磁阀通电　b）真空释放用电磁阀通电

2. 减压阀

正压管路应使用正压减压阀，真空管路中的减压阀应使用真空减压阀，真空减压阀可调节真空压力并保持其稳定。真空减压阀的结构如图 10-1-9 所示。

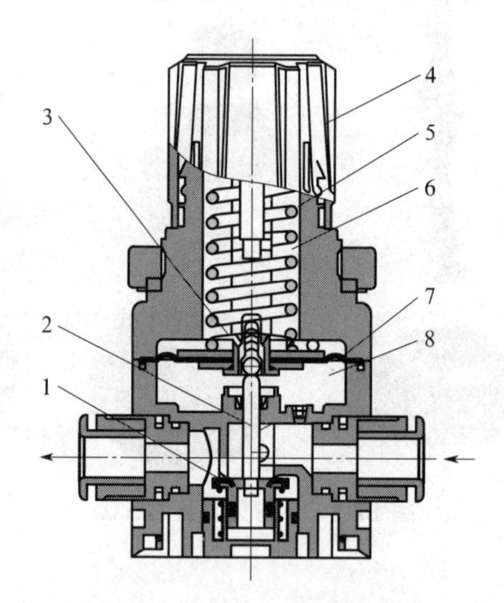

图 10-1-9　真空减压阀的结构

1- 主阀芯　2- 阀杆　3- 大气吸入阀芯　4- 手轮　5- 设定弹簧　6- 真空室　7- 膜片　8- 大气室

3. 换向阀

用于真空发生器回路中的换向阀，有供给阀和真空破坏阀。用于真空泵回路中的换向阀，有真空切换阀和真空选择阀。供给阀用于供给真空发生器压缩空气。真空破坏阀用于破坏吸盘内的真空状态，将真空压力变成大气压力或正压力，使工件脱离吸盘。真空切换阀就是接通或断开真空压力源的阀。真空选择阀可控制吸盘对工件的吸持或脱离。

真空回路中换向阀的连接方法见表 10–1–3。真空破坏阀、真空切换阀一般使用二位二通阀。

表 10–1–3　　真空回路中换向阀的连接方法

形式	供给阀	真空破坏阀	真空切换阀	真空选择阀
直动式	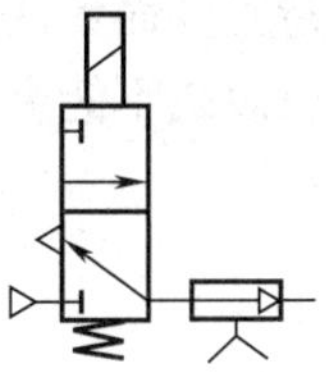	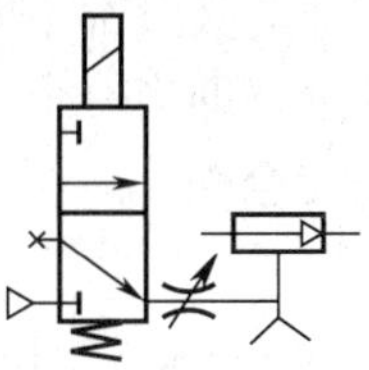	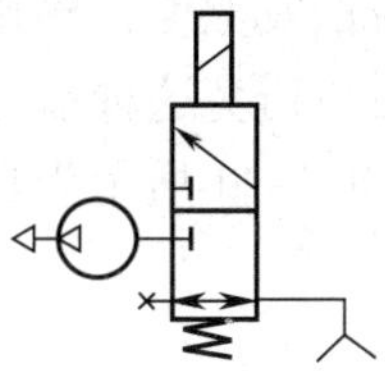	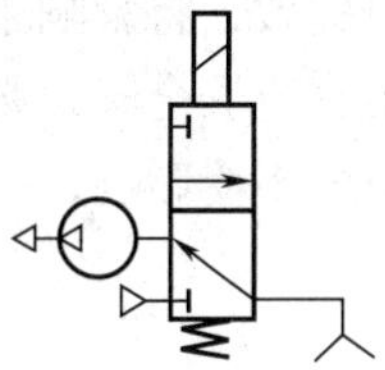
外部先导式	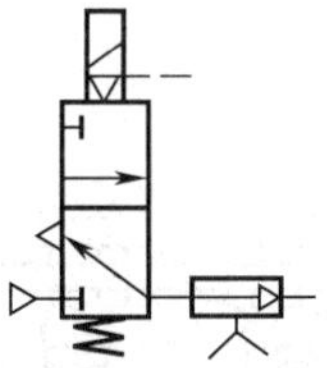	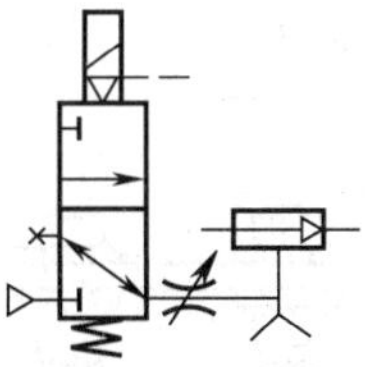	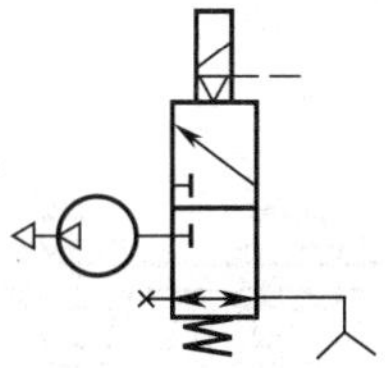	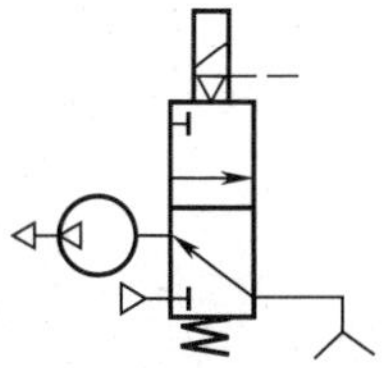
	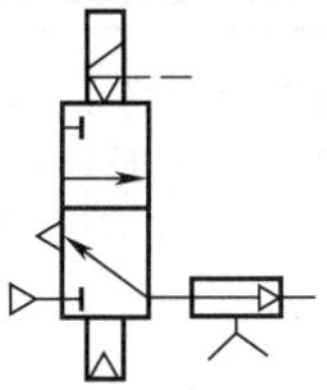	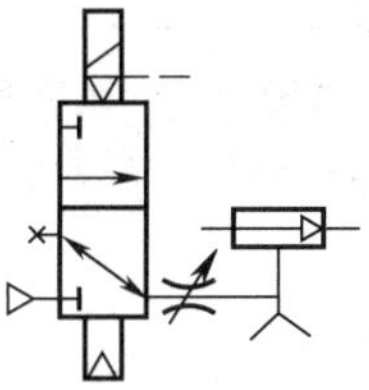	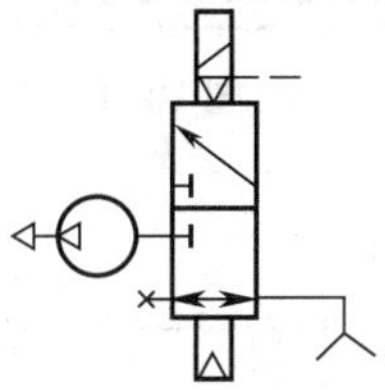	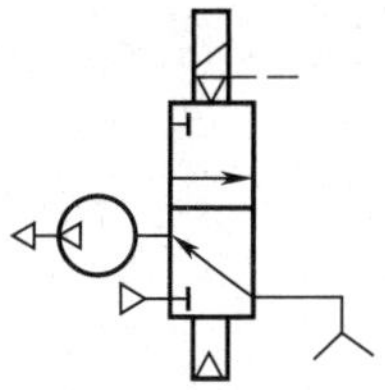
	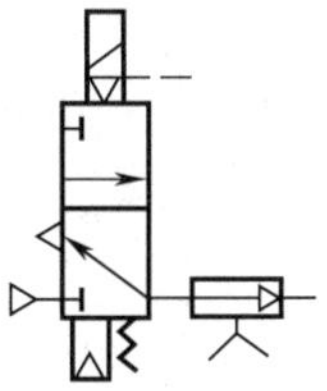	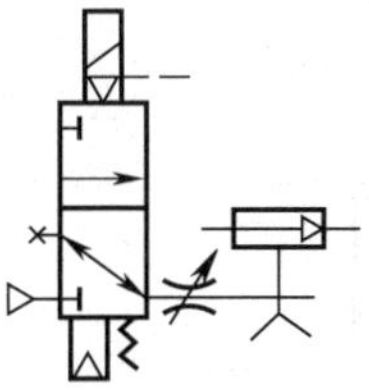	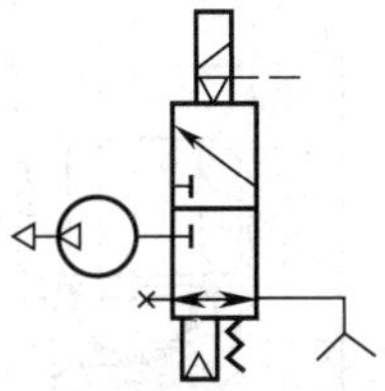	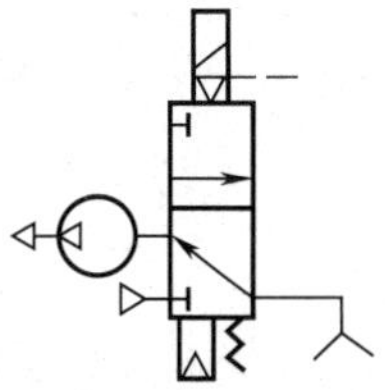
			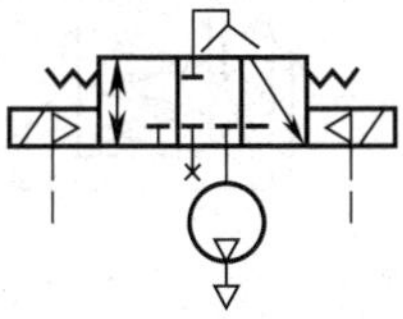	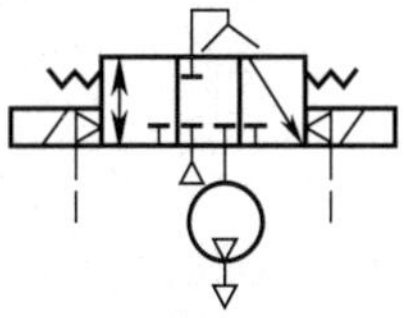

4. 节流阀

真空系统中的节流阀用于控制真空破坏的快慢。节流阀的出口压力不得高于 0.5 MPa，以保护真空压力开关和抽吸过滤器，可使用弯头型带快换接头的速度控制阀，对进气节流型，螺纹接头应接在真空口一侧。

5. 真空单向阀

真空单向阀有两个作用：一是当供气阀停止供气时，保持吸盘内的真空压力不变，可节省能量；二是一旦停电，可延缓被吸吊工件脱落的时间，以便采取安全对策。

6. 真空安全阀

真空安全阀能确保在一个吸盘失效后，仍维持系统的真空不变。图 10–1–10 所示为同时使用多个真空吸盘的真空系统，系统中装有真空安全阀。如果系统中有一个或几个吸盘密封失效，将影响系统的真空度，导致其他的吸盘都不能吸持工件而无法工作。但是，如果使用真空安全阀，则可以避免这种情况发生，即当一个吸盘失效或不能密封时，其他吸盘的真空度不受影响，图 10–1–11 所示为真空安全阀。

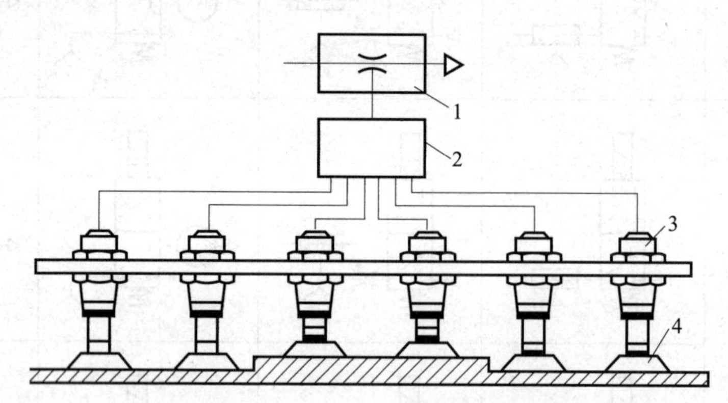

图 10–1–10　同时使用多个真空吸盘的真空系统

1– 真空发生器　2– 分配器　3– 真空安全阀　4– 吸盘

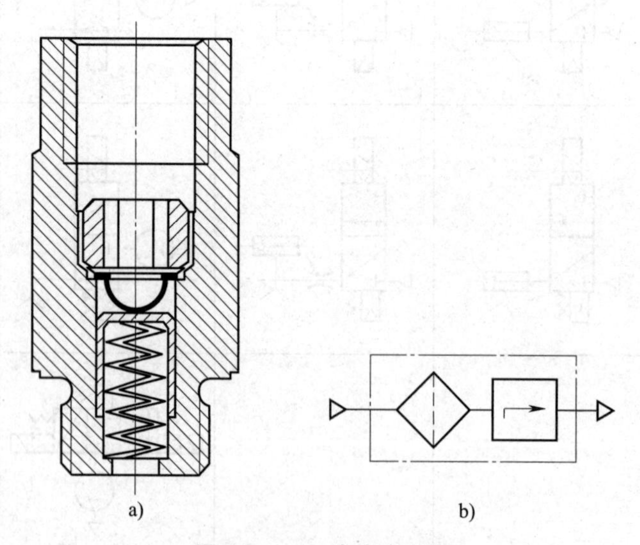

图 10–1–11　真空安全阀

a）结构图　b）职能符号

7. 真空顺序阀

真空顺序阀如图 10–1–12 所示，压力控制口 X 在上方，调节弹簧压缩量可调整控制压力（真空度）。只要 X 口的真空度达到真空顺序阀的设定值，则与其相连的阀动作。

图 10-1-13 所示为真空顺序阀的应用实例，真空顺序阀的 X 口与真空发生器 U 口相连。启动手动阀向真空发生器供给压缩空气即产生负压，对吸盘进行抽吸，在吸盘内真空度达到调定值时，真空顺序阀打开，基本阀 5 动作有输出，使控制阀 6 换向，气缸活塞杆伸出。

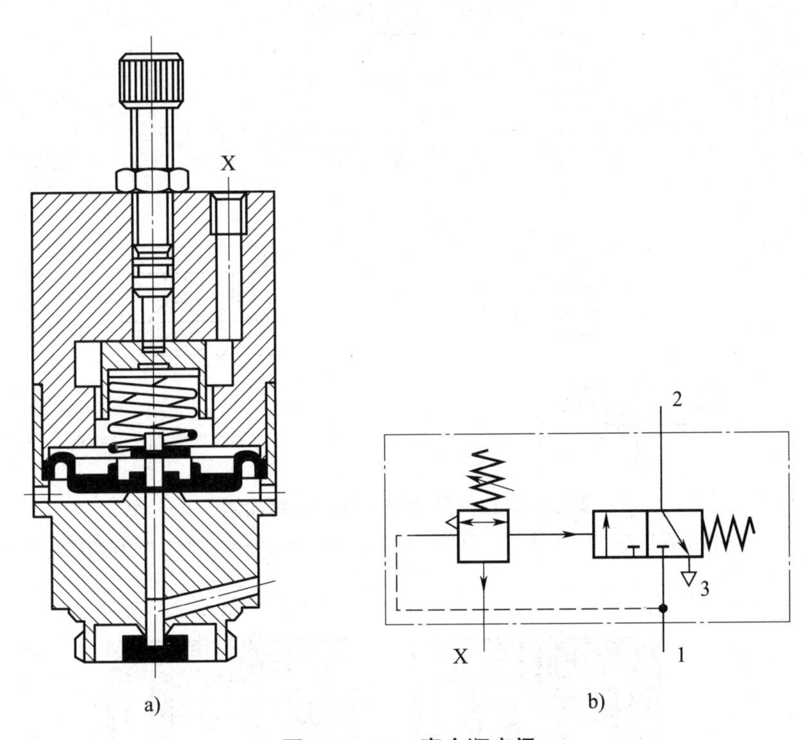

图 10-1-12 真空顺序阀

a）结构图 b）职能符号

知识链接

一、真空开关

真空开关是用于检测真空压力的开关。当真空压力未达到设定值时，开关处于断开状态。当真空压力达到设定值时，开关处于接通状态，发出电信号，控制真空吸附机构动作。图 10-1-14 所示为膜片式真空开关的工作原理图。

真空开关按触点形式可分为有触点式（磁性舌簧管开关）和无触点式（半导体真空开关）。膜片式真空开关属于有触点式真空开关，它是利用膜片感应真空压力变化，再用舌簧管开关配合磁环提供压力信号。

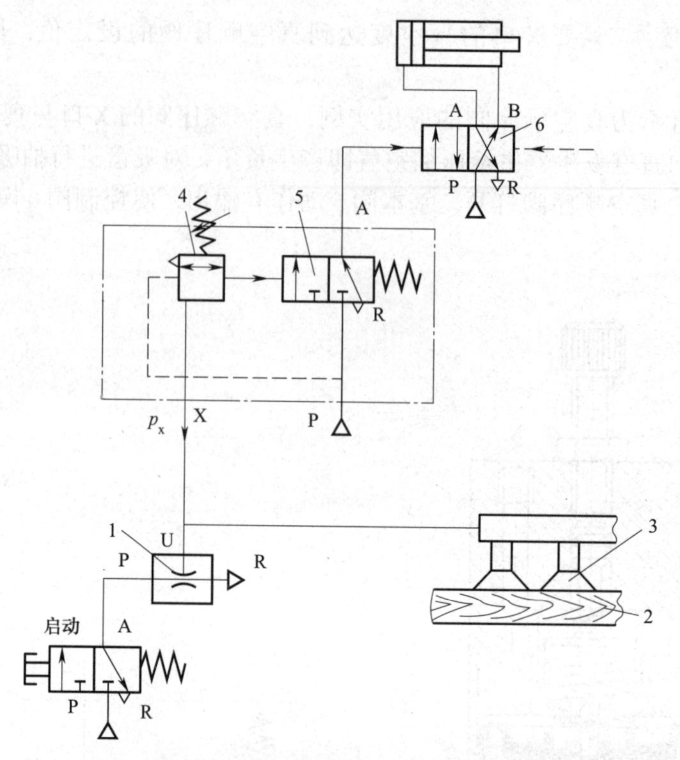

图 10–1–13　真空顺序阀的应用实例

1– 真空发生器　2– 工件　3– 吸盘　4– 真空顺序阀　5– 基本阀　6– 控制阀

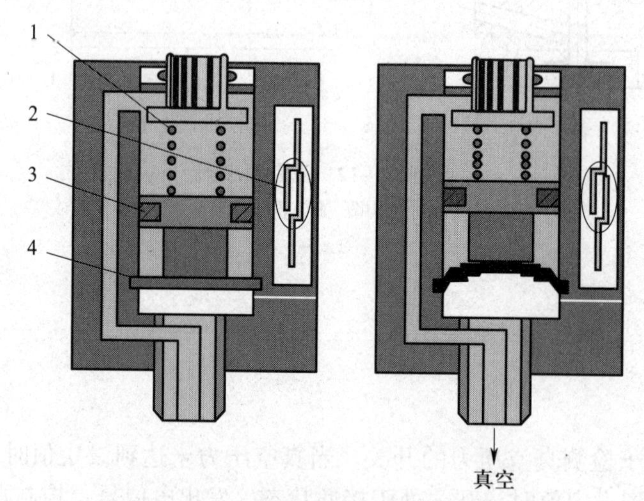

图 10–1–14　膜片式真空开关的工作原理图

1– 调节弹簧　2– 舌簧开关　3– 磁环　4– 膜片

二、真空过滤器

真空过滤器可将从大气中吸入的污染物（主要是尘埃）收集起来，以防止真空系统中的元件因受污染而出现故障。在吸盘与真空发生器之间，应设置真空过滤器。真空过滤器实物如图 10–1–15 所示。

图 10–1–15　真空过滤器实物图

任务 2　玻璃抓取机械手真空元件的选择

教学目标

- ✲ 掌握真空吸盘的选择方法
- ✲ 熟悉真空发生器及真空切换阀的选定方法
- ✲ 了解真空系统使用的注意事项

任务引入

图 10–2–1 所示为玻璃抓取机械手的示意图，需要把玻璃水平搬运至传输带上，玻璃在提升过程中是水平提吊，每块玻璃重 20 kg，已知吸附容积 V=0.11 L，连接管长为 l=1 m，要求吸附响应时间 $T \leqslant 1.0$ s，试选择吸盘和真空发生器。

任务分析

在真空系统中，吸取物体的重量主要取决于吸力的大小，而吸力的大小又取决真空吸盘的大小和真空度，真空度是由真空发生器决定的。因此，本任务主要是确定吸盘的直径和真空发生器的具体规格。

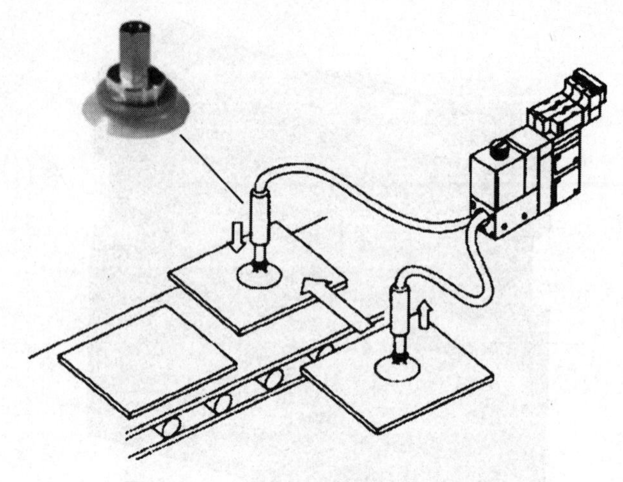

图 10-2-1　玻璃抓取机械手的示意图

相关知识

一、真空吸盘的吸力计算

除材料、形状和安装形式外，真空吸盘的一个重要使用性能就是吸力，在使用工作中，真空吸盘相当于正压系统的气缸。真空吸盘的外径称为公称直径，其吸持工件被抽空的直径称为有效直径。吸盘的理论吸力 F 为

$$F=\frac{\pi}{4}D_e^2\Delta p_V$$

式中　D_e——吸盘的有效直径；

Δp_V——真空度。

这样，若已知一个真空吸盘，只要设定真空度，就可以计算吸盘的理论吸力。根据吸盘安装位置和带动负载运动状态（方向和快慢、直线运动和回转运动）的不同，吸盘的实际吸力应考虑一个安全系数 n，即实际吸力 F_r 为

$$F_r=\frac{F}{n}$$

如在水平安装提升物体时 n 为 8，如果吸盘吸取物体后要高速运动和回转，则需计算要克服的惯性力和离心力，甚至风阻力，加大安全系数，增加吸盘尺寸。对大型物体宜采用多个吸盘同时吸取。真空吸盘使用时应该注意吸盘的安装位置，如图 10-2-2 所示，水平安装位置和垂直安装位置两者吸持工件时的受力状态是不同的。吸盘水平安装时，除了要吸持住工件负载，还应该考虑吸盘移动时工件的惯性力对吸力的影响。吸盘垂直安装时，吸盘的吸力必须大于工件与吸盘间的摩擦力。

二、吸盘的选择

吸盘的理论吸力是吸盘内真空度 p 与吸盘的有效吸着面积 A 的乘积。吸盘的实际吸力应考虑被吸工件的重量及搬运过程中的运动状态，还应留有足够的余量，以保证吸吊的安全。搬

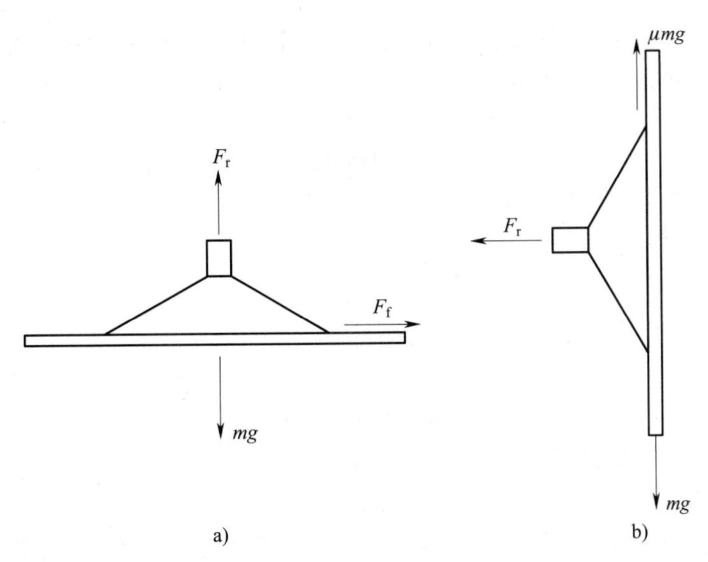

图 10-2-2 吸盘的安装位置

a）水平安装 b）垂直安装

运过程中的运动加速度，应考虑启动加速度、停止加速度、平移加速度和转动加速度（包括摇晃）。对面积大的吸吊物、重的吸吊物、有振动的吸吊物，或要求快速搬运的吸吊物，为防止被吊物的脱落，通常使用多个吸盘进行吸吊。这些吸盘应合理配置，以使吸吊合力作用点与被吸吊重物的重心尽量靠近。

使用 n 个同一直径的吸盘吸吊重物，其吸盘直径 D 可按下式确定。

$$D \geqslant \sqrt{\frac{4Wt}{\pi np}}$$

式中 D——吸盘直径，mm；

W——吸吊物重力，N；

t——安全率，水平吊≥4，垂直吊≥8；

p——吸盘内的真空度，MPa。

吸盘内的真空度 p 应在真空发生器（或真空泵）的最大真空度 p_V 的 63%～95% 范围内选择，以提高真空的吸附能力，又不致使吸附响应时间过长。

三、真空发生器及真空切换阀的选择

1．吸附响应时间

吸附响应时间是指从供给阀（或真空切换阀）换向开始，使吸盘内到达吸附工件所必需真空度的时间。

供给阀（或真空切换阀）换向后，吸盘内的真空度与到达时间的关系如下：

$$T_1 = \frac{60V}{q_V}$$

式中 T_1——吸附响应时间，s；

V——供给阀（或真空切换阀）至吸盘的配管容积，L；

q_V——通过真空发生器（或真空切换阀）的平均流量 q_{V1} 和通过配管内的平均吸入量 q_{V2} 中的小值，L/min。

$$V=\frac{\pi}{4\,000}d^2l$$

式中 d——配管的内径，mm；

l——配管的长度，m。

对于真空发生器：

$$q_{V1}=C_q q_{Ve}$$

对于真空切换阀：

$$q_{V1}=C_q\times 11.1S_c$$

式中 q_{Ve}——真空发生器的最大吸入量，L/min；

S_c——真空切换阀的有效截面积，mm^2；

C_q——系数，C_q=1/3～1/2，一般取 C_q 为 1/2，若真空管路中流动阻力偏大，C_q 可取 1/3。

对于配管：

$$q_{V2}=C_q\times 11.1S$$

式中 S——配管的有效截面积，mm^2。

2．工件吸附时的泄漏量

吸盘在吸附透气性工件（如纸张、表面粗糙的工件等）时会产生泄漏，故在选定真空发生器（或真空切换阀）时，必须考虑吸着工件的泄漏量 q_{VL}。知道吸附工件的有效截面积 S_L，则泄漏量：

$$q_{VL}=11.1S_L$$

式中 q_{VL}——工件吸附时的泄漏量，L/min；

S_L——吸附漏气工件的有效截面积，mm^2。

3．真空发生器及真空切换阀的确定

（1）无漏气量 q_{VL} 时

最大吸入流量：

$$q_{V\,max}=(2\sim3)q_V=(2\sim3)\times\frac{60V}{T}$$

式中 $q_{V\,max}$——最大吸入量，L/min；

T——吸附响应时间，s。

由最大吸入量 $q_{V\,max}$ 查找真空发生器的排气特性曲线，选定真空发生器的规格。

若使用真空泵，则按真空切换阀的有效截面积 S_c（mm^2）不小于 $q_{V\,max}/11.1$（mm^2）来选定真空切换阀的规格。

（2）有漏气量 q_{VL} 时

按最大吸入量 $q_{V\,max}=(2\sim3)q_V=(2\sim3)\times\left(\frac{60V}{T}+q_{VL}\right)$ 选定真空发生器的规格。

若使用真空泵，选定真空切换阀的规格与无漏气量时相同。

任务实施

工件重 W=20×9.8=196 N，因玻璃板面积较大，预选 6 个直径为 50 mm 的吸盘，选安全率 t=4，求出吸吊所需的真空度：

$$p=\frac{4Wt}{\pi D^2 n}=\frac{4\times196\times4}{\pi\times50^2\times6}=0.066\ 5\ \text{MPa}$$

选用标准型真空发生器，其最大真空度 p_V=88 kPa，因 p/p_V=0.757，由图 10–2–3 查得到达时间 T=1.41T_1，由式 $T_1=\frac{60V}{q_V}$，得：

$$q_V=1.41\times\frac{60V}{T}=1.41\times\frac{60\times0.1}{1.0}=8.46\ (\text{L/min})$$

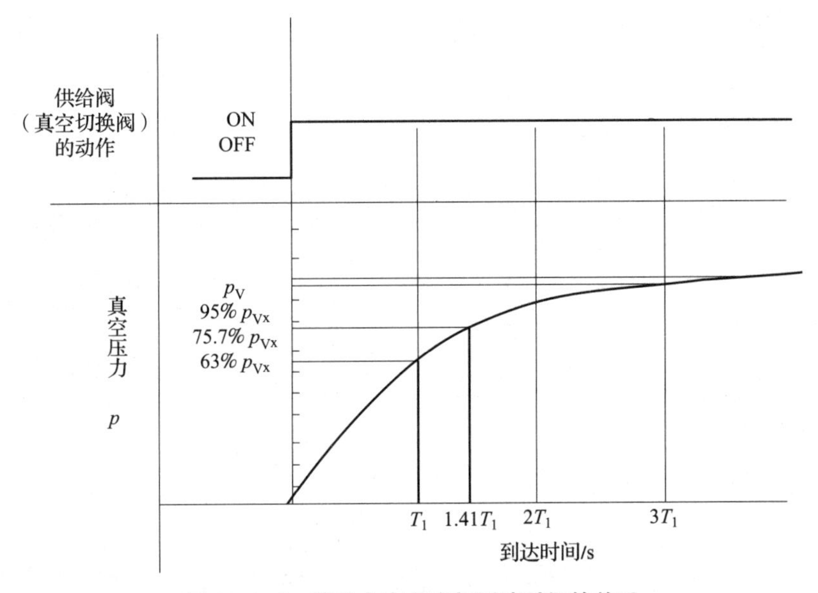

图 10–2–3 吸盘内真空度与到达时间的关系

平均吸入量 q_{V1}=8.46 L/min，由式 $q_{V1}=C_q\cdot q_{Ve}$，选系数 C_q=1/2，则真空发生器的最大吸入量 q_{Ve}=2×8.46 L/min=16.92 L/min，选喷管喉部直径为 1 mm 的 ZH10BS 真空发生器，其极限吸入量为 24 L/min，故实际吸附时间为：

$$T=1.41\times\frac{60\times0.1}{24/2}=0.705(\text{s})<1.0\ \text{s}$$

ZH10BS 真空发生器的真空口连接内径 d=4 mm，若管长 L=1 m，查连接管的有效面积 S=6.7 mm^2，计算配管的平均吸入流量：q_{V2}=11.1×6.7/2=37.2 L/min，此流量远大于通过真空发生器的平均吸入量 q_{V1}=8.46 L/min，故连接管能满足响应时间要求。

若使用真空泵系统，因通过真空切换阀的平均吸入量 q_{V1}=8.46 L/min，由式 $q_{V1}=C_q\times11.1S_c$，选 C_q=1/2，则 S_c=8.46×2/11.1=1.52 mm^2，故要选用有效截面积 S>1.52 mm^2 的直动式弹簧复位的电磁阀作为真空切换阀。

思考与应用

1. 真空发生器的工作原理是什么？

2. 真空安全阀的作用是什么？

3. 由真空表测得真空吸盘内的真空度为 50 kPa，采用 4 个相同的吸盘垂直提吊重 40 kg 的物体，需要选择多大直径的吸盘？

模块十一

气动系统的分析与维护

任务 1　颜料调色振动机气动系统的分析

教学目标

- 掌握气动系统分析的基本要求及方法
- 掌握气动系统各组成部分的工作特点
- 能对气动系统进行优化及合理化的改进

任务引入

图 11–1–1 所示为颜料调色振动机的工作示意图。当把各种颜料倒入颜料桶内后，调节好定时旋钮的时间，按下启动按钮，颜料桶在气缸的作用下，在调定的时间内振动，把颜料桶内的各种颜料调匀，产生新颜色的颜料。

图 11–1–2 所示为颜料调色振动机的气动控制回路图。

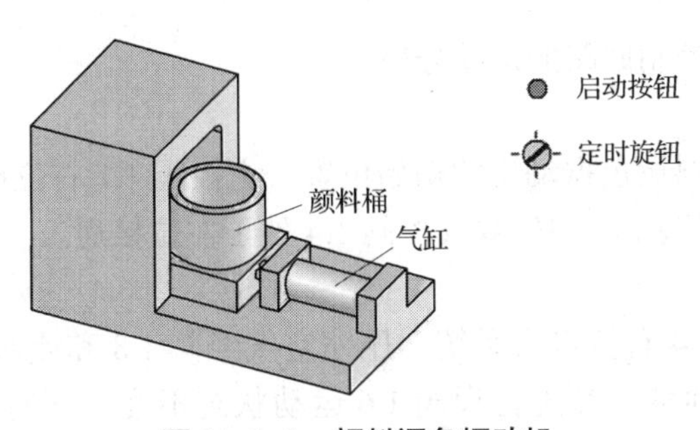

图 11–1–1　颜料调色振动机

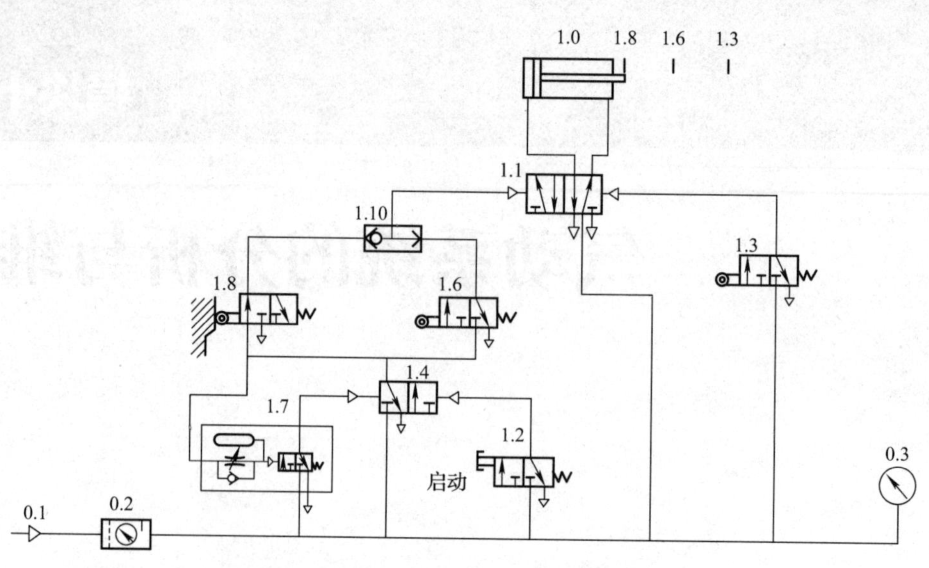

图 11–1–2　颜料调色振动机气动控制回路图

试根据该系统的工作要求及控制回路图，对该气动系统进行分析，并且对其中不合理之处进行改进。

任务分析

前面学习了气动系统各个元器件的作用，以及简单气动系统回路的设计方法。本任务要求掌握对气动系统回路进行分析的能力。

在分析气动系统时，要求做到以下四点：

1. 仔细研究各元器件之间的联系，掌握各个元器件的性能及其在系统中的作用。
2. 弄清各个元器件的初始状态和工作状态，以及压缩空气的控制路线。
3. 对系统控制要求的合理性提出一定的意见，并能对一些元器件进行代用和替换。
4. 可以提出对系统进行完善、改进的一些合理的建议和方案。

任务实施

一、颜料调色振动机气动控制回路分析

1．颜料调色振动机控制回路的运动分析

（1）初始状态

图 11–1–2 所示为颜料调色振动机的初始位置，主控阀 1.1 右位接通，气缸 1.0 处于回缩的状态，活塞杆压下行程阀 1.8，3/2 双气控阀 1.4 处于左位接通。

（2）工作状态

按下启动按钮，阀 1.4 右位接入系统，压缩空气经阀 1.8 和或阀 1.10 使主控阀 1.1 左位接系统，气缸的活塞杆前伸，经过行程阀 1.6 运动状态不变。同时压缩空气也进入延时阀

1.7，而阀1.8、1.6在弹簧力的作用下恢复左位接入系统。

当活塞杆压下行程阀1.3，主控阀1.1右位接入系统，压缩空气进入气缸的右腔，活塞杆回缩，同时在弹簧力的作用下，行程阀1.3复位。

当活塞杆压下行程阀1.6，主控阀1.1左位接入系统，压缩空气进入气缸的左腔，活塞杆前伸，同时在弹簧力的作用下，行程阀1.6复位。

这样活塞杆就一直在行程阀1.3和1.6之间往复运动，直到达到调定的时间后，延时阀1.7输出压缩空气，使3/2双气控阀1.4左位接入系统，切断行程阀1.3和1.6的气源，使主控阀的左位没有控制信号，而保持右位接入系统，活塞杆回到初始位置。

2. 画出执行元件的时间－位移－步骤图

根据上述的运动分析，可以画出如图11–1–3所示的时间－位移－步骤图，延时阀调节的振动时间是15 s左右。

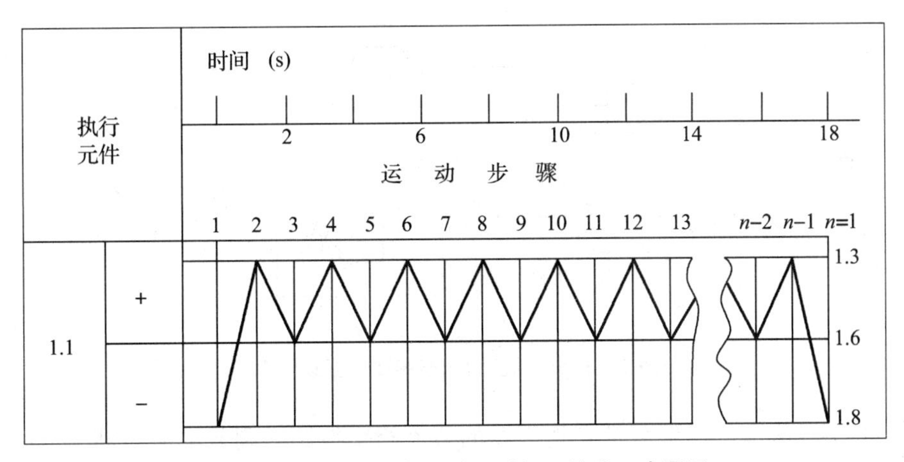

图11–1–3 颜料调色振动机时间－位移－步骤图

从图中可以看出，活塞杆前伸后一直在行程阀1.3和1.6之间往复运动，大约15 s后，回到初始状态。

二、分析主要元器件的作用

1. 延时阀1.7与3/2双气控阀1.4

延时阀1.7与3/2双气控阀1.4组合，用于控制颜料调色振动机的振动时间。当延时阀1.7动作后，输出压缩空气，使3/2双气控阀1.4换位，切断行程阀1.6、1.8的输入，从而使两行程阀被活塞杆压下后没有输出，使主控阀1.1保持右位接入系统，气缸回到初始位置。

调节延时阀1.7中节流口的大小，可以控制延时阀延时输出信号的时间，从而控制颜料调色振动机振动的时间长短，图11–1–1中所示的定时旋钮即为调节延时阀中节流口大小的旋钮。

2. 或阀1.10与行程阀1.6、1.8

或阀1.10把行程阀1.6和1.8组合成一个控制信号，以控制气缸的伸出。只要行程阀1.6和1.8中任何一个阀有信号输出，就会使气缸前伸。

三、系统回路的改进

1. 颜料桶振动频率的改进

从颜料调色振动机的系统回路来看，最大的缺点是不能改变振动的频率，而在实际加工中为了得到更好的调色效果及加工效率，应可以根据不同颜料的调色效果而采用不同的振动频率。在进行气动系统改进时，可以用压力调节阀和节流阀来调节振动频率。

如图 11-1-4 所示，主控阀用单独的气源，以压力调节阀来改变主控阀的供气压力，从而调节颜料桶振动的频率。

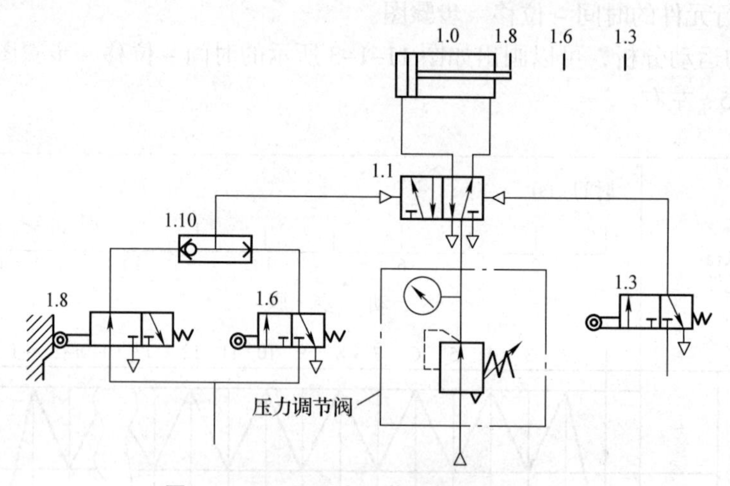

图 11-1-4　用压力调节阀调节振动频率

如图 11-1-5 所示，用两个带有消声器的节流阀来控制、调节主控阀排气口的排气量，改变排气量就能改变颜料桶的振动频率，消声器还可以减小由于排气所带来的噪声。而且用这种方式来调节振动频率，用的是排气节流的方法，能产生一定的背压，起到运动稳定和缓冲保护气缸的作用。

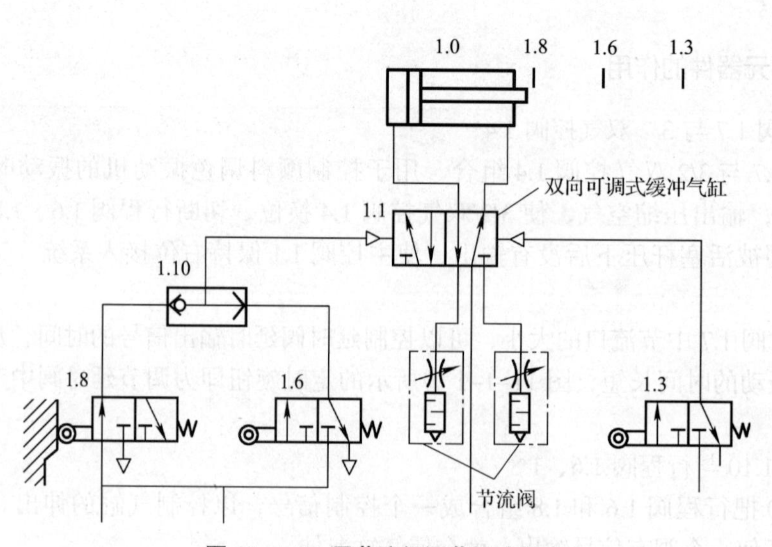

图 11-1-5　用节流阀调节振动频率

2．执行气缸的改进

由于要产生振动效果，气缸必须在两个行程阀间高速往复运动，而且运动距离相对较短，这样对气缸两端会产生较大的冲击力。为了更好地保护气缸，延长设备的使用寿命，可以用双向可调式缓冲气缸来代替普通气缸，以减小活塞对气缸两端所产生的冲击力，如图 11–1–5 所示。

知识链接

管子与管接头

管道连接件包括管子和各种管接头，如图 11–1–6 所示。有了管子和各种管接头，才能把气动控制元件、气动执行元件以及辅助元件等连接成一个完整的气动控制系统。因此，在实际应用中，管道连接件是不可缺少的。

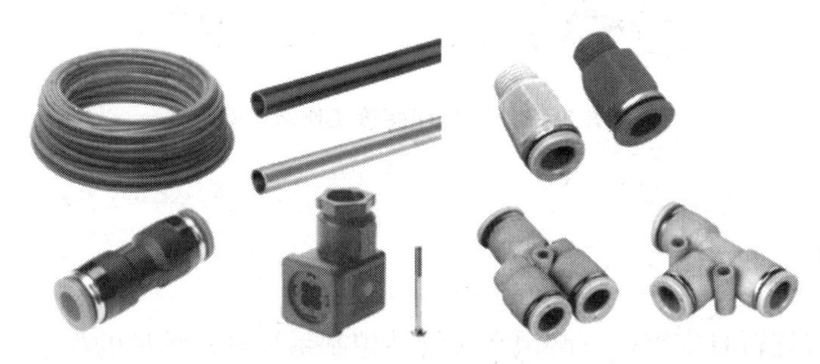

图 11–1–6　管子与管接头

管子可分为硬管和软管两种，在总气管和支气管等一些固定不动的、不需要经常装拆的地方使用硬管；连接运动部件和临时使用、希望装拆方便的管路应使用软管。硬管有铁管、铜管、黄铜管、紫铜管和硬塑料管等；软管有塑料管、尼龙管、橡胶管、金属编织塑料管以及挠性金属导管等，常用的是紫铜管和尼龙管。

气动系统中使用的管接头的结构及工作原理与液压管接头基本相似，分为卡套式、扩口螺纹式、卡箍式、插入快换式等。

任务 2　压印装置控制系统的维护与故障诊断

教学目标

- 了解气动系统常见故障及排除方法
- 掌握气动系统日常维护的内容
- 掌握气动系统故障分析的方法
- 掌握逻辑框图的分析与绘制方法

任务引入

图 11-2-1 所示为压印装置的工作示意图，它的工作过程为：当踏下启动按钮后，压印气缸伸出对工件进行压印，从第二次开始，每次压印都延时一段时间，等操作者把工件放好后，才对工件进行压印。如果发现当踏下启动按钮后，气缸不工作，应当如何查寻系统的故障点并排除故障呢？另外，在平时应该怎样维护压印装置的气动系统呢？

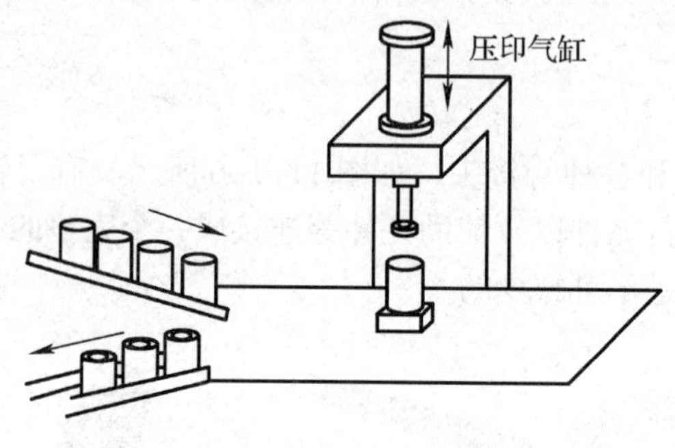

图 11-2-1　压印装置工作示意图

任务分析

要对压印装置进行日常维护，必须掌握气动控制系统日常维护的内容与要求。要对系统进行故障诊断，应掌握故障诊断的方法及步骤。

相关知识

一、气动系统的日常维护保养

气动系统日常维护保养工作的中心任务是保证给气动系统清洁干燥的压缩空气；保证气动系统的密封性；保证润滑元件得到必要的润滑；保证气动元件和系统得到规定的气压等工作条件，以保证气动执行元件机构按预定的要求进行工作。

维护工作可以分为经常性维护工作和定期性维护工作。经常性维护工作是指每天必须进行的维护工作，而定期性维护工作是指每周、每月或每季度进行的维护工作。

1. 经常性维护工作的内容

日常维护的主要内容是：冷凝水排放、检查润滑油和空压机系统的管理。

冷凝水排放遍及整个气动系统，从空压机、后冷却器、储气罐、管道系统直到各处空气过滤器、干燥器和自动排水器等。在每天工作结束后，应将各处冷凝水排放掉，以防夜间温度低于 0 ℃时导致冷凝水结冰。

在气动装置运转时，每天应检查一次油雾器的滴油量是否符合要求，油色是否正常，即油中不要混入灰尘和水分等。

空压机系统的日常检查工作是：后冷却器冷却水位是否正常；空压机是否有异常声音和异常发热；润滑油位是否正常。

2．定期性维护工作的内容

每周维护工作的主要内容是漏气检查和油雾器管理，并注意空压机是否要补油、传动带是否松动、干燥器的露点有无变动、执行元件有无松动，目的是在早期发现故障的苗头。

油雾器最好一周补油一次，补油时，要注意油量的减少情况。若耗油量太少，应重新调整滴油量，若调整后滴油量仍少或不滴油时，应检查通过油雾器的流量是否减少，油道是否堵塞。

每月或每季度的维护工作应比每日和每周的维护更仔细，但仍限于外部能够检查的范围。其主要内容是：仔细检查各处泄漏情况，紧固松动的螺钉和管接头，检查换向阀排出空气的质量，检查各调节部分的灵活性，检查指示仪表的正确性，检查电磁阀切换动作的可靠性，检查气缸活塞杆的质量以及一切从外部能够检查的内容。每季度的维护工作见表 11–2–1。

表 11–2–1 **每季度的维护工作**

元件	维护内容
自动排水器	能否自动排水、手动操作装置能否正常工作
过滤器	过滤器两侧压力差是否超过允许压降
减压阀	旋转手柄看压力可否调节；当系统压力为零时，观察压力表的指针能否回零
压力表	观察各处压力表指示值是否在规定范围内
安全阀	使压力高于设定压力，观察安全阀能否溢流
压力开关	在最高和最低的设定压力点，观察压力开关能否正常接通和断开
换向阀的排气口	检查油雾喷出量，有无冷凝水排出，有无漏气
电磁阀	检查电磁线圈的温升，阀的切换动作是否正常
速度控制阀	调节节流阀开度，检查能否对气缸进行速度控制或对其他元件进行流量控制
气缸	检查气缸运动是否平稳，速度及循环周期有无明显变化，安装螺钉、螺母、拉杆有无松动，气缸安装架有无松动和异常变形，活塞杆连接有无松动，活塞杆部位有无漏气，活塞杆表面有无锈蚀、划伤和偏磨，端部是否出现冲击现象、行程中有无异常，磁性开关动作位置有无偏移
空压机	进口过滤器网眼有无堵塞
干燥器	冷凝压力有无变化、检查冷凝水排出口温度的变化情况

二、气动系统的故障诊断方法

常用的气动系统故障诊断方法有经验法和推理分析法。

1．经验法

经验法指依靠实际经验，并借助简单的仪表诊断故障发生的部位，找出故障原因的方法。经验法可按中医诊断病人的四字“望、闻、问、切”进行。

（1）望。例如，看执行元件的运动速度有无异常变化；各测压点的压力表显示的压力是否符合要求，有无大的波动；润滑油的质量和滴油量是否符合要求；冷凝水能否正常排出；换向阀排气口排出的空气是否干净；电磁阀的指示灯显示是否正常；紧固螺钉及管接头有无松动；管道有无扭曲和压扁变形；有无明显振动存在；加工产品质量有无变化等。

（2）闻。包括听和嗅。例如，气缸及换向阀换向时有无异常声音；系统停止工作但尚未泄压时，各处有无漏气，漏气声音大小及其每天的变化情况；电磁线圈和密封圈有无因过热而发出的特殊气味等。

（3）问。即查阅气动系统的技术档案，了解系统的工作程序、运行要求及主要技术参数；查阅产品样本，了解每个元件的作用、结构、功能和性能；查阅维护检查记录，了解日常维护保养工作情况；访问现场操作人员，了解设备运行情况，了解故障发生前的征兆及故障发生时的状况，了解曾经出现过的故障及其排除方法。

（4）切。例如，触摸相对运动件外部的手感和温度，电磁线圈处的温升等。触摸 2 s 感到烫手，则应查明原因。另外，还要查气缸、管道等处有无振动感，气缸有无爬行，各接头处及元件处手感有无漏气等。

经验法简单易行，但由于每个人的感觉、实践经验和判断能力的差异，诊断故障会存在一定的局限性。

2．推理分析法

推理分析法是利用逻辑推理、步步逼近，寻找出故障真实原因的方法。

（1）推理步骤

从故障的症状，推理出故障的真正原因，可按下面三步进行：

1）从故障的症状，推理出故障的本质原因。

2）从故障的本质原因，推理出故障可能存在的原因。

3）从各种可能的常见原因中，推理出故障的真实原因。

（2）推理方法

推理的原则是：由简到繁、由易到难、由表及里逐一进行分析，排除掉不可能的和非主要的故障原因；故障发生前曾调整或更换过的元件先查；优先查故障概率高的常见原因。

1）仪表分析法。利用检测仪器仪表，如压力表、压差计、电压表、温度计、电秒表及其他电仪器等，检查系统或元件的技术参数是否合乎要求。

2）部分停止法。暂时停止气动系统某部分的工作，观察对故障征兆的影响。

3）试探反证法。试探性地改变气动系统中的部分工作条件，观察对故障征兆的影响。

4）比较法。用标准的或合格的元件代替系统中相同的元件，通过工作状况的对比，来判断被更换的元件是否失效。

三、气动系统故障的种类

由于故障发生的时期不同，故障的内容和原因也不同。因此，可将气动系统故障分为初期故障、突发故障和老化故障。

1．初期故障

在调试阶段和开始运转的两三个月内发生的故障称为初期故障。其产生的原因主要有零件毛刺没有清除干净，装配不合理或误差较大，零件制造误差或设计不当。

2．突发故障

系统在稳定运行时期内突然发生的故障称为突发故障。例如，油杯和水杯都是用聚碳酸酯材料制成的，如果它们在有机溶剂的雾气中工作，就有可能突然破裂；空气或管路中残留的杂质混入元器件内部，突然使相对运动件卡死；弹簧突然折断、软管突然爆裂、电磁线圈突然烧毁；突然停电造成回路误动作等。

有些突发故障是有先兆的，如排出的空气中出现杂质和水分，表明过滤器失效，应及时查明原因，予以排除，不要酿成突发故障。但有些突发故障是无法预测的，只能采取安全保护措施加以防范，或准备一些易损备件，以便及时更换失效的元件。

3．老化故障

个别或少数元件达到使用寿命后发生的故障称为老化故障。参照系统中各元件的生产日期、开始使用日期、使用的频繁程度以及已经出现的某些征兆，如声音反常、泄漏越来越严重等，可以大致预测老化故障的发生期限。

四、气动系统常见故障及排除方法

为了便于分析故障的真实原因，列表说明气动系统中一些元器件的常见故障及排除方法，见表 11–2–2、表 11–2–3、表 11–2–4。

表 11–2–2　　气缸常见故障及排除方法

常见故障		原因分析	排除方法
外泄漏	活塞杆端漏气	活塞杆安装偏心	重新安装调整，使活塞杆不受偏心和横向负荷
		润滑油供油不足	检查油雾器是否失灵
		活塞杆密封圈磨损	更换密封圈
		活塞杆轴承配合有杂质	清洗除去杂质，安装更换防尘罩
		活塞杆有伤痕	更换活塞杆
	缸筒与缸盖间漏气	密封圈损坏	更换密封圈
	缓冲调节处漏气	密封圈损坏	更换密封圈
内泄漏	活塞两端串气	活塞密封圈损坏	更换密封圈
		润滑不良	检查油雾器是否失灵
		活塞被卡住、活塞配合面有缺陷	重新安装调整，使活塞杆不受偏心和横向负荷
		杂质挤入密封面	除去杂质，采用净化压缩空气
输出力不足，动作不平稳		润滑不良	检查油雾器是否失灵
		活塞或活塞杆卡住	重新安装调整，消除偏心和横向负荷
		供气流量不足	加大连接或管接头口径
		有冷凝水杂质	注意用净化、干燥的压缩空气，防止水凝结
缓冲效果不良		缓冲密封圈磨损	更换密封圈
		调节螺钉损坏	更换调节螺钉
		气缸速度太快	注意缓冲机构是否合适

续表

常见故障		原因分析	排除方法
损伤	活塞杆损坏	有偏心和横向负荷 活塞杆受冲击负荷 气缸速度太快	消除偏心和横向负荷 冲击不能加在活塞杆上 设置缓冲装置
	缸盖损坏	缓冲机构不起作用	在外部回路中设置缓冲机构

表 11-2-3　调压阀常见故障及排除方法

常见故障	原因分析	排除方法
平衡状态下，空气从溢流口溢出	进气阀和溢流阀座有尘埃 阀杆顶端和溢流阀座之间密封漏气 阀杆顶端和溢流阀之间研配质量不好 膜片破裂	取下清洗 更换密封圈 重新研配或更换 更换膜片
压力调不高	调压弹簧断裂 膜片破裂 膜片有效受压面积与调压弹簧设计不合理	更换弹簧 更换膜片 重新加工设计
调压时压力爬行，升高缓慢	过滤网堵塞 下部密封圈阻力过大	拆下清洗 更换密封圈
出口压力发生激烈波动或不均匀变化	阀杆或进气阀芯上的O形密封圈表面损伤 进气阀芯与阀座之间导向接触不好	更换O形密封圈 整修或更换阀芯

表 11-2-4　方向阀常见故障及排除方法

常见故障	原因分析	排除方法
安全阀不能换向	润滑不良，滑动阻力和始动摩擦力大 密封圈压缩量大，或膨胀变形 尘埃或油污等被卡在滑动部分或阀座上 弹簧卡住或损坏 控制活塞面积偏小，操作力不够	改善润滑 适当减小密封圈的压缩量，改进配方 清除尘埃或油污 重新装配或更换弹簧 增大活塞面积和操作力
安全阀泄漏	密封圈压缩量过小或有损伤 阀杆或阀座有损伤 铸件有缩孔	适当增大压缩量或更换受损坏的密封件 更换阀杆或阀座 更换铸件
安全阀产生振动	压力低 电压低	提高先导操作压力 提高电源电压或改变线圈参数

任务实施

在实际应用中，为了从各种可能的常见故障原因中推理出故障的真实原因，可根据上述推理原则和推理方法，画出故障诊断逻辑推理框图，以便快速准确地找到故障的真实原因。

一、压印装置气动控制原理图的分析

在绘制故障诊断逻辑推理框图时，首先要对气动控制原理图进行仔细分析，分析压缩空气的工作路线，以及各元器件的控制状态，初步确定哪些元器件处可能是故障产生的原因。

图 11-2-2 所示为压印装置的控制原理图，当踏下启动按钮后，由于延时阀 1.6 已有输出，所以，双压阀 1.8 有压缩空气输出，使主控阀 1.1 换向，压缩空气经主控阀的左位再经单向节流阀 1.02 进入气缸 1.0 的左腔，使气缸 1.0 伸出。

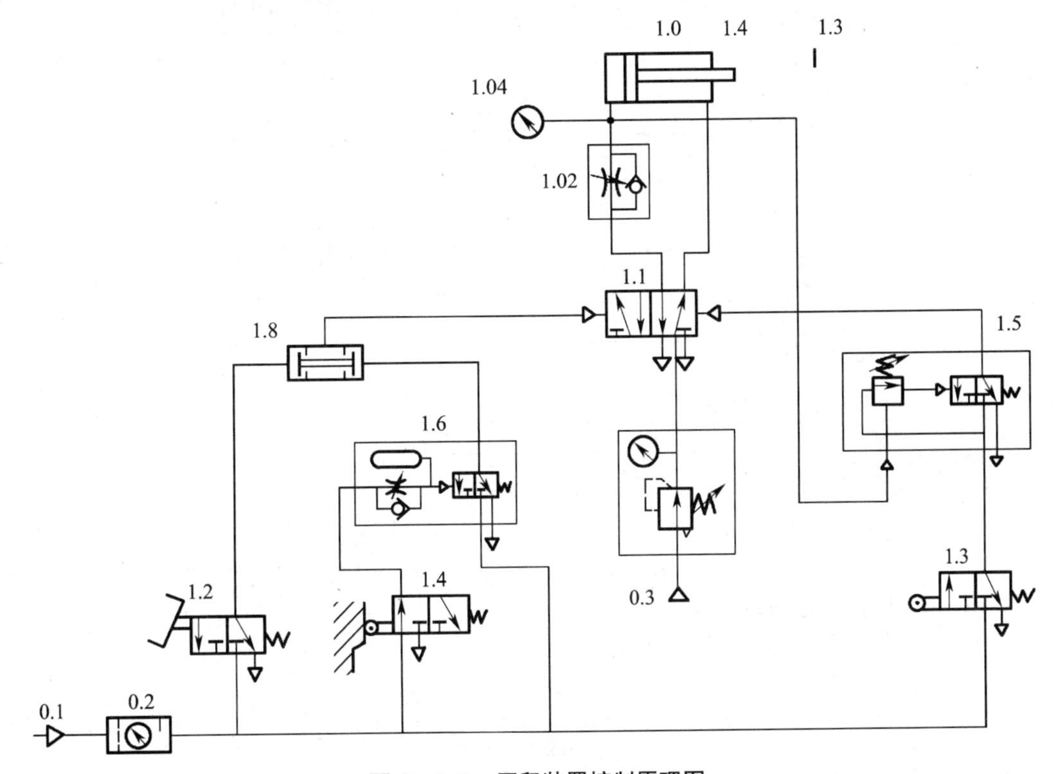

图 11-2-2 压印装置控制原理图

如上述故障原因所述，踏下启动按钮气缸不动作，该故障有可能产生的元器件为气缸 1.0、单向节流阀 1.02、主控阀 1.1、压力调节阀 0.3、双压阀 1.8、延时阀 1.6、行程阀 1.4 及启动按钮 1.2。

二、绘制故障诊断逻辑推理框图

图 11-2-3 所示为压印装置踏下启动按钮后气缸不动作的故障诊断逻辑推理框图。

首先查看单向节流阀 1.02 是否有压缩空气输出，如果有压缩空气输出则说明气缸 1.0 有故障，如果没有压缩空气输出则有两种情况，一种是单向节流阀 1.02 有故障，另一种是主控阀 1.1 有故障。

在判别主控阀时，首先应当检查主控阀是否换向，如不换向则应当是控制信号没有输出或主控阀有故障；而主控阀换向则可能是主控阀 1.1 有故障或压力调节阀 0.3 有故障。

如果主控阀没有控制信号输出，也就是双压阀 1.8 没有压缩空气输出。双压阀没有压缩空气输出有三种情况，第一种是双压阀有故障，第二种是启动按钮有故障或延时阀没有信号输出，第三种是在延时阀没有信号输出时又存在两种情况，一是延时阀存在故障，二是行程阀存在故障。

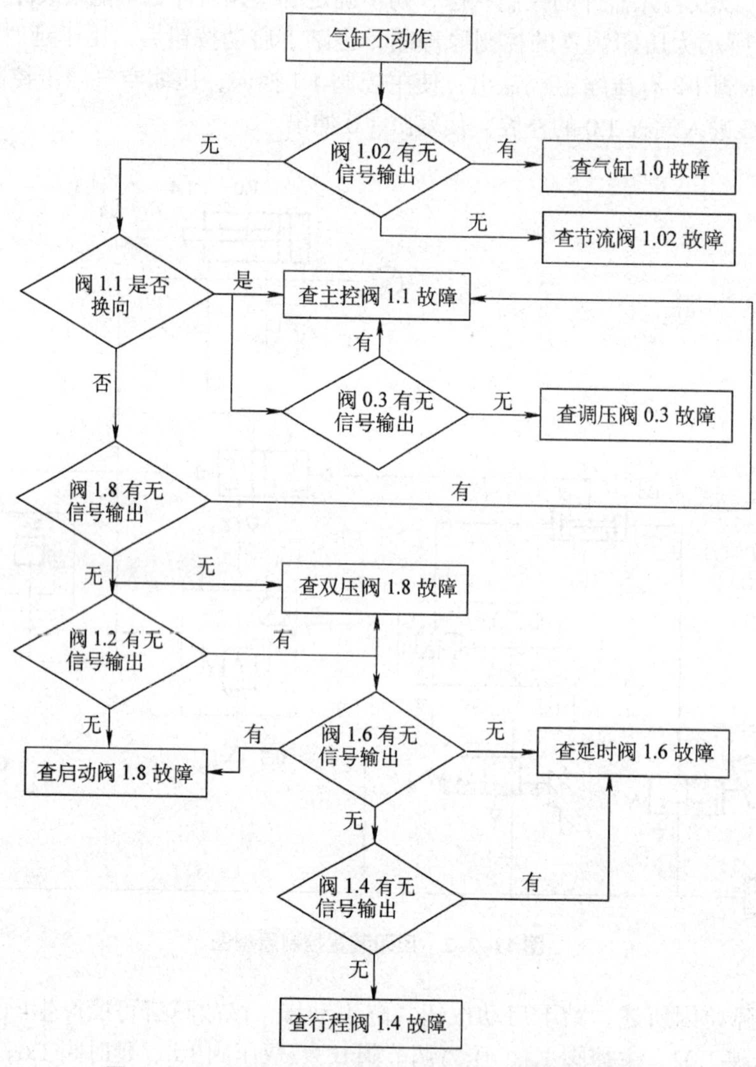

图 11-2-3　压印装置气缸不动作故障的逻辑推理框图

在检查过程中，还要注意管子的堵塞和管子的连接状况，有时往往是管子堵塞或管接头没有正确连接所引起的故障。还要注意输出压缩空气的压力，有时可能有压缩空气输出，但压力较小，这主要是由泄漏引起的。漏气时常采用在各检查点涂肥皂液等检查方法。

在系统中有延时阀时，还要注意延时阀的节流口是否关闭或者节流调节是否过小，节流口关闭或节流调节过小也会使延时阀延时过长而没有输出。

思考与应用

1．在对气动系统进行分析时有哪些要求？

2．常用的管道连接有哪些？

3．图 11-2-4 所示为某切割机的气动控制回路图，它完成的工作循环为：$\begin{matrix}A_1\\B_0\end{matrix}A_0B_1$。试对该系统进行分析。

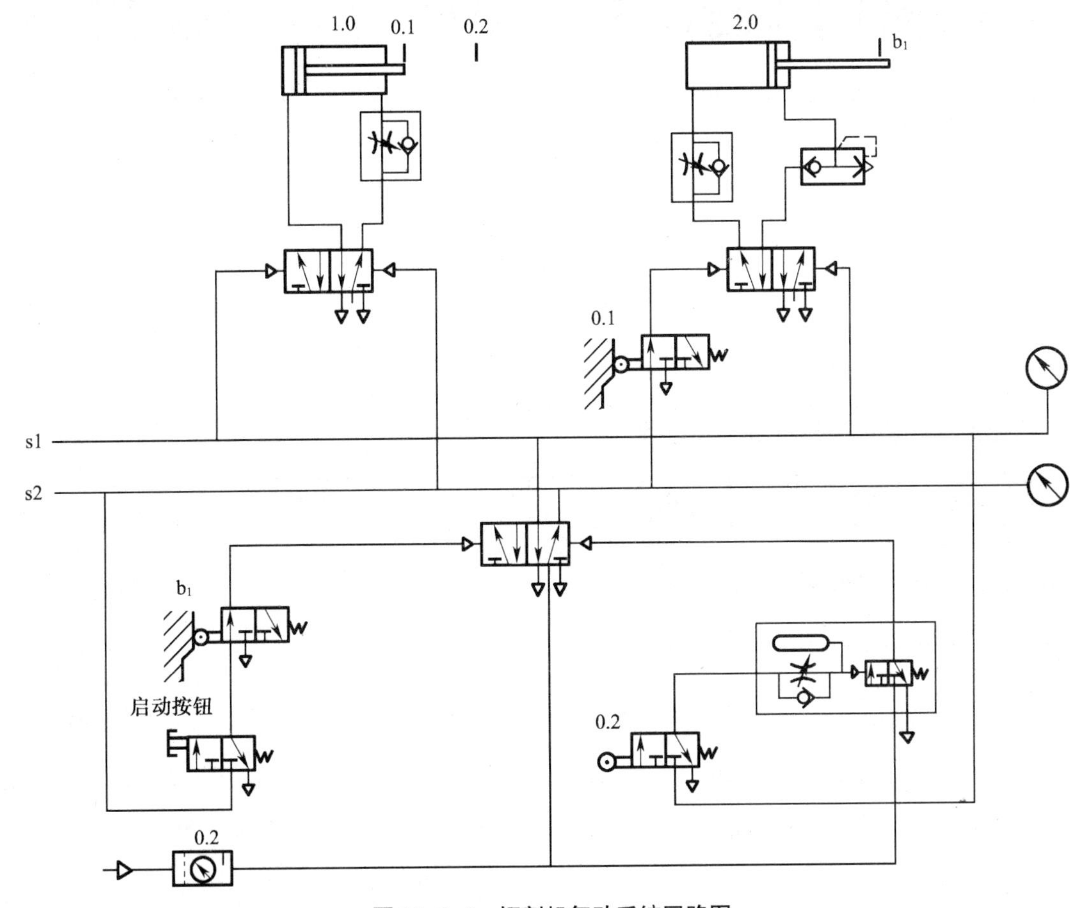

图 11-2-4 切割机气动系统回路图

4．气动系统经常性维护的工作内容有哪些？

5．气动系统定期性维护的工作内容有哪些？

6．气动系统常用的故障诊断方法是什么？

7．气动系统故障的种类有哪些，各有什么特点？

8．如图 11-2-4 所示的切割机回路图，如果按下按钮后气缸 2.0 不动作，画出该故障的逻辑推理框图。

常用流体传动系统与元件图形符号（摘自 GB/T 786.1—2021）

一、符号要素、功能要素、管路及连接

描述	图形符号	描述	图形符号	描述	图形符号
液压油源		气源		弹簧	
工作管路 回油管路		连接管路		三通旋转式接头	1 2 3 1 2 3
控制管路 回油管路 放气管路		交叉管路		旋转管接头	
组合元件框线		带单向阀的快换接头		不带单向阀的快换接头	
消音器		吸盘		流体流过阀体的通道和方向	
油箱		节流口		节流器	

续表

描述	图形符号	描述	图形符号	描述	图形符号
封闭油、气路和油气口		截止阀		输入信号	*F*—流量 *G*—位置或长度测量 *L*—液位 *P*—压力或真空 *S*—速度或频率 *T*—温度 *W*—质量或力
液压管路内堵头		软管总成			
无连接排气		可调性符号			

二、控制机构和控制方法

描述	图形符号	描述	图形符号
带有可拆卸把手和锁定要素的控制机构		带可调行程限位的推杆	
带有定位装置的推 / 拉控制机构		用作单向行程控制的滚轮杠杆	
带一个线圈的电磁铁（动作指向阀芯，连续控制）		带一个线圈的电磁铁（动作背离阀芯，连续控制）	
带两个线圈的电器控制装置（一个动作指向阀芯，另外一个动作背向阀芯）		带两个线圈的电器控制装置（一个动作指向阀芯，另一个动作背向阀芯，连续控制）	
带一个线圈的电磁铁（动作背离阀芯）		带一个线圈的电磁铁（动作指向阀芯）	
外部供油的电液先导控制机构		外部供油的带有两个线圈的电液两级先导控制机构（双向工作，连续控制）	
电控气动先导控制机构		使用进步电机的控制机构	

三、液压泵、液压（气）马达和液压（气）缸

描述	图形符号	描述	图形符号
变量泵（顺时针单向旋转）	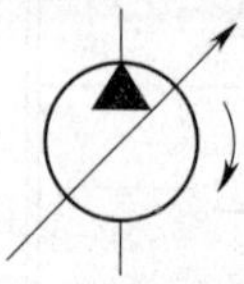	定量泵 / 马达（顺时针单向旋转）	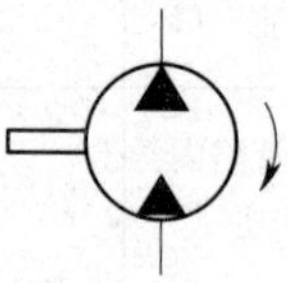
变量泵（双向流动，带外泄油路，顺时针单向旋转）	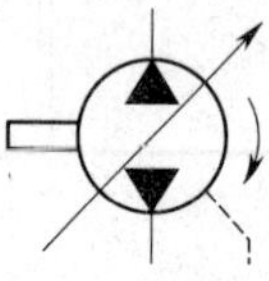	变量泵 / 马达（双向流动，带外泄油路，双向旋转）	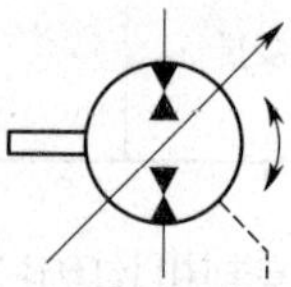
摆动执行器 / 旋转驱动装置（带限制旋转角度功能，双作用）	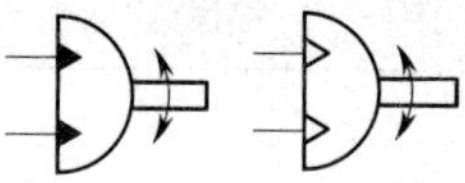	气马达	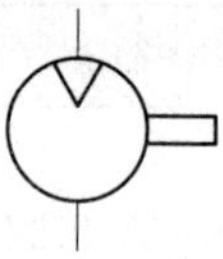
空气压缩机	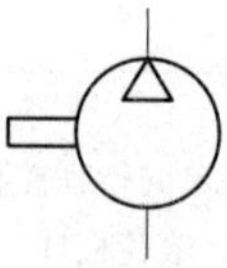	真空泵	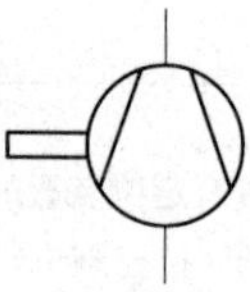
气马达（双向流通，固定排量，双向旋转）	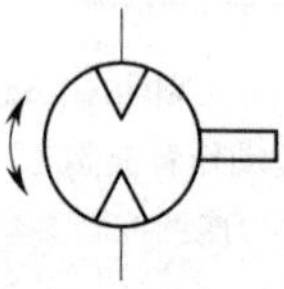	单作用单杆缸（弹簧复位，弹簧腔带连接油 / 气口）	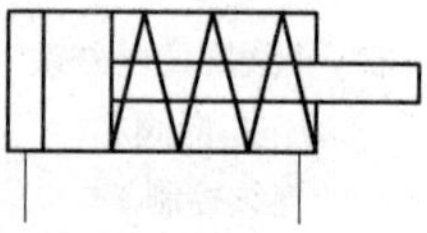
双作用单杆缸	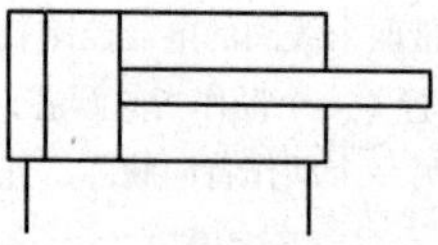	双作用双杆缸（活塞杆直径不同，双侧缓冲，右侧带调节）	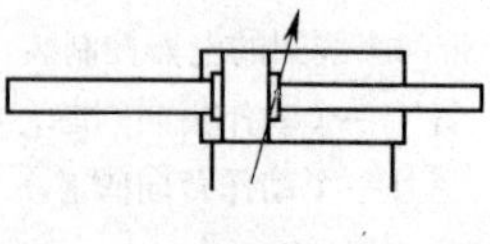
单作用膜片缸（活塞杆终端带缓冲，带排气口）	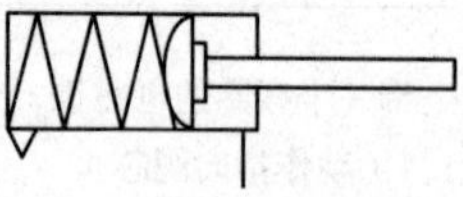	单作用柱塞缸	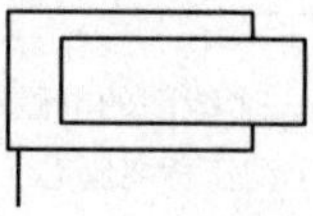
单作用多级缸	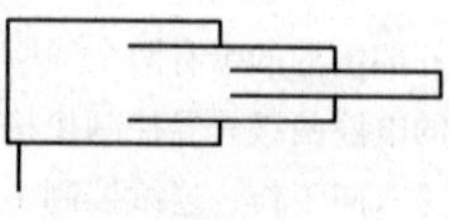	双作用多级缸	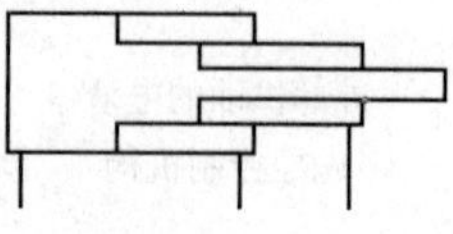
双作用带式无杆缸（活塞两端带有位置缓冲）	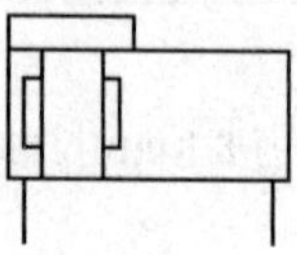	行程两端有定位的双作用缸	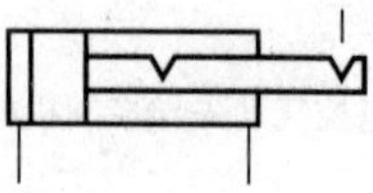

四、控制元件

描述	图形符号	描述	图形符号
二位二通方向控制阀（双向流动，推压控制，弹簧复位，常闭）	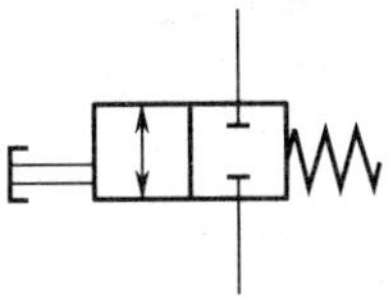	二位二通方向控制阀（电磁铁控制，弹簧复位，常开）	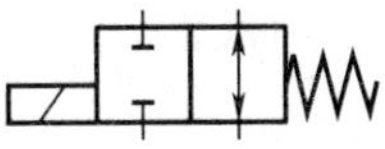
二位四通方向控制阀（电磁铁控制，弹簧复位）	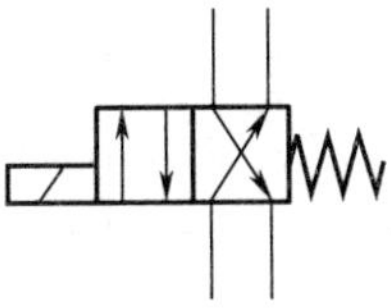	二位三通方向控制阀（带有挂锁）	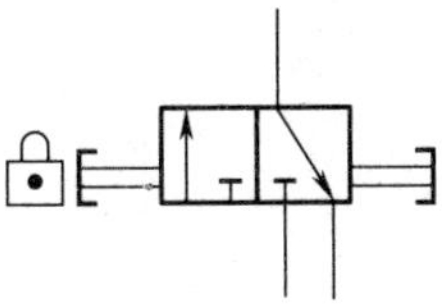
二位三通方向控制阀（单向行程的滚轮杠杆控制，弹簧复位）	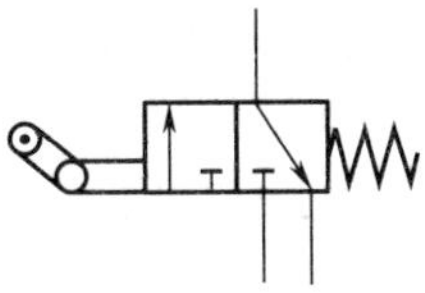	二位三通方向控制阀（单电磁铁控制，弹簧复位）	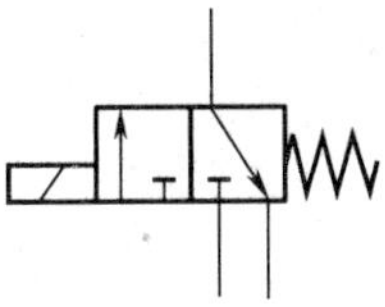
二位四通方向控制阀（电液先导控制，弹簧复位）		三位四通方向控制阀（电液先导控制，先导级电气控制，主级液压控制，先导级和主级弹簧对中，外部先导回油）	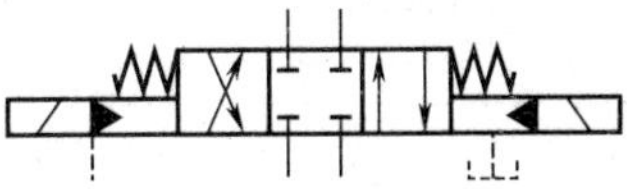
三位四通方向控制阀（双电磁铁控制，弹簧对中）	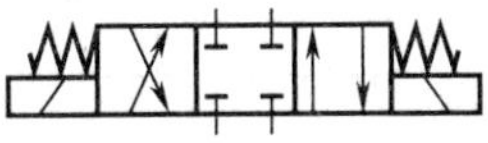	二位四通方向控制阀（液压控制，弹簧复位）	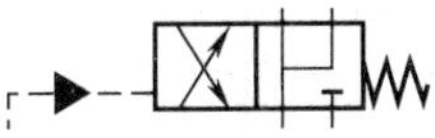
三位四通方向控制阀（液压控制，弹簧对中）	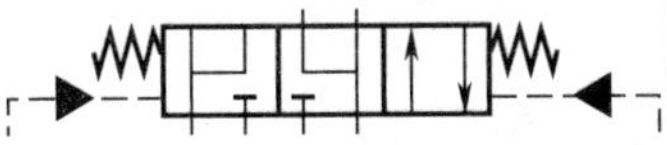	二位五通方向控制阀（双向踏板控制）	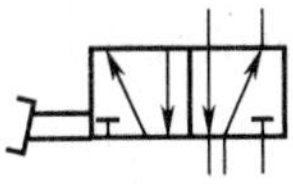
二位五通方向控制阀（手柄控制，带有定位机构）	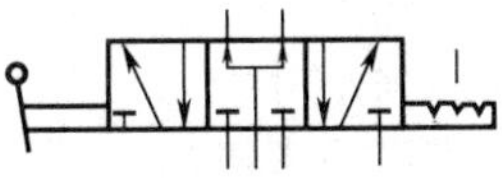	二位三通方向控制阀（电磁控制，无泄漏）	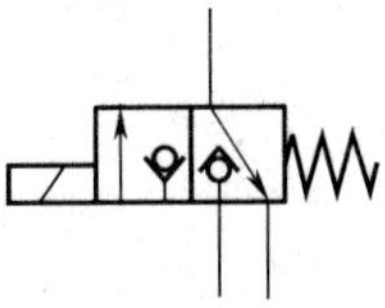
溢流阀（直动式，开启压力由弹簧调节）	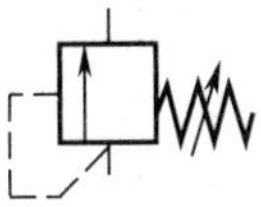	顺序阀（直动式，手动调节设定值）	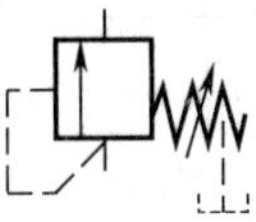
顺序阀（带有旁路单向阀）	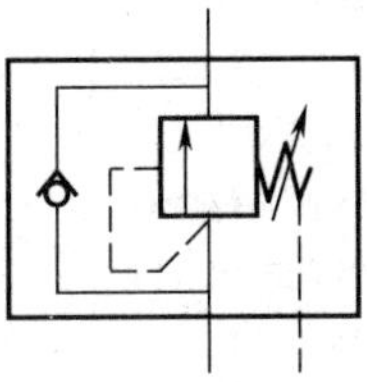	二通减压阀（直动式，外泄型）	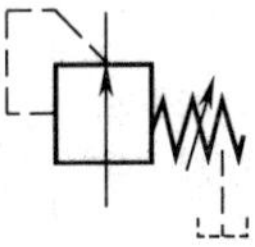

续表

描述	图形符号	描述	图形符号
二通减压阀（先导式，外泄型）	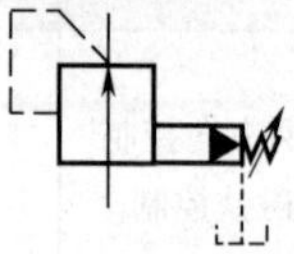	三通减压阀（超过设定压力时，通向邮箱的出口开启）	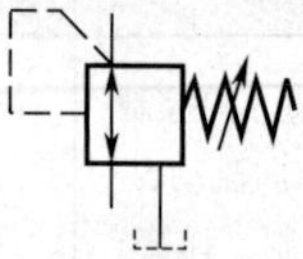
节流阀		单向节流阀	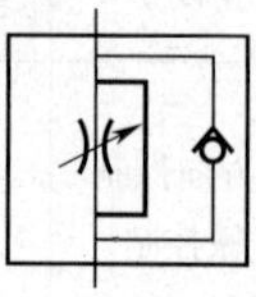
流量控制阀（滚轮连杆控制，弹簧复位）	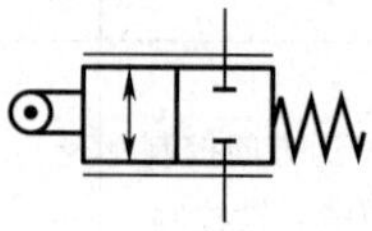	分流阀（将输入流量分成两路输出流量）	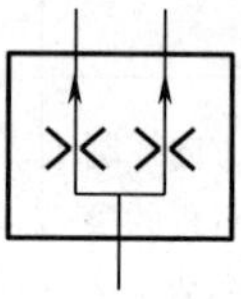
集流阀（将两路输入流量合成一路输出流量）	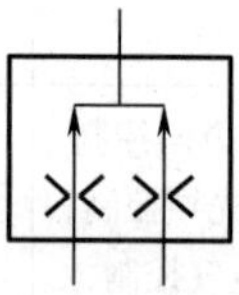	单向阀（只能在一个方向自由流动）	
单向阀（带有弹簧，只能在一个方向自由流动，常闭）		液控单向阀（带有弹簧，先导压力控制，双向流动）	
双液控单向阀	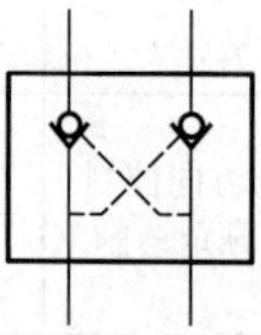	梭阀（逻辑为“或”，压力高的入口自动与出口接通）	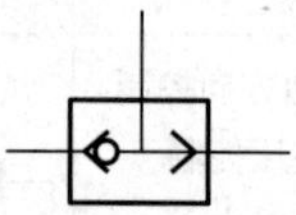
气动软启阀（电磁铁控制内部先导控制）	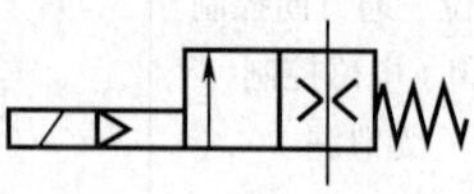	二位三通方向控制阀（差动先导控制）	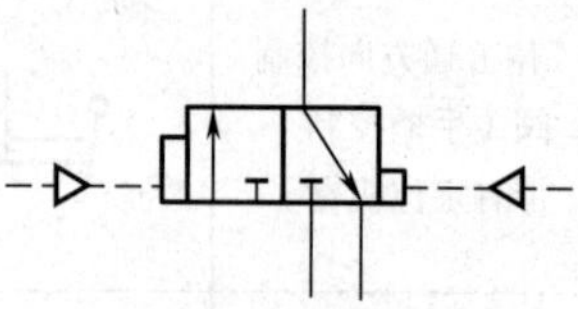
三位四通方向控制阀（弹簧对中，双电磁铁控制）	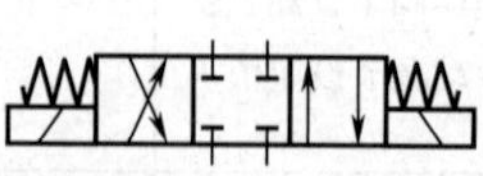	二位五通气动方向控制阀（先导式压电控制，气压复位）	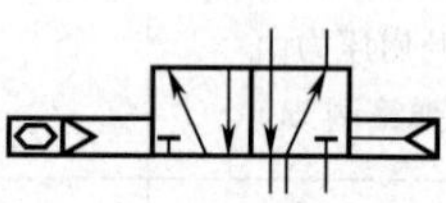
三位五通方向控制阀（手柄控制，带定位机构）		三位五通直动式气动方向控制阀（弹簧对中，中位时两出气口都排气）	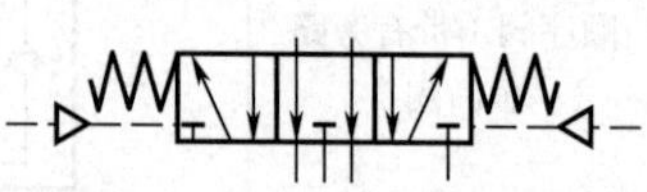

续表

描述	图形符号	描述	图形符号
二位五通直动式气动方向控制阀（机械弹簧与气压复位）	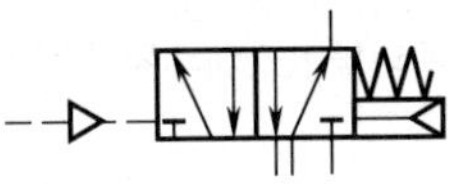	顺序阀（外部控制）	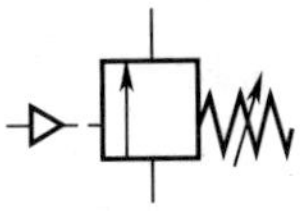
减压阀（内部流向可逆）	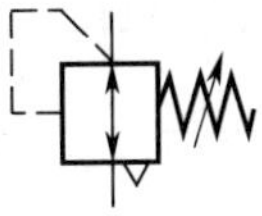	减压阀（远程先导可调只能向前流动）	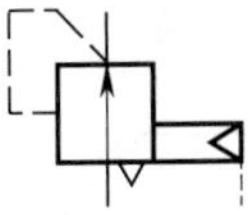
双压阀（逻辑为“与”，两进气口同时有压力时，低压力输出）	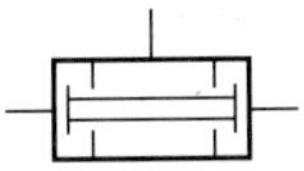	先导式单向阀（带弹簧，先导压力控制，双向流动）	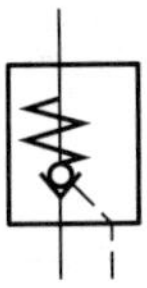
气压锁（双气控单向阀组）	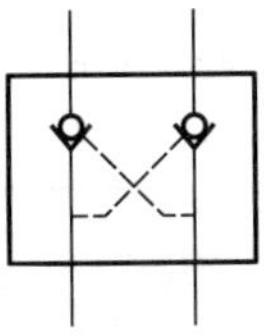	快速排气阀（带消音器）	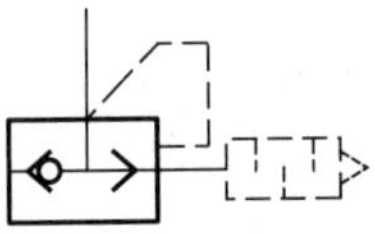

五、辅助元件

描述	图形符号	描述	图形符号
压力表		压差计	
温度计		过滤器	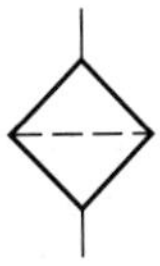
手动排水分离器	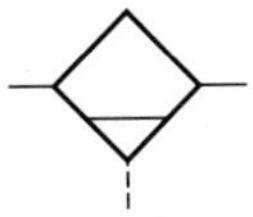	带有手动排水分离器的过滤器	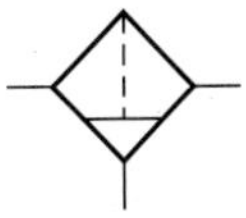
自动排水分离器	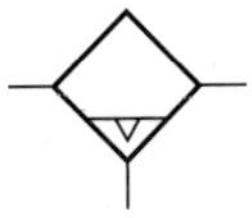	吸附式过滤器	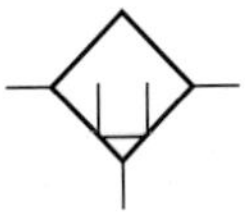
油雾分离器	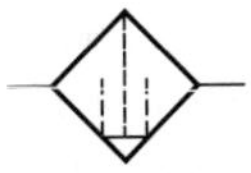	空气干燥器	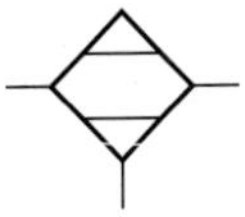

续表

描述	图形符号	描述	图形符号
油雾器		手动排水式油雾器	
气罐		真空发生器	
流量指示器		流量计	
计数器		离心式分离器	
不带冷却方式指示的冷却器		加热器	
隔膜式蓄能器		气瓶	
气源处理装置		压力传感器（输出模拟量信号）	P